如何投资养殖项目系列

投资养兔
你准备好了吗

肖冠华　肖羿同　编著

化学工业出版社
·北京·

全书包含了四篇内容和附录。第一篇为抉择篇，介绍了你对兔了解吗、兔好不好养、养兔的门槛有多高、养兔需要具备哪些条件、什么时候投资最合适、投资多大规模合适以及养兔业发展的方向等；第二篇为方向篇，介绍了当今养兔的主要品种、几种主要养兔经营模式和养兔方式；第三篇为实战篇，介绍了兔场建设、所需设备、种兔引进、饲料等有关知识和饲养管理等；第四篇为销售篇，该篇介绍如何卖个好价钱和当今兔销售的常见渠道等。附录介绍了无公害食品的畜禽饲养兽药使用准则、肉兔饲养兽医防疫准则、畜禽饲料和饲料添加剂使用准则、肉兔饲养管理准则、畜禽饮用水水质。

图书在版编目（CIP）数据

投资养兔——你准备好了吗?/肖冠华，肖羿同编著.
北京：化学工业出版社，2014.1
（如何投资养殖项目系列）
ISBN 978-7-122-19054-3

Ⅰ.①投… Ⅱ.①肖…②肖… Ⅲ.①兔-饲养管理
Ⅳ.①S829.1

中国版本图书馆 CIP 数据核字（2013）第 276538 号

责任编辑：邵桂林　　　　　　　文字编辑：何　芳
责任校对：徐贞珍　　　　　　　装帧设计：孙远博

出版发行：化学工业出版社
　　　　　（北京市东城区青年湖南街 13 号　邮政编码 100011）
印　　刷：北京云浩印刷有限责任公司
装　　订：三河市前程装订厂
850mm×1168mm　1/32　印张 11¼　字数 324 千字
2014 年 4 月北京第 1 版第 1 次印刷

购书咨询：010-64518888（传真：010-64519686）
售后服务：010-64518899
网　　址：http://www.cip.com.cn
凡购买本书，如有缺损质量问题，本社销售中心负责调换。

定　价：38.00 元

前言 FOREWORD

　　家兔是一种善良的动物。养兔业是一种和谐行业：不与人争粮，不与猪鸡争料，不与牛羊争草。家兔是典型的节粮型食草动物。兔养殖在我国有着悠久的历史，具有投资少、占地小、饲料来源广、见效快、经济与社会效益高等特点。

　　在国际上，兔肉被誉为"美容肉""健美肉"，并被列为"保健食品"。兔肉营养丰富，肉质鲜嫩，味道鲜美，易于消化，不仅蛋白质含量高（蛋白质21.2%，脂肪0.4%），而且赖氨酸和色氨酸的含量也比其他肉类多。不但含磷脂多，而且胆固醇少（0.05%），人血液中如果磷脂多，胆固醇少，发生动脉硬化的可能性就小。兔肉的这些营养特点正符合人们科学地选择健康食物的要求。

　　以獭兔皮为代表的兔皮，具有绒毛细密平整、色型多、光泽好、皮板轻柔、保暖性好等特点，适合当今讲究色彩的趋势，备受人们的青睐，市场需求量大，是物美价廉的制裘原料。

　　我国是兔毛产毛大国，也是兔毛出口大国。随着兔毛业科技含量的增加，我国正在向兔毛加工大国过渡。以兔毛为原料加工制作的纺织品，环保、健康、舒适、漂亮，具有比其他天然纤维纺织品更好的保健功能，还具有不断线、不起球、不缩水，而且最轻、最软、最滑、最白、吸湿性强等诸多优点，发展前景非常好。

　　兔头、兔骨、脏器、血液、腺体等均可深加工增值。兔粪也是很好的高效的肥料，还可以喂羊、喂猪、喂鱼。

　　近年来，养兔业发展很快，已经成为了一些地区，尤其是一些贫困地区的支柱产业，成为了农民脱贫致富的重要途径之一，也是下岗职工再就业的一条有效途径，适合面广。兔业的发展在调整农业产业结构、增加农民收入、改变人们的饮食结构等方面都具有重大的意义。

　　国际著名的投资家罗杰斯说："在中国最有投资价值的是农

产品。"

养殖业是当今投资的热点行业，人人养兔、京东种稻、联想酿酒、网易丁磊养猪……不少国内知名企业和个人纷纷涉农。同时也有很多企业和个人有投资养殖业的打算，这些人中有很多是没有从事过养兔及养兔相关行业的人。常言说"养兔是好汉子不干、赖汉子干不了的事情"。没有一定的知识储备，没有一定的物质准备，没有一定的实践操作，养兔是难以成功的。每个行业都有每个行业的投资特点，家兔有其独特的生物学特性，养兔有自身的运行规律。兔好不好养？养兔的门槛有多高？养兔需要具备哪些条件？什么时候投资最合适？投资多大规模合适？怎么样建设科学合理的兔舍？兔有哪些品种？喂兔有哪些饲料？怎样能卖一个好价钱？这一系列关于兔养殖方面的问题，需要在投资决策前有一个充分的了解。仅仅凭借热情是远远不够的，雄厚的资金不能代替宝贵的养兔经验，不怕辛苦也不是养兔成功的全部。

本书关注养殖投资热点问题，解决养殖投资难点问题，就投资者普遍关心的问题做了全面深入的阐述，本书的特色是手把手教你做养兔投资，既有投资合适时机的把握、投资规模的确定、养殖品种的选择、养殖方法、养殖经营模式、饲养管理要点、销售方式、销售方法、有关兔养殖一些必备常识、养殖合同范文、养殖用地申请、养兔行业规章制度等应知应会问题的详细介绍，又在书中列举了有很多新闻事例，使投资者能够学有样板，非常便于操作。全书共分为五个部分，第一部分决策篇重点解决养还是不养的问题；第二部分方向篇重点解决养什么品种的问题；第三部分实战篇重点解决怎么养的问题；第四部分销售篇重点解决怎么卖的问题；第五部分附录重点介绍兔养殖的有关法规。

本书采用通俗易懂的文字、生动形象的配图，既有行业知识，又有养殖事例，突出实用性和可操作性。使读者通过本书能够对兔养殖投资方面的知识有一个全面深入的了解，快速掌握兔养殖的行业投资规律。

希望本书能成为投资者的良师、养殖者的益友。

编著者
2014 年 1 月

目录 CONTENTS

第一章 抉择篇

第一节 你对兔了解吗

兔，哺乳纲、兔形目全体动物的统称。兔形目是哺乳动物的一个目，有两个科 Leporidae（野兔和家兔）以及 Ochotonidae（鼠兔）。兔短尾，长耳，头部略像鼠，上嘴唇中间裂开，尾短而向上翘，后腿比前腿稍长，善于跳跃，跑得很快。兔有家养的和野生的。兔肉可以吃，毛可以纺线、做毛笔，毛皮可以制衣物。兔通称兔子。

兔子是常见的小动物。它的祖先是分布于欧洲、非洲等地的野生穴兔，世界各地均有饲养，有很多品种，比较优良的有比利时兔、细毛兔、安哥拉兔等。

兔子的体毛为白色、褐色等。耳朵较长，能够灵活地向声源（声音方向）转动，听觉灵敏，而且由于布满毛细血管，竖立时可以散热，紧贴在脊背上时则可以保温。眼睛很大，位于头的两侧，有较大范围的视野，但眼睛间的距离太大，要靠左右移动面部才能看清物体。鼻孔的鼻翼能随呼吸节律开合，嗅觉也很灵敏。嘴的上唇正中裂开成两片，故有"崩嘴"或"豁嘴"之称。两个嘴角向左右生长着辐射状有触觉功能的触须。上颌具有两对前后重叠的门齿，没有犬齿。它的颈短但转动自如，躯干伸屈灵活。四肢强劲，腿肌发达而有力，前腿较短，具 5 趾，后腿较长，肌肉、筋腱发达强大，具 4 趾，脚下的毛多而蓬松，适于跳跃、奔跑迅速，疾跑时矫健神速，有如离弦之箭。在奔跑时还能突然止步、急转弯或跑回头路以摆脱追击。它的尾短，仅有 5 厘米左右，略呈圆形，民间有"兔子的尾巴长不了"的谚语。

一、生物学概述

兔是兔形目兔科动物，共 9 属 43 种，统称为兔。具有管状长

1

耳朵（耳长大于耳宽数倍）；门齿和臼齿，簇状短尾，比前肢长得多的强健后腿。分布于欧洲、亚洲、非洲、南北美洲。陆栖，见于荒漠、荒漠化草原、热带疏林、干草原和森林。兔科中的9属种类仅兔属终生在地面生活，善奔跑，后鼻孔宽，奔跑时充分供氧；初生幼兔身上有毛，睁眼，耳有听觉，不久便会跑，俗称兔类。其余8个属均是穴兔类，后腿不太长，穴居；穴兔类幼兔出生时身上没有毛，闭眼，耳无听觉，7天后才长毛，睁眼时具听觉，需要母体照顾。家兔和野兔身体结构上并没有什么差异，主要区别就在于初生时的状况。其中穴兔属中的穴兔已驯化成家兔。全世界家兔品种虽多，但都是由地中海地区的穴兔（欧洲兔）驯化而成的。兔可成群生活，但野兔一般独居。中国仅有9种兔属种类，其中草兔分布欧、亚、非三洲，中国除华南和青藏高原外，广泛分布；雪兔冬毛变白，分布在中国新疆、内蒙古和黑龙江北部；高原兔分布在青藏高原；华南兔分布在中国华南及台湾，邻国朝鲜也有分布；东北兔在中国小兴安岭及长白山地区有分布，塔里木兔分布在新疆的塔里木河流域塔里木盆地边和和田、叶城、莎车、巴楚、克拉玛依。兔性温和，胆小，常常夜间才敢出来觅食。兔的繁殖能力极强，雌兔长到8个月大时就可以生小兔了。怀孕30天后可产小兔3～10只。一年可产数次。因此，它们不但是其他食肉动物的重要食物来源，也是人们喜欢的狩猎动物。兔的经济价值非常大，既是美味的肉食来源，也提供优质的毛皮，还是医学及其他科学的实验动物和家庭宠物。家兔在养殖方面也要利用这一特征来进行饲料管理，会得到更高的经济效益。

二、外形特征

1. 体型

从体型上分，可分为大型兔、中型兔和小型兔，大型兔的体重在3～7千克，中型兔的体重在2～3千克，小型兔的体重大约在2千克以下。

2. 眼睛

兔子的眼睛有红色、蓝色、茶色、黑色、灰色等各种颜色，也有的兔子左右两只眼睛的颜色不一样。或许因为兔子是夜行动物，所以它的眼睛能聚很多光，即使在微暗处也能看到东西。另外，由于兔子的眼睛长在脸的两侧，因此它的视野宽阔，对自己周围的东西看得很清楚，有人说兔子连自己的脊梁都能看到。不过，它不能辨别立体的东西，对近在眼前的东西也看不清楚。灰兔子的眼睛是灰色的。小兔是有各种颜色的，它们的眼睛也是有不一样颜色的。那是因为它们身体里有一种叫色素的东西。兔子眼睛的颜色与它们的皮毛颜色有关系。含有灰色素的小兔，毛和眼睛就是灰色的；含黑色素的小兔，毛和眼睛是黑的。小白兔身体里不含色素，它的眼睛是无色的，我们看到的红色是血液的颜色，并不是眼球的颜色。

3. 耳朵

兔具有管状长耳朵（耳长大于耳宽数倍），根据品种不同有大有小。

4. 嘴

上唇中间分裂，是典型的三瓣嘴，非常可爱。

5. 毛色

一般兔子的毛色有很多种，如白色、棕色（褐色）、黑白相间等。

6. 尾巴

兔子的尾巴短而毛茸茸，会团起来，像一个球。

三、兔的生活习性

（1）夜行性　野生兔体格弱小，御敌能力差，根据"适者生存"的学说，兔的这一习性是在长期的一定的生态环境下形成的。所谓夜行性就是白天穴居洞中，夜间外出活动和觅食。家兔在白天表现较安静，夜间很活跃。兔在夜间采食频繁，晚上所吃的日粮和水约占全部日粮和水的75％。根据这一习性，在饲养管理上要做好合理安排，晚上要喂足充分的草料，白天要尽量让兔保持安静、多休息和睡眠。

（2）嗜眠性　家兔在一定的条件下很容易进入困倦或者睡眠状态，在此状态下兔的痛觉降低或消失，这一特性称为嗜眠性，这与兔在野生状态下的昼伏夜行有关。利用这一特性，能顺利地投药注射和进行简单的手术，所以兔是很好的实验动物。

（3）胆小怕惊　兔耳长大，听觉灵敏，能转动并竖起耳朵收集来自各方的声音，以便逃避敌害。对环境变化非常敏感。兔属于胆小的动物，遇到敌害时，能借助敏锐的听觉做出判断，并借助弓曲的脊柱和发达的后肢迅速逃跑。在家养的情况下，突然的声响、生人或者陌生的动物如猫、狗等都能导致兔的惊恐不安，一直在笼中奔跳和乱撞，并以后足拍击笼底而发出声响。因此，在饲养过程中，无论何时都应保持舍内和环境安静。动作要尽量轻稳，以免发出易使兔子受惊的声响，同时要防止生人和其他动物进入兔舍，这对养好兔子是十分重要的。

（4）喜清洁好干燥　家兔喜好清洁、干燥的生活环境，兔舍内相对湿度在60％～65％最适于其生活需要。干燥、清洁的环境有利于兔体的健康，而潮湿和污秽的环境则是造成兔子患病的原因。根据这一习性，在搞兔场设计和日常的饲养管理工作中，都要考虑为兔提供清洁、干燥的生活环境。

（5）群居性差、同性好斗　特别是公兔群养活在新组合的兔群中，互相斗咬的情况更为严重，这在饲养管理上应该特别注意，家兔应分笼饲养。

（6）怕热不怕冷　因兔子全身被毛，汗腺很少，只分布于唇的周围，因此兔子怕热不怕冷，最适宜的温度为15～25℃，一般不超过32℃，如果长期超过32℃，生长、繁殖均受到影响，表现为夏季不孕。故夏天注意防暑。但刚出生的仔兔无被毛，对环境温度依赖性强，当温度降至18～21℃，便会冻死，所以仔兔要注意保温，窝温一般要求在30～32℃。

（7）啮齿行为　兔的大门齿是恒齿，不断生长，兔在采食时不断地磨牙。若兔子没有啮齿行为，一年内上门齿可以长到10厘米，下门齿可以长到12厘米。门齿的主要作用就是切断食物。修兔笼时最好是砖铁结构，笼子用砖，笼门用铁丝。如用木头或竹片就容易被咬坏。防止方法是笼壁平整，不留棱角；一年四季放青草。一方面满足粗纤维，另一方面满足啮齿行为；笼内放木棒供兔磨牙；使用颗粒饲料，既营养全面，又能满足啮齿要求。

（8）穴居性　家兔仍具有野生穴兔打洞的本能，以隐藏自身并繁殖后代。这在兔舍建筑和散放群养应注意防范，以免兔打洞逃出和遭受敌害。

（9）嗅觉相当发达，视觉较弱 常以嗅觉辨认异性和栖息领域，母兔通过嗅觉来识别亲生或异窝仔兔。所以，在仔兔需要并窝或寄养时要采用特殊的方法使其辨别不清，从而使寄养或并窝获得成功。

四、食性和消化特性

1. 草食性兔子的草食性与其消化系统有着密切的关系

（1）豁嘴 即唇裂（纵裂），也就是家兔的上唇分裂为两片，使门齿容易露出，便于从地面上采食和啃咬树皮等食物。

（2）双门齿 兔的门齿有六枚，上颌两对，下颌一对。它与啮齿动物不同，不仅是门齿数多了一对，即上颌除了有一对大门齿外，还有一对小门齿，位于大门齿的后面，而且上下门齿能吻合在一起，左右磨合，更便于磨碎食物。

（3）臼齿面宽 便于研磨饲草。

（4）盲肠发达 盲肠等于体长，盲肠内有许多（25 个左右）皱襞，含有大量的微生物，分泌纤维素酶，分解纤维素，脊柱动物唯有兔子有"纤维素酶"，从而使家兔对粗纤维有很高的消化力。盲肠能起到反刍动物瘤胃的作用。

（5）大肠和小肠的总长度为体长的 10 倍 便于充分消化和吸收。

（6）唾液腺发达 有耳下腺、颌下腺、眶下腺、舌下腺。眶下腺为兔子所特有。

2. 兔的消化特性

① 对粗纤维的消化率较高：发达的盲肠、大肠、小肠以及唾液腺，是兔子对粗纤维消化率较高的原因之一。兔每日采食的青草量为体重的 10%～30%。兔对粗纤维的消化率可达 65%～78%，仅次于牛、羊，高于马和猪。

兔子对粗纤维具有双重性。粗纤维过少，如喂食谷类，2～3 天兔会便秘，会不时下蹲，不时看腹部。粗纤维过多，营养缺少。因此，兔喂食粗纤维时要适量，一般在 15%左右比较合适。

② 对兔饲料中蛋白质的消化率也较高：以苜蓿草粉中蛋白质的消化率为例，猪的消化率不到 30%，而兔能达到 75%，兔之所以能有效地利用粗饲料，不仅是因为兔对饲料中粗纤维具有较高的消化率，而且还能充分利用粗饲料中的蛋白质等多种营养物质。

③ 食粪性（食粪癖、假反刍）：兔不仅有吃软粪的习性，还吃硬粪。不仅夜间食粪，而且白天也食粪。吃粪时不仅是吞食，而且有似采食饲草一样的咀嚼动作。兔的软粪中含有丰富的营养物质，比硬粪中所含的粗蛋白和水溶性维生素多得多。

④ 肠壁渗透性：猪、牛、羊的渗透性不及兔子，兔子尤以回肠明显，幼兔吃发霉的饲料不到一天就出现腹泻，严重时中毒死亡。鱼粉易发霉，被兔子吃后，越健康的兔子，中毒越厉害。

五、兔的繁殖特性

（1）**繁殖力强**　高产长毛兔在高温季节有不育现象，但是在改善饲养条件的情况下仍能繁殖。兔的性成熟早，窝产仔数多，孕期短，年产窝数多，在良好的饲养条件下，可以耐受半频密繁殖和频密繁殖，常年均可产仔。

（2）**刺激性排卵**　母兔虽有发情周期，但不像其他家畜具有明显的发情周期。兔属于刺激性排卵的动物，在成年母兔的卵巢内经常有处于不同发育阶段的卵泡。卵巢上成熟的卵泡在一定的刺激条件下，如公兔的交配刺激、母兔互相爬跨或爬跨仔兔的刺激以及注射某种药物刺激时，均能诱导母兔排卵。因此，在母兔发情不明显的情况下，令其强制接受交配，有时也能达到受胎和产仔的目的。

生产上常用的刺激性动作如下。

① 公兔输精管结扎：公兔爬跨母兔后，卵子排出，然后进行人工授精。

② 注射激素：孕马血清（PMSG）、垂体分泌卵泡刺激素（FSH）、黄体生成素（LH）、绒毛膜促性腺激素（HCG）。

③ 强迫交配：公兔输精管不结扎。

母兔在接受某种刺激后排卵不孕时，则是出现假妊娠现象，假孕可延续 16～17 天。在此期间，母兔有妊娠表现，拒绝公兔交配，乳腺有一定程度的发育，有拉毛和衔草做窝现象。假孕对母兔本身并无不良影响，但是会降低母兔的卵巢机能，使繁殖力减退。

（3）双子宫　两侧的子宫不相通，两侧子宫的子宫颈共同开口于阴道。兔卵受精后的结合子不会由一个子宫角移至另一个子宫角。在生产上偶有母兔复孕的现象发生，即母兔怀孕后又接受交配再怀孕，前后交配怀孕的胎兔分别在两侧子宫内着床，胎兔发育正常，分娩时分期产仔。为了防止复孕的现象产生，配种的时候要有记录。由于兔是双子宫，在人工授精时，输精器孔应位于左、右子宫正中间。

（4）卵子较大　家兔的卵子是目前所知道的哺乳动物中最大的，直径约为 160 微米，马为 135 微米，羊为 130 微米，猪为 120～140 微米，同时兔卵也是发育最快、在卵裂阶段最容易在体外培养的哺乳动物卵子，这在生物学、遗传学和家畜繁殖学等学科的研究方面都是很好的材料。

（5）同种兔，性成熟母兔的性成熟一般比公兔要早要快（公 190 日龄，母 110 日龄）。

（6）性成熟和体重无关　母兔在性成熟时即可配种，提高生产周期。

六、呼吸和体温调节

家兔是恒温动物，正常的体温在 38.5～39.5℃。家兔体温是通过体温调节系统来维持的，体热的调节决定于临界温度。临界温度是指兔体的各种机能活动所产生的热大致能维持正常体温的气温，家兔的临界温度为 5～25℃。处于临界温度的家兔，代谢率最低，热能的消耗最少。高于或者低于临界温度均能使热能损耗增加。因兔全身被毛，汗腺很少，只分布于唇的周围，因此当外界温度高于临界温度时，兔的呼吸频率会急剧增加。如外界温度由 20℃上升到 35℃，兔的呼吸次数增加 5.7 倍。

单靠呼吸散热的方式来维持其体温是有一定限度的，所以高温对兔是有害的。实践证明，当环境温度达到 32℃以上时，对家兔是非常有害的，兔的生长发育和繁殖效果都显著下降。尤其是长毛兔，在高温季节就会丧失繁殖能力，即所谓的高温不育现象，如环境温度持续在 35℃以上的条件下，家兔常会发生中暑而死亡。特别是在高温高湿的条件，产生这种现象就更为严重。但是，冬季室外饲养的家兔影响繁殖，且耗料大大增加。一般认为，最适于家兔生长和繁殖的环境温度在 15～25℃。

初生仔兔全身无毛，其体温调节系统的发育很差，体温随环境的变化而变化，体温很不稳定。炎热的气温条件对体温调节系统发育不全的仔兔影响很大，仔兔窝里的温度过高，则导致仔兔出汗，使窝变得很潮湿，俗称蒸窝，这样的仔兔很难成活。

仔兔的体温要等到开眼时（10～12 日龄）才恒定，到 30 日龄毛被基本形成时，对外界的环境温度变化才有一定的适应能力。所以在生产上要特别注意对仔兔的管理，否则会造成哺乳仔兔成活率下降，并影响断奶后幼兔阶段的生长发育。

家兔每年春、秋两季前后要换毛，体表被毛是哺乳动物所特有的，体毛有很好的保温作用，换毛是家兔对季节变化的一种适应。

七、兔的动作感情

别看兔子的表情呆呆的，实际上它也有感情。

1. 咕咕叫

咕咕叫代表兔子很不满意，生气，通常是对主人的行为或对另一只兔子的行为感到不满。比如兔子不喜欢人家去抱它、碰它，它就会发出咕咕叫。如果你不再停止行为，就可能会被咬。

2. 喷气声

喷气声代表兔子觉得某些东西或某些行动令它感到受威胁。如果是你的行为令兔子感到受威胁，且不停止，你就可能会被咬。

3. 尖叫声

兔子的尖叫和人类一样，通常是代表害怕或者痛楚。如果突然听到兔子尖叫，主人立刻要注意，因为可能是兔子受了伤。

4. 磨牙声

① 大声磨牙代表兔子感到疼痛，最好带兔子看一下兽医。

② 轻轻磨牙代表兔子很满足、很高兴。当兔子轻轻发出磨牙声，如果你伸手摸兔子下巴，可以感到臼齿在摩擦，这时候通常兔子的眼睛会在半开合状态。

5. 咬牙声

当兔子发出"格格"的咬牙声，是代表痛楚。这时候兔子一般会弯起身而坐，耳朵向后贴紧身体。

6. 呜呜叫

像猫咪一样，兔子满足时也会"呜呜"叫。不过兔子和猫咪的不同之处是猫咪会用喉去发声，而兔子是用牙齿去发声。

7. 嘶嘶叫

兔子通常是对另一只兔子才会发出"嘶嘶"的叫声。"嘶嘶"的叫声是代表一种反击的警告，主要是告诉另一只兔子别过来的意思，否则它会进行攻击。

8. 发情的叫声

发情的叫声不同于"咕咕"叫。发情的叫声是低沉而有规律的叫声。一般公兔在追逐母兔时会发出此叫声。绝育可以减少这一类发情的行为，不过不能完全清除这一种发情行为。绝育后的公兔仍然会追逐母兔，把母兔擒住。

9. 绕圈转

当兔子成年，兔子就可能出现绕圈转的行为。绕圈转是一种求爱的行为，有时候更会同时发出"咕噜"的叫声。通常开始有绕圈转的求爱行为也就代表兔子是时候可以进行绝育了。绕圈转也同时可以代表想引人注意或者要得到食物。

10. 跳跃

当兔子感到非常高兴时，会出现原地跳跃并在半空微微反身的行为，有时候兔子也会边跳跃边摆头。它们跳跃时，就好像跳舞一样。特别是侏儒兔或迷你兔，它们比较爱用跳跃去表达自己高兴和非常享受的感觉。

11. 扑过来

有些兔子不喜欢人家碰它的东西。当主人清理笼子或换食物盘时，兔子就可能会扑过来。这样是代表它不喜欢，扑过来是一种袭击的表现。

12. 脚尖站立

当兔子四肢也用脚尖站起时，是警告的意思。它们会保持这动作直到危险过去，此动作可以保持几秒至几分钟。当兔子生气时，也可能会用脚尖站起来，也代表警告的意思。

13．跺脚

当兔子感到害怕时，它们会用后腿跺脚。在野外，当敌人接近时，兔子会用后腿跺脚去通知同伴有危险。

14．侧睡

兔子侧睡、把腿伸展是代表它们感到很安全。如果主人不去打扰它，兔子可能很快睡着了。

15．压低身子

当兔子尽量把身体压低，代表它很紧张，觉得有危险接近。在野外，当兔子觉得有危险接近，它们会尝试压低身子，避免被看到。宠物兔也会有这种行为。

16．蹲下来

蹲下来跟压低身子的表现是不同意思。蹲下来时，兔子的肌肉是放松的，是一种感到轻松的表现。

17．躺在地上翻身

代表兔子心情很不错，感觉很舒适。

18．推开你的手

兔子推开你的手代表它觉得自己已经做妥了这件事，告诉主人别来管它的事。

19．靠近笼边

这样是代表恳求，希望得到一些东西或对待。例如兔子想吃小食，想主人把它放出来。

20．轻咬

轻咬在兔子世界中的意思是"好了，我已经足够了！"。它们利用轻咬来告诉主人停止行动。

21．舔手

在兔子的行为语言中，舔手是代表多谢。如果你家兔子舔你的手，代表它想跟你说谢谢喔！

22．抽动尾巴

抽动尾巴是一种调皮的表现，就如人类伸舌的动作。通常兔子会在一边跳跃时一边前后抽动尾巴。例如主人想把兔子捉回笼子，兔子突然跳起来同时抽动尾巴，代表它想说"你不会捉到我"的意思。

23. 用下巴去擦东西

因为兔子下巴的位置是有香腺的，所以兔子会用下巴去擦东西，留下自己的气味，以划分地盘。这种气味人类嗅不到，不过兔子就知道。

24. 喷尿

未经绝育的成年公兔可能会出现喷尿的行为。喷尿是兔子世界中用来划分地盘和占有母兔的做法。母兔可能同样会有喷尿的行为，但是公兔出现这种行为比较多。

25. 到处拉大便

兔子一般会在某一处拉一堆大便。如果兔子在不同地方分散地拉大便，其实也是一种划地盘的行为。

26. 拔毛

母兔当它们要产仔的前一天，它们就会出现拔毛的行为。它们会在胸部和脚侧的位置拔毛，利用拔出来的毛来建窝给小兔子保温。如果兔子是假怀孕，它们也会出现拔毛的情况。

八、经济价值

兔的主要产品有兔肉、兔皮和兔毛。

（1）兔肉 兔肉具有"三高三低"的营养特点，即蛋白质含量高、矿物质含量高、人体对兔肉的消化率高、脂肪含量低、胆固醇含量低、能量低，具有益智、延寿、美容的功效。肉兔养殖是发展潜力较大的节粮型畜牧业之一。

（2）兔皮 獭兔被毛具有"短、细、密、平、美、牢"等优点，獭兔皮绒毛丰盛平整，皮板柔软轻盈，且具有天然色型，绚丽多彩，为制裘的极好原料。兔皮服装具有板薄、柔软、坚韧、透气性好的特点。

（3）兔毛 兔毛是一种高级的天然动物蛋白质纤维，与棉、麻、蚕丝、马海毛相比，具有轻软、保暖、吸湿、透气等特点，与皮肤接触时，具有轻、柔、软、滑、爽的特点。长毛兔的生产转化能力较强，每生产1千克净毛所需的可消化能为40兆焦，为绵羊的28％左右。

九、兔文化和习俗

宋代陶谷《清异录·馔馐》："犯羹，纯兔。"兔为生肖，属犯，古人称兔肉汤为犯羹。

在汉族有生育忌兔肉的习俗，因为兔子豁嘴，所以孕妇妊娠时禁食兔肉，以免孩子出生时豁嘴。另外还有赠兔画的育儿风俗。画中有六个小孩围着一张桌子，桌上站一手持兔子吉祥图的人，祝受赠的孩子将来生活安宁、步步高升。

古代汉族有"挂兔头"的岁时习俗，流行于全国许多地区。每年农历正月初一，人们用面兔头或面蛇，以竹筒盛雪水，与年幡面具同挂门额上，以示镇邪禳灾。

第二节　兔好不好养

从养兔行业的特点看，养兔要以经济效益最大化为中心，就要在兔的品种、饲料、养殖规模、饲养管理、疾病防治和兔产品销售等各个环节上做到科学合理。理想的情况是，饲养纯正优良的品种，而且是市场认可度高的品种；喂给兔营养均衡的饲料；有适合兔生长繁育的兔舍，适度的饲养规模，兔群管理实现精细化；认真做好常见兔病的防治，保持兔群健康；包括种兔、兔肉、兔毛、兔皮、宠物等在内的兔产品在市场上适销对路，行情好，价格合理。如果能达到这样的理想状态，兔就好养，也一定能取得最好的效益，取得效益最大化。

可是实践告诉我们，这些养兔的理想条件不可能同时都满足，即使在某方面做得最好的企业，也不可能做到都好，只是没有特别明显的失误，或者是整个产业链中一弱项可以用另外项目弥补。但作为只参与产业链中一个饲养环节的养兔场来说，就很难能够始终取得好效益。

比如品种上，好的品种是养好兔的前提，没有优良的品种，其他方面做得再好，也不能取得理想的成绩。

目前我国肉用兔、兼用兔、皮用兔的育种体系还不完善，以从国外引进的品种为主。种兔繁育企业，种兔质量不高，多数养兔场缺乏品种标准知识，普遍存在品种退化、盲目引种、近亲交配。特别是在种源不足时，不加选择地都用作种兔，导致家兔品种良莠不齐，生产性能下降。

但是我们也要看到，尽管存在这些问题，我国的养兔产业还是一直快速发展，我们的养殖数量和产量多年稳居世界第一的位置。只是我们的效益比发达国家低。因此，养兔还是值得投资的，这就需要投资者在选择种兔的时候，要擦亮眼睛，多走多看，到种兔场和养殖户实地考察，仔细挑选，既要购买到良种，还要不成为"炒种子"的受害者，最可靠的办法是到正规的具有《种畜禽经营许可证》的种兔场购买。

在营养和饲料上，目前我国尚无统一的家兔营养标准，大多参照国外的营养标准，专门生产兔配合饲料的厂家很少，多数养兔场自配饲料。我国兔用添加剂较少，有的当地不易买到，许多养兔场用其他畜禽（如鸡、猪等）添加剂来代替兔用添加剂。由于家兔与其他畜禽相比在消化、代谢等生理方面有许多独特之处，所以使用效果往往不甚理想，导致饲料质量千差万别。散养户由于规模小，使用饲喂效果好的颗粒饲料很少，大多是以青草配合粉料饲喂为主，随意性较大。规模化兔场饲料生产中遇到的最大难题是粗饲料难以解决。南方青草资源丰富，但是干草少，从北方调运干草粉既增加运输费用，又由于南方潮湿天气多，干草保存难题不好解决。一些养兔户还延用粗放经营的模式，饲料营养供给不平衡，饲料转化率低，并且兔群消化道疾病多发，尤其是幼兔的消化机能更差，死亡率极高。如果能够解决好粗饲料尤其是牧草和兔用添加剂供应，多使用营养全面的颗粒饲料，养兔就容易一些。

从兔的饲养规模角度看，养兔在我国有着悠久的历史，又有非常的普遍性，从南方到北方都有养殖的习惯。兔子对养殖场地要求不高，非常适合农户庭院养殖。兔子是草食动物，有草就可以养，是典型的节粮型动物，只要人勤快，多喂一些草，需要精料少，可以大大降低成本，增加收入。养兔长期以来主要是庭院式的散养，被认为是一项投资少、风险低、见效快、效益高的农民致富好项目。但是，由于技术水平和防疫措施落后，即使是被认为养殖得比较好的，在品种上、繁殖率和增重等方面也属于低水平养殖，与养兔发达的国家相比，还有很大的差距。国外每只母兔平均年产商品兔 52.7 只，而国内每只母兔平均年产商品兔 28.9 只。

当前养兔靠的是规模效益，小、散饲养很难取得更大的收益。要摒弃这种小、散养殖的投资观念，实行适度的规模化、标准化养殖，这样才符合养兔业的发展规律，才是养兔产业发展的正确道路。

在饲养管理饲养技术上，目前笼舍设计没有统一的标准，设计不合理的笼舍占绝大多数，管理上以粗放式管理为主，大部分地区的养兔户仍采用传统的饲养方法进行生产，兔笼兔舍脏乱、潮湿、环境污染严重。没有一套完整的消毒防疫制度。更有甚者，兔场既无系谱，又无生产记录，近亲交配，造成兔生长发育受阻，生产性能下降。

在没有统一的科学实用的笼舍标准情况下，养殖场只有多请教有实践经验的专家和养殖者，力求做到笼舍合理。同时养兔场必须制定完整可行的消毒防疫制度，对兔场实行精细化管理，才能保证养兔场的平稳运行。

在兔的疾病防治上，目前存在着养殖户防病观念落后和疫苗、药物及添加剂缺乏问题。多数养兔户，轻视平时预防，对兔群缺乏科学的免疫和驱虫制度，一些兽用生物厂家、兽药生产厂家及饲料厂家，很少生产兔专用的疫苗、药物和添加剂，致使一些饲养户很难购买到所需的疫苗、兽药，导致防疫跟不上、治疗不及时，结果是兔群病原混杂，轻者影响兔群的健康和生长，重者造成批量死亡。随着规模化养兔的出现，新养兔场户的增加，主要疾病呈现上升趋势。特别是兔瘟，非典型性居多，呼吸道疾病、传染性鼻炎为主，魏氏梭菌病、球虫病和真菌病，给生产造成一定损失，对个别兔场造成沉重打击。在目前这种情况下，实行科学管理，严格消毒，减少发病。及时隔离发病兔、切断传染源是最好的解决办法。

在销售上，目前渠道比较单一，兔产品开发滞后，兔农多数是以活兔或原毛出售，出口的兔产品大多以原肉、原毛和原皮，初级产品多，产品附加值低，受国际市场需求影响较大。养殖场自己很少有加工能力，最多就是屠宰。价格只能凭收购商说了算，没有发言权。作为养殖场，要提高产品质量和适销对路的品种，积极加入合作组织，如养兔专业合作社、养兔协会等，同时与加工企业签订养殖订单，这些措施都可以充分保障养殖场的良好效益。

第三节　养兔的门槛有多高

有一篇文章这样描述以前农村家庭养兔的情况。

小时候，家里常常养着一些兔子。当然，那时候农家人没有闲情逸趣把兔子当做宠物来养，而是把它当做一种家庭的小副业。因为养兔子成本较低，也不占用太多的地方，养到 2.5～3 千克重的时候就拿去卖了，能为拮据的家庭经济增加一些现金收入。同时在过年时杀一只兔子，也能为年夜饭增色不少。

兔子是杂食动物，剩饭、菜叶、番薯蔓、花生藤和青草都能吃。那时候粮食紧张，人都吃不饱饭，当然很少有剩饭给兔子吃，而番薯蔓、花生藤是烧火做饭的燃料，首先要满足灶膛的需求，要让兔子吃饱，只能靠青草了。放学后，小伙伴三三两两提着篮子漫山遍野"拔兔草"，就成为小孩的一项重要活动。

在我们家乡，地瘠风大，植被较少，适合兔子吃的青草也不多，主要是鸡爪草和兔仔草。鸡爪草学名叫做马唐草，多长在庄稼地里，和庄稼争夺养分，开出的花酷似鸡爪和发报机的天线，叶子柔软鲜嫩，是兔子很喜欢吃的青草。拔了这种草，既喂饱了兔子又保护了庄稼。而兔仔草的学名叫做山苦荬，茎叶柔嫩多汁，兔子最喜欢吃，它的营养价值也较高，据说，在花果期含有较高的粗蛋白质和较低量的粗纤维。山苦荬多长在坡地上，土硬根深，用手拔常常会扯断茎叶而让乳白色的液体黏在手上，干后变黑洗都洗不掉，要用小刀或铲子挖。除了这两种草，有时也拔一些狗尾巴草充数，兔子也能吃，但好像并不太喜欢。兔子的繁殖能力极强，雌兔长到八个月大时就可以生小兔了。怀孕三十天后可产小兔三到十只，而且一年可产数次。兔子太多了饲料供不起，连青草也无法满足它们

15

的需求，只能把一些小兔送人或者卖掉。

这篇文章非常有代表性，这就是以前农村养兔的真实写照。群众中流传"家养三只兔，不愁油盐醋；家养十只兔，不愁棉和布；家养百只兔，走上致富路。"的说法。我们看到，那个时候养兔的门槛非常低。方法简单，接近自然的生长环境，兔也很少得病，是很容易做的一件事情。

随着养兔业的快速发展，养兔已经逐渐告别这种粗放式、简单的庭院养殖模式，向规模化方向发展。因为从兔的产品上已经不是仅仅产肉一项，而是兔肉、兔皮、兔毛同样重要，已经形成三兔兴旺（肉兔、皮兔、毛兔）的局面，各自的市场空间都非常大。

兔的优良品种也非常多，如以产肉为主的新西兰白兔、加利福尼亚兔、比利时兔、德国花巨兔、公羊兔、哈白兔、齐卡（ZIKA）肉兔配套系、艾哥（ELCO）肉兔配套系、伊拉（HYLA）肉兔配套系、伊普吕（Hyplus）肉兔配套系等；以产皮为主的力克斯兔（Rex）我国俗称獭兔，亦称海狸力克斯兔和天鹅绒兔，是著名的皮用兔品种，有黑色獭兔、八点黑獭兔、白色獭兔、黄色獭兔、咖啡色獭兔和宝石花獭兔等品种；产毛为主的德系长毛兔、法系长毛兔、中系安哥拉兔和镇海巨型长毛兔。兼用型的有中国白兔、日本大耳兔、青蓝紫兔、塞北兔和太行山兔等。另外，还有观赏兔和宠物兔如荷兰兔等。

在繁育上，从自然交配繁育向繁育控制技术和人工授精方向发展，如今在规模化养兔场肉兔杂交配套系已经普遍采用，人工授精、同期发情、超数排卵、胚胎移植等繁殖技术也已经应用到养兔生产上。基础母兔年出栏商品兔平均 28.9 只，管理条件好的养兔场达到 35 只以上，有的已经达到 45 只左右，与国际先进水平的差距在逐步缩小。

规模化、集约化养殖已经成为今后发展的主要方向，所占比重越来越大，在饲料营养、疾病防治、笼具、兔舍以及环境控制上日益得到重视。伴随着设施的改进和先进设施的投入，饲养管理水平将大幅度提高，同时养兔投资也将增大，养兔的门槛也越来越高。

第四节　养兔需要具备哪些条件

近年来，我国兔业出现良好的发展势头，呈现出规模化、工厂化、集团化发展的趋势；区域化布局自然形成；优势产区发展稳定；产品加工势头旺盛；市场需求前景看好。很多人都觉得有投资的打算。但是如果没有科学的规划和测算，没有考虑地理位置是否合适，人力、物力、资金、技术各方面资源是否具备而盲目上马，盲目地扩大规模，超出了自身的经营管理能力，极容易导致养兔的失败。因此，养兔需要具备基本的条件。这些条件包括投资者具备良好的素质、责任心强的养殖人员、养殖管理技术、充足的资金、养兔场地、建设科学合理的兔场和兔舍、合理的养殖设备、适宜的兔品种、饲料廉价且来源可靠稳定、销售渠道好等几个方面。

一、投资者具备良好的素质

作为投资者要有敏锐的市场洞察力、行业前景的预测力、良好的沟通协调力、风险的承受力和养殖及财务方面的知识力等。一旦决定了投资养兔，就要对养兔行业特点有一个准确的把握，不是人云亦云，只听别人的介绍，自己不去深入调研，这样盲目投资，没有多大的胜算。还要了解兔的养殖技术、饲料配制、疾病预防、良种选择，掌握了这些知识，最好自己掌握关键技术，不把关键技术的掌握寄托在某个人身上，不做外行，才可以把兔养得更好，才可以见到好的经济效益。投资者还要有一定的风险承受能力，心理素质太低的人不要搞养殖，是投资就有风险，要想挣钱，首先你问自己能不能输得起，亏不起就不要养，打工绝对亏不了本，那你还是打工的好。还要有长久做下去的打算，真正作为一项产业去投资，而不是投机，加入"炒种"或"倒种"的行列或者以此作为套取补贴的理由。虽然养兔业是个短、平、快的致富项目，但其价格遵循市场规律运行，一旦兔产品过量或销售渠道不畅，价格下滑是必然的结果。因此，养兔要以规模求效益，不要期望饲养一年半载就能发家致富。

养殖投资是一个经营管理的过程，投资者需要懂得如何核算养殖成本，怎么不花冤枉钱，怎么使效益最大化，在租场地、融资、兔舍规划建设、饲料采购供应、品种引进、养殖人员定额管理等方面，都要精打细算。

二、责任心强的养殖人员

有人说，养兔就要以兔为本，这话没错，但是，我说要先以人为本，然后再以兔为本。否则，你想以兔为本，根本实现不了，只能是空谈口号。

有人说，中国人多，在中国最不缺的就是人。可是，现在养殖行业最缺的就是人，因为现在愿意从事养殖的人越来越少，肯在养殖上有所作为的人更少。搞养殖最难的不是饲养的对象，而是养殖人员，这一点对于搞过养殖的人体会最深，因为就是你自己亲自去管，你的水平能有多高，不一定能做得怎么好，一旦时间一长，什么事情都容易疏忽。雇别人来管，责任心是关键，真正把养殖场当做自己家的事情来做的人能有几个，搞养殖的都说，好人不愿意干，赖人干不了。可能有的人说，搞指标、搞承包不就能解决吗？实际的情况可能因为饲养员的频繁更换，流动性很大，今天这个来，明天那个走，制度延续都是个问题。况且，养殖出现问题很少是当时出现，都是经过一段时间以后才逐渐暴露出来，比如应该配种的时候，因为责任心不强没有及时发现而错过了配种，或者喂料时候不按饲喂量喂料，饥一顿饱一顿，导致兔的生长受到影响，这些都不是当时能发现的，等发现的时候已经晚了，甚至补救的机会都没有。还有工资都不是很高，都要养家糊口，都希望及时把工资拿到手，你想要留抵押金也难，造成的损失通常要比他的工资多，你指望他能给你倒找钱吗？很多养殖场都是因为人为的因素干不下去的。所以，投资者千方百计地选好人、用好人，要想办法调动养殖人员的积极性，创造拴心留人的好环境，让他们在你那里舒心地工作。

三、养殖管理技术

养兔是个技术性很强的工作，很多养殖户失败的原因不是资金上的，而是技术上的原因失败的。因为现在养兔与前些年截然不同，无论是兔的品种、还是饲养管理都不一样了。以前是粗放式的，一家一户的庭院散养，兔主要吃当地的草，兔的品种都是当地的品种，以吃肉为主，疾病也不复杂，就那几样病，几乎不用预防就能养好。而现在的兔分类明确，有以产毛为主的长毛兔、有以产肉为主的肉兔、有以产皮为主的兔、有供人们养着玩的宠物兔等，养殖的品种大部分是国外引进的，饲养管理上以规模化笼养舍饲为主，繁殖、饲料配制、日常管理上需要投入大量的精力。因此，需要很多的养殖技术，如人工授精技术、同步发情技术、杂交技术、饲料配制技术、肥育技术、疾病防治技术、防疫消毒技术等，很多专业性的技术都必须掌握，并能够熟练地运用到生产实践当中，才能取得好的养殖效益。

四、充足的资金

养兔需要购买或者租用场地、建设兔舍、购买养殖设备、购买种兔等开支，还需要陆续投入购买饲料和养殖人员工资开支，一直要持续到有可供出售的兔时投资才算告一段落。一般情况下，从建场、引种到第一批兔出售需要 7 个月的时间，这期间的饲喂成本是主要开支。如果是出售皮毛的兔场，可能还要面对皮毛销售的淡季问题，淡季的时候，没有人收购皮毛，或者价格压得很低，这个时候最好的办法是找一个适合的仓库做成盐板长期保存，这样可以等到行情好时再销售，提高养殖场的整体经济效益。这样就需要有足够的资金才能使养兔场正常运转，所以要准备充足资金并做到合理分配、合理使用。因此，资金是一切投资的基础，不能有建兔舍的钱没有买兔的钱，有买兔的钱没有养兔的钱，最好多咨询养过兔的人，了解养兔上的一些开支的细节，做好资金预算，把一切可能遇到的情况都考虑到，没有准备足够的资金轻易不要动手，免得盲目上马，导致资金链断裂，出现半途而废。

五、养兔场地

养兔场地包括兔舍场地和放牧场地。养兔的场址选择要因地制宜，无论是山区、半山区还是平原地区，都要符合环境保护的要求，符合兔对生长环境的要求，不能选择在地势低洼、排水和道路不畅、兔场与周围居民和污染源距离太近以及空气、土壤、水源质量不符合国家规定等地方。在兔场的住地有充足的牧草和秸秆等饲料来源，饮用水水源达到生产无公害食品的要求标准。一只基础母兔及其仔兔按 1.5～2.0 平方米建筑面积计算，一只基础母兔规划占地 8～10 平方米，养兔场一般场地规模以存栏 250 只基础母兔、按年出栏兔 7500 只计算，占地 1 公顷（1 公顷为 10000 平方米）左右为宜。如果新建兔舍，还要控制好兔舍的造价，要做到既能满足养殖兔的需要，又不造成浪费。

六、建设科学合理的兔圈舍

兔舍不仅是遮风挡雨的地方，而且要符合兔的生物学特性和动物福利，符合防疫、防火等安全要求，夏季要凉爽，冬季要保温。兔喜欢在干燥、卫生、凉爽的环境中生活；厌湿潮环境。兔群的活动场地和圈舍都以高燥为宜。长期在潮湿的环境下，兔容易感染寄生虫和传染病，同时兔毛品质下降，影响兔的经济价值。目前我国在兔舍和笼具上还没有一个统一合理的规格样式，普遍存在笼舍建造形式及规格各异，质量差，单个笼面积小，养殖密度大，兔产仔箱品种多样，兔采食盒小而简易，自动饮水器质量差、易漏水、已损坏，饲料浪费严重，室内潮湿环境差，养殖人员劳动强度大，这些问题直接影响了家兔的生长和繁殖，加大了养殖成本，无法从根本上提高养殖效益。所以，针对这些问题，新建养兔场坚决不能走这样不合理、不科学的落后道路，建设前要多考察、多走访，力求建设合理的兔舍。

七、适合的兔品种

品种是关键的第一步，地区决定了品种，品种决定了成败。选择的标准是适应能力强、能适应养殖当地的自然环境、对恶劣环境和疾病的抵抗能力强、生长速度快、繁殖率高等，还要符合市场对肉质、毛质、皮质的需求等。兔品种很多，国外和国内的都有，各有优势，饲养管理方式要求也不一样，选购时要对品种知识和品种特点有充分的了解，尤其是獭兔，品种好坏直接影响兔皮的质量，质量好的獭兔皮价格很高，质量差的非常低，甚至再低的价格也没人收购。必须养体型大、毛质优的獭兔品种才能适应市场需求。

八、饲料廉价来源可靠稳定

兔子是以食草为主的，家兔特殊的消化生理使粗饲料成为不可缺少的营养源，约占饲料总量的 45%。据计算，一个年出栏商品兔 1 万只的兔场，按照目前的平均养殖水平，年需要粗饲料约 65 吨（种兔和商品兔总需要量）。建场之前要充分考察好养兔场所在地的草料资源。尽管我国饲草秸秆资源极其丰富，但真正能批量使用的粗饲料寥寥无几。很多养兔场是以外购草粉饲喂，成本不好控制，要注意价格是否合理，否则容易因为饲料供应问题造成亏损。因此，养兔场要对饲料尤其是饲草做好保障计划，有土地条件的要自己种植优质牧草，进兔之前就应根据自己兔群的规模种植相应数量的牧草，既保证了草料供应，质量也得到了保证，同时又节约了开支。如果建规模种兔场销售种兔，优质牧草粉价格适当高一些也是可以接受的，因为种兔售价高、利润大，优质饲料可以保证种兔的快速生长和体况好。

九、销售渠道好

产、供、销是一个有机的整体，从开始建场的时候，要把销售作为建场的一个基本条件，市场需要什么品种就要多养殖什么品种，对于自己建立销售渠道的，更要早动手，早谋划。要考察好市场，是销售种兔、还是商品兔，是出栏活兔销售还是屠宰后销售，是自己在市场销售还是卖给兔贩子、是销售给屠宰场还是销售给加工厂等，做好前期的市场调查，有稳定销售渠道的最好签订销售合同。

养殖上品牌的重要性被越来越多的人认识，有品牌的兔产品可以建立起稳定的消费群体，卖出更好的价钱。如果是生产绿色或者有机兔肉的养殖场，还要做好认证的有关工作。

第五节 什么时候投资最合适

养兔投资同其他投资一样，也存在投资时机问题，选准时机就是在正确的时间做正确的事情,对于养殖取得成功非常关键,时机选择可以从以下几个方面考虑。

一、根据周期性波动规律选择

任何行业都有其自身特点和规律,都不同程度的存在高峰和低谷的问题,养兔也不例外,养兔行业通常 3～5 年一个波动周期,在低谷的时候就是比较合理的投资时机,可以在养殖数量明显减少的时候开始引进优良的品种,进行养殖,此时种兔的价格往往是最低的,挑选的余地也非常大。尤其是对于新入行的投资者,在合适的时机进入,成功的把握大一些,既可以在行情好的时候取得不错的收益,又可以积累一些实践经验,为以后的低谷贮存能量,蓄势待发。

而与此相对应的是,市场一派繁荣,已经养兔的人大部分都挣到了钱,新闻舆论大肆宣传各类因为养兔发家致富的典型,大家都在争先恐后的开始养兔的时候,此时投资者就要冷静对待,因为市场的规律是物以稀为贵,市场终将有饱和的那一天,一旦出现过剩,价格必然降低,此时就不是投资的最好时机。

二、根据养殖品种的特点选择

兔的品种不同,投资的时机也有区别,市场销售也不一样,肉用兔市场、毛用兔市场、皮用兔市场以及宠物兔市场各有特点,不能一概而论,比如兔皮市场行情好的时候,兔毛的市场行情不一定好,兔毛市场行情好的时候兔肉市场行情不一定好。再如,随着人们生活水平的提高,养宠物成为一种时尚,近几年宠物兔市场比较活跃,销售量持续增加。所以,时机的把握要区分品种和结合市场确定,不能一概而论。需要投资者跟踪养兔行业动态,及时掌握价格行情,摸准市场需求变化规律,适时投资。

三、根据产业发展状况选择

以往我国重产前、轻产后,深加工落后的局面一直限制了兔业的稳定发展。兔产品以原皮、原毛等初级产品出口为主,产品附加值低。经过多年的痛定思痛之后,我国的加工业异军突起。以河北为代表的兔皮加工业规模宏大，大大小小的兔皮加工企业数千家，兔皮市场异常繁荣，成为中国乃至世界兔皮的集散地和加工基地；以山东青岛康大、四川哈哥为代表的兔肉加工企业，摆脱了肉类作坊式传统手工加工的落后局面，现代配套设备、现代加工工艺和传统工艺的完美结合，生产出适合中国人口味的兔肉食品，为兔肉的大众消费奠定了基础；以浙江省为代表的兔毛的加工取得巨大进步，尤其是在梳毛设备改造和加工技术方面取得长足进步。如果你处在这些加工优势区域，能够与这些加工企业签订长期的订单，产品的销售有保证，投资的时机就比较明确。

当然，在养殖过程中也会经常出现意外的情况，对养兔产业的影响比较大。比如主要面向西欧、日本及我国港澳地区等的兔皮和兔毛出口贸易，由于全球连续遭遇暖冬，皮毛出口销量锐减，而遇到冷冬，兔皮毛销售数量就大幅度增加；欧盟对食品质量要求严格，我国兔肉质量达不到欧盟的标准，兔肉出口数量明显减少；再如金融风暴时期，所有行业都萧条，兔产品不可避免受到影响等。这些因素是兔产业养殖者的寒冬，却是兔产业投资者的春天，需要投资者选择合适的投资时机。

第六节　投资多大规模合适

关于多大规模的问题，有的人主张先少量投资，小规模十几只的试养。依据是，养兔是个技术性很强的养殖项目，没有经验，一开始就大规模饲养，饲养管理跟不上，容易失败。有的人则主张起点可以高一些，起码要 100 只以上的规模，因为养兔的规模过小，即使养得再好，收入也是有限，至于养殖技术可以边养殖边总结，毕竟有很多书籍和现成的经验可以借鉴。

以上的观点都有一定的道理，单从养殖技术上看，不懂养兔技术不行，技术很重要。养兔要经过引种、配种、生产、断奶、育肥、出栏等步骤，养殖管理者每个环节都要懂得怎么做，如果不懂品种知识，不会选择种兔，什么样的兔子是好兔子，哪个品种适合你，都不懂，只能听卖种兔的人说，碰到负责任的厂家还好说，若是碰到炒种子的忽悠你没商量，吃亏上当免不了，或者疾病不断，或者品种不纯，兔毛或者兔皮质量差，卖不上好的价钱，甚至没人要，倒霉的就是你，养的兔越多，赔的钱越多，怪谁？只怪自己不懂行。养兔的饲养管理同样重要，你如果不具备良好的养殖技术，要养兔成功确实难。但是，少量养殖究竟能不能从实践中学到养兔技术，多长时间能学到也是个问题，少量养殖在实际生产中遇到的问题不会很多，或者不够典型，如此得出的结论也不一定对以后大规模养殖有多大的借鉴意义。所以，养殖技术要在投资前就掌握，而不是少量试验。有试养的时间，莫如给管理好的兔场打工，既能挣到钱，还能学到技术和好的管理方法。

实践证明适度规模最合理，那么适度规模究竟是多少？根据有关部门调查，目前我国兔场的基础母兔数量在 200～500 只的规模成为发展的主体和主流，1000 只以上的规模型兔场明显增加。说明基础母兔 200～500 只的养殖规模比较合理，至少在目前是合理的。

但是，每一个投资者的情况不同，还要结合养殖地区、养殖品种、兔舍条件、饲料供应能力、饲养管理水平、销售等方面综合判断。

在兔的养殖优势区域，已经形成比较成熟的产、供、销产业链，在养殖的各个方面相适应的服务体系比较完善。比如由于养殖量大，就有专门生产颗粒饲料的公司供应饲料，有很多不同样式、不同价位的兔笼具可供选择，兔的品种也可以参考附近的养殖场来选择，疾病防治能及时地做好，疫苗以及兽药品种也比较齐全，这样起步就可以高一些。而非养殖优势地区，由于很多与养兔相关的服务配套不完善，养兔需要的各方面物资技术可供选择的少，规模不宜太大。

饲料供应能力很关键，规模养兔的饲料消耗很大。据计算，一个年出栏商品兔 1 万只的兔场，按照目前的平均养殖水平，年需要约 65 吨粗饲料（种兔和商品兔总需要量）。这对于饲料供应是个考验，饲料供应要同养殖规模相适应，如果饲料供应商没有把握，就不能养殖太大的规模。

销售方面，拿宠物兔来说，宠物兔的市场随着人民生活水平的提高，用作娱乐观赏的市场发展潜力很大。但是市场的销售渠道培育要逐渐进行，销量要有逐渐增加的过程，不可能一开始就有多大的数量保证，这样就对养殖的规模和出栏数量有要求。

第七节 养兔业发展的方向

一、生产向集约化、现代化方向发展

伴随着国内外市场对兔产品需求数量的增加和质量要求的提高，养殖科技的进步，畜牧业产业化的发展，传统的养殖和小规模经营方式已不适应新的形势和要求，集约化、现代化养殖必将成为养兔业的发展方向。达到品种优良化或配套化、配合饲料全价化、饲养管理模式化、环境控制科学化、疾病防治程序化。

在发展家庭养兔的同时，出现了高度集约化、现代化的养兔场，采用封闭式兔舍，自动控温、控湿，自动喂料和饮水，自动清除粪便，不仅大大提高了劳动效率，而且不受季节影响，可以进行密集繁殖。德国赛芮斯毛用种兔场，饲养母兔 300 只，种公兔 50 只；每只母兔每年配种 8～10 次，平均繁殖仔兔 30 只以上；只有 5 人管理，全部实行了机械化、自动化。

我国也有这样的养兔企业，引进国外的肉兔配套系，建设现代化兔场，配置先进的养殖设备，实行人工控制环境，应用人工授精技术，采用工厂化养殖模式，生产水平大幅度提高，可以预料，今后将有更多的养兔企业采用更加先进的集约化、现代化生产方式。

二、饲养向标准化、饲料颗粒化发展

随着大规模、集约化、现代化养兔业的兴起，饲料加工出现了工厂化、专业化、营养成分标准化和饲料形状颗粒化的趋向。

一些国家如美国、英国、德国、法国等均制定了家兔饲养标准和饲料配方。如美国 NRC、法国 AEC，我国在兔的饲养标准上还比较缺乏，但已经开始进行这方面的工作，如 2011 年，山东省地方标准《肉兔饲养标准》（DB 37/T 1825—2011）正式颁布，标志着我国肉兔营养需要研究取得新的研究进展。

颗粒饲料由于具有营养均衡、适口性好兔子喜食、饲料的消化利用率高、减少疾病、减少饲料浪费和提高工作效率等诸多优点，

因此,成为养兔饲料的发展方向。

德国的赛芮斯种兔场和英国的喀米里公司均由饲料公司供应全价颗粒饲料。在美国,颗粒饲料多按哺乳、妊娠、断乳、配种等营养需要分别配制,在市场上销售。在我国养兔集中的地区,也有很多饲料企业生产兔用全价颗粒饲料。

三、育种朝多方向、配套系发展

近年来,国内外对毛用兔的选育工作极为重视,进展很快。选育的重点主要考虑产毛量和兔毛品质,而不重视外貌,如德系安哥拉兔的产毛量几乎达到了兔子能够适应的极限,年均产毛量公兔已达 1190 克,母兔已达 1406 克;最高产毛量公兔已达 1720 克,母兔已达 2036 克。法国对安哥拉兔的选育工作着重于粗毛的含量和毛纤维的长度与强度,已培育出粗毛含量达 15% 以上的粗毛型长毛兔。

我国以浙江省为主的南方省市重视毛兔的育种,使毛兔质量不断提高,已经达到或超过国外的水平。

我国肉兔品种、配套系主要依靠国外引种,近年来在肉兔新品种、配套系培育和遗传资源鉴定方面取得重大突破,2010 年闽西南黑兔、九巍山兔通过国家畜禽遗传资源鉴定;2011 年康达肉兔配套系通过审定。

四、兔肉生产向无公害、绿色化发展

随着全球动物疫情不断发生,如疯牛病、口蹄疫、禽流感等,最近英国发生的"兔流感"死人事件导致大家对肉食品消费高度警惕,要求越来越严格。如欧盟在中国出口的兔肉中检出有残留抗生素,含量是每千克肉含有氯霉素 200 毫克,如此低微的检测数据在国内是无法测出的,欧盟就拒绝进口中国兔肉。

人民生活水平的提高和环境意识的增强,也要求不仅表现在数量上提高,更要在质量上安全,要求兔肉产品无药物残留、安全、优质、营养。发展无公害、绿色兔业势在必行。农业部已经制定出无公害食品(包括兔肉)生产销售标准,并已在全国范围内推进"无公害食品行动计划",广东、上海、北京等城市也已实施食品准

入证制度。因此，我们必须转变观念，不断提高绿色意识，在兔肉养殖生产环节上，除禁用抗生素作添加剂外，还要从建场选址开始，到日常兔的饲料采集和饲养管理都要讲究卫生和营养，确保兔肉质量。在兔肉加工及兔肉制品供应环节上，同样要做到卫生安全。如推广冷却兔肉，冷却兔肉也叫冷鲜兔肉，是指家兔经检验合格屠宰后，从分割、运输、贮存、流通到消费全过程中始终保持在0～4℃条件下的生鲜兔肉。冷却肉吸收了"热鲜肉"和"冷冻肉"的优点，克服了两者的缺陷。冷却肉新鲜、肉嫩、味美、营养、卫生、安全，大中城市逐年扩大市场份额，国外市场80%是冷却肉，被认为是科学、高品质的生鲜肉。冷却肉是今后国内消费的主流和必然发展的趋势。

五、生产、加工、销售向一体化方向发展

由于我国一直是以一家一户、小规模散养型为主的生产方式，养兔的数量少，设施简陋，思想不重视，管理上不去，收入自然少，这种小生产难以实现与大市场的有效对接，导致生产方式落后、养殖效益低下，已不能适应现代养兔业的发展需要，只有走产业化的道路，实现生产、加工和销售的一体化发展，进行大批量的、均衡的、标准化和高质量的生产，实现资源共享，优势互补，建立相互促进协调发展的机制，可以最大限度地节省成本和费用，提升企业的运作和管理效率，提高企业的创新能力、综合竞争能力和可持续发展能力。

六、兔产品利用朝着综合方向发展

除了利用肉、皮、毛外，兔的内脏可作为生物制药的原材料等，如有的生物制药企业收购的活兔，在提取淋巴和脾脏后，其余全部返还给养兔场，由养兔场自行处理皮和肉。兔的粪便可加工成用于花卉等植物的有机肥。

七、环境友好、可持续方向发展

低碳环保是养殖业持续发展的最根本出路，循环经济强调以资源高效利用和循环利用为核心，以减量化、再利用、再循环为原则

即"3R"原则，以生态产业链为发展载体，实现资源的有效利用和经济与生态的协调发展，本质上是一种低碳环保的可持续发展模式。

把长毛兔养殖与沼气工程、无公害果品种植合理的结合起来，形成一个良性循环系统，将兔粪作为沼气的发酵原料，产出的沼气可用来炊事、照明，沼液和沼渣作为果品的肥料以沼气为纽带，带动长毛兔业、林果业共同发展，形成以兔—沼—果循环种养模式建设为主的社会主义新农村发展道路。

如蒙阴县，推广"房在园里，林在村里，一片桃园一座房，一圈兔舍作围墙"的庭院循环经济模式，将林果生产、长毛兔饲养和沼气建设三者有机结合，实现了资源的循环利用，提升养殖环境的绿化工作，积极引领长毛兔养殖场（户）利用兔舍间空隙及兔舍周围的空隙种植各种树木，低密度的兔舍和高密度的绿化不仅能净化空气，调节空气温度，还能为长毛兔生长创造良好的环境，使长毛兔的死亡率显著降低。

将兔粪收集起来，通过沼气池的处理，为种植林果提供优质有机肥料，产生的大量沼气作为清洁能源被用于农户的日常生产生活。推广以平衡营养要素、提高饲料消化吸收利用率的饲料配方，实现长毛兔养殖的"减量增效"，减少了精饲料投入，使长毛兔养殖减少废物排放。

第二章 方向篇

第一节 兔的品种介绍

一、兔的分类

我们这里为了介绍方便，将兔的品种按照家兔和野兔两个大的类型来介绍。

1. 家兔的分类

家兔是由一种野生的穴兔经过驯化饲养而成的。

（1）按家兔被毛的生物学特性分类有长毛型、标准毛型和短毛型3种。

① 长毛型：毛长在5厘米以上，每年可采毛4～5次。如安哥拉兔。

② 标准毛型（或普通毛型）：毛长在3厘米左右，粗毛比例高且突出于绒毛之上。如肉用兔、皮肉兼用兔。

③ 短毛型：主要特点是毛短，毛长不超过2.2厘米，不短于1.3厘米，平均毛长1.6厘米左右。如力克斯兔（獭兔）。

（2）按家兔的经济用途分类有毛用兔、肉用兔、皮用兔、兼用兔、实验用兔和观赏用兔等6种。

① 毛用兔：其经济特性以产毛为主。毛长在5厘米以上，毛密，产毛量高。如安哥拉兔。

② 肉用兔：其经济特性以产肉为主。颈粗短，多数有肉髯，体躯丰满，骨细皮薄，肉质鲜美，成熟早，屠宰率高，料肉比高[一般3个月可达2千克，屠宰率（全净膛）50%以上]。如新西兰兔、加利福尼亚兔、齐卡兔、布列塔尼亚兔等。

③ 皮用兔：其经济特性以产皮为主（制裘皮衣服）。毛短而密，理想毛长为1.6厘米（1.3～2.2厘米），被毛平整。如獭兔。

④ 实验用兔：其特性为被毛月色，耳大且血管明显，便于注射、采血用，在试验研究中以新西兰白兔用得较多，其次为日本大

耳兔。

⑤ 观赏用兔：有些品种外貌奇特或毛色珍稀或体格微型，适于观赏用，如法国公羊兔（垂耳兔）、彩色兔、小型荷兰兔。

⑥ 兼用兔：其经济特性具有适于两种或两种以上利用价值的家兔。如青紫蓝兔既适于皮用也适于肉用；日本大耳兔可作为实验用兔，也可作为肉用和皮用兔。

（3）按家兔的体型大小分类

① 大型兔成年体重约 6 千克。如哈白兔、比利时的弗朗德巨兔、德国花巨兔等。

② 中型兔成年体重 4～5 千克。如新西兰兔、加利福尼亚兔、德系安哥拉兔等。

③ 小型兔成年体重 2～3 千克。如中国白兔、俄罗斯兔等。

④ 微型兔成年体重在 2 千克以下。如荷兰小型兔等。

2. 野兔的分类

野兔是指兔属下的动物及粗毛兔属与岩兔属中四个物种的合称。

我国兔科动物有 9 种，均属于兔属。分别是草兔、高原兔、雪兔、东北兔、东北黑兔、华南兔、塔里木兔、海南兔和云南兔。常见的野兔有雪兔和草兔。

（1）草兔　是典型的草原动物，也是我国最常见的野兔种类，属草原类型，数量很多。现有 8 个亚种，其中内蒙古亚种分布于内蒙古，草兔中原亚种分布于东北、华北、西北、华东；湟水河谷亚种分布于青海湟水河谷；中亚亚种分布于内蒙古巴盟、甘肃西部和新疆；西域亚种分布在新疆西部；帕米尔亚种分布于新疆帕米尔高原；长江流域亚种分布于长江流域和贵州；川西南亚种分布于四川嘉陵江以西地区和云南。但是，草兔仅分布于中国长江以北，经青藏高原边缘，沿着"丝绸之路"向西，从欧洲南部穿过到非洲。因此，草兔属古北界的种类。

（2）高原兔　是青藏高原的野兔优势种，有 7 个亚种。

（3）雪兔　是典型的古北界的种类，分布于亚寒带针业林带，是典型的森林种类。在我国分布于新疆北部塔城至阿勒泰山一带，东北大兴安岭及黑龙江北部也有分布。20 世纪中叶，随着大兴安岭亚寒带针叶林的采伐，雪兔的分布区日趋缩小。20 世纪 90 年代以来，随着我国农业产业结构的调整和林业生态工程的实施，雪兔的分布区又日趋扩大，种群数量迅速上涨，对大兴安岭新造林幼林危害很大。

（4）东北兔和东北黑兔是典型的古北界种类　分布于在小兴安岭，但东北兔也分布于长白山区。典型的森林种类，随着森林采伐，分布区均日益缩小，数量日渐减少。近年来，随着林业六大工程的实施，东北兔的数量有所回升，在辽宁西部对杏树和刺槐幼林危害很大，但东北黑兔数量仍然稀少。

（5）华南兔呈断裂分布　主要分布于华南和华东地区，在台湾地区及长白山区也有分布。

（6）塔里木兔是塔里木盆地的特有种　属东洋界种类。近年来，数量不断增加，对荒漠梭梭林危害较大。

（7）海南兔和云南兔属东洋界的种类　数量稀少，近年来数量虽有所回升，但仍需保护。前者分布于海南岛，没有亚种分化；后者主要分布于云南及贵州的部分地区，现有 3 个亚种。

二、国外引进的品种

（一）毛用型

1. 长毛兔的由来与发展

关于长毛兔的起源问题，至今说法不一。一般认为，长毛兔原产于土耳其的安哥拉城，因此而得名。

长毛兔与其他家兔一样，具有共同的起源和祖先，其长毛性状是由于基因突变和长期选育的结果，是一种可以遗传的变异现象。

长毛兔在动物分类学上属动物界、脊索动物门、脊索动物亚门、哺乳纲、兔形目、兔科、兔亚科、穴兔属、穴兔种、家兔变种。

最初出现的长毛兔，因毛绒奇特、美观，仅供少数人玩赏之用。自 18 世纪中叶开始，先后传入法、英、德、日等国，随着毛纺业的不断发展，逐步发展到了利用兔毛纺织高档毛织品，从而使长毛兔得到迅速的推广和发展。经各国养兔界的多年选育和推广，先后形成比较著名的英、法、德、日等安哥拉兔品种或品系，毛色有白、灰、蓝、黑等，但以白色最为普遍。目前饲养长毛兔数量较多的国家有中国、法国、德国、日本、美国、英国、捷克和斯洛伐克等。

长毛兔即安哥拉兔，是世界上著名的毛用动物之一。因产毛性能优良，已引起世界各国的重视，饲养数量逐年增加，发展前景广阔。

2. 长毛兔的形态特征

长毛兔的外形可分为头、颈、躯干、四肢和尾等部分。除鼻、腹股沟和公兔的阴囊部之外，全身各部位均被有纤细的绒毛。

（1）外形结构 长毛兔的外形结构，除了与其他家兔所具有的共同特征之外，还有其不同的特点，了解这些特征和特性，对于选种和了解生产情况是十分必要的。

① 头部：长毛兔的头部细小清秀，可分为颜面区及颅脑区。颜面区占头长的 2/3 左右。口较大，围以肌肉质的上、下唇，上唇中央有一纵裂，门齿外露，口边长有粗硬的触须。眼球大而几乎呈圆形，位于头部两侧，单眼视野角度超过 $180°$，白色长毛兔的眼球呈粉红色，有色长毛兔则多呈深褐色。耳长中等且可自由转动，可随时收集外界环境声音信息，迅速产生反应。

② 体躯：可分为胸、腹、背 3 部分。发育正常、体质健壮的长毛兔，胸部宽而深，背腰平直，臀部丰满。良种长毛兔一般要求腹部大而不松弛且富有弹性；背腰宽广、平直；臀部丰满，发育匀称。

③ 四肢：长毛兔与其他家兔相同，前肢短而后肢长，这与跳跃式行走和卧伏式的生活习性有关。前脚有 5 趾，后脚仅 4 趾（第 1 趾退化），指（趾）端有锐爪，爪的弯曲度随年龄的增长而变化，年龄越老则弯曲度越大。

（2）被毛特点 长毛兔全身被毛洁白、松软、浓密。根据兔毛纤维的形态学特点，一般可分为细毛、粗毛和两型毛等 3 种。

① 细毛：又称绒毛。是长毛兔被毛中最柔软纤细的毛纤维，呈波浪形弯曲，长 5～12 厘米，细度为 12～15 微米，一般占被毛总量的 85%～90%。兔毛纤维的质量，在很大程度上取决于细毛纤维的数量和质量，在毛纺工业中价值很高。

② 粗毛：又称枪毛或针毛。是兔毛纤维中最长、最粗的一种，直、硬、光滑、无弯曲，长度 10～17 厘米，细度 35～120 微米，一般仅占被毛总量的 5%～10%，少数可达 15% 以上。粗毛耐磨性强，具有保护绒毛、防止结毡的作用。根据毛纺工业和兔毛市场的需要，目前粗毛率的高低已成为长毛兔生产中的一个重要性能指标，直接关系着长毛兔生产的经济效益。

③ 两型毛：是指单根毛纤维上有两种纤维类型：纤维的上半段平直，无卷曲，髓质层发达，具有粗毛特征；纤维的下半段则较细，有不规则的卷曲，只有单排髓细胞组成，具有细毛特征。在被毛中含量较少，一般仅占 1%～5%。两型毛因粗细交接处直径相差很大，极易断裂，毛纺价值较低。

（3）换毛规律　兔毛有一定的生长期，当兔毛生长到成熟末期，毛根底部逐渐变细而脱落，新毛开始生长，这种换毛过程称为兔毛的脱换。

① 年龄性换毛：这种换毛专指幼兔而言。仔兔初生时无毛，一般在 4～5 日龄开始长出细毛，到 30 日龄左右乳毛全部长成。生长发育正常的幼兔，第一次年龄性换毛是在 30～100 日龄，第二次年龄性换毛是在 130～190 日龄。在 6.5～7.5 月龄以后的换毛规律与成年兔一样进行。

② 季节性换毛：这种换毛专指成年兔而言。在正常情况下，成年兔每年春秋两季各换毛 1 次。春季换毛在 3～4 月份进行，由于此时饲料丰富，代谢旺盛，所以兔毛生长较快，换毛期较短；秋季换毛在 8～9 月份进行，由于饲料变换，毛囊代谢功能减弱，所以兔毛生长较慢，换毛期较长。

③ 病理性换毛：长毛兔患病期间或较长时间内营养不足，新陈代谢紊乱，皮肤代谢失调，往往会发生全身性或局部性的脱毛现象，即为病理性换毛。

3. 安哥拉兔

安哥拉兔是世界上最著名的毛用兔品种，也是已知最古老的品种之一，有关安哥拉兔的来源问题，说法不一，早些时多数人认为来自小亚细亚，以土耳其安哥拉城而得名；也有认为起源于法国；后据调查考证，安哥拉城及其附近并无安哥拉兔饲养，认为，安哥拉兔最早于 1734 年发现于英国，并以安哥拉山羊名字命名。18 世纪中叶以后，先后传入法、美、德、日等国。我国饲养的安哥拉兔，据说于 1926 年由法国传教士引入上海，以后又曾从日本引进英系安哥拉兔。我国著名小动物专家冯焕文先生，早年在上海创办中华种兔场，提倡饲养安哥拉兔。之后，无锡陆理成先生创办惠康牧场也曾饲养过安哥拉兔。

安哥拉兔被各国引进以后，根据不同的社会经济条件，培育出若干品质不同、特性各异的安哥拉兔。比较著名的有英系、法系、日系、德系和中系等。值得说明的是，这里的"系"，只是人们的习惯称呼而已，它与家畜育种学中介绍的"品系"概念完全不同，它代表各具特点的"品种类群"，甚至可以认为是独立的品种。

安哥拉兔的毛色有白色、黑色、棕红色、蓝色等 12 种之多，但以白色较普遍，这里主要介绍的是各国广为饲养的白色安哥拉兔。

（1）法系安哥拉兔　法系安哥拉兔（图 2-1）原产于法国，选育历史较长，是现在世界上著名的粗毛型长毛兔。中国早在 20 世纪 20 年代就开始引进饲养，1980 年以来又先后引进了一些新法系安哥拉兔。

图 2-1　法系安哥拉兔

【外貌特征】传统的法系安哥拉兔体型比英系大，全身被毛为白色长毛，粗毛含量较高。额部、颊部及四肢下部均为短毛，耳宽长而被厚，耳尖无长毛或有一撮短毛，耳背密生短毛，俗称"光板"。被毛密度差，毛质较粗硬，头型稍尖。新法系安哥拉兔体型较大，体质健壮，面部稍长，耳长而薄，脚毛较少，胸部和背部发育良好，四肢强壮，肢势端正。

【生产性能】法系兔体型较大，成年体重3.5～4.6千克，高者可达5.5千克，体长43～46厘米，胸围35～37厘米。年产毛量公兔为900克，母兔为1200克、最高可达1300～1400克；被毛密度为每平方厘米13000～14000根，粗毛食量13%～20%，细毛细度为14.9～15.7微米，毛长5.8～6.3厘米。年繁殖4～5胎，每胎产仔6～8只；平均奶头4对，多者5对。配种受胎率为58.3%。

【主要优缺点】法系兔的主要优点是产毛量较高，兔毛较粗，粗毛含量高，适于纺线和作粗纺原料；适应性较强，耐粗性好，繁殖力较高，并适于以拔毛方式采毛。主要缺点是被毛密度较差，面、颊及四肢下部无长毛。

【利用情况】近年来，我国陆续由国外引入数批法系安哥拉兔，据饲养观察，法系安哥拉兔能很好地适应我国环境条件，体重为4千克左右，年产毛量400～500克。为了适应国际市场对粗毛的需求，在饲养细毛型德系、中系安哥拉兔的同时，开始发展粗毛型长毛兔，江苏、浙江、安徽等地，以法系兔为基础已培育成功我国自己的粗毛型长毛兔新品系。

（2）德系安哥拉兔 德系安哥拉兔（图2-2）是安哥拉兔中产毛性能较为优良的一个类群。

图2-2 德系安哥拉兔

【外貌特征】该兔体型外貌表现不一致，主要表现在头型上，头有圆形也有长形（马脸）；面部被毛较短，既有少量长的额毛和颊毛，也有额毛、颊毛丰盛者；耳尖有一撮毛，也有半耳毛，还有少量的全身毛，四肢、脚毛、腹毛都较浓密。两耳中等偏大、竖立。体型较大，成兔体重 3.5～4.5 千克，高的达 5 千克以上。

【生产性能】德系安哥拉属细毛型长毛兔，被毛浓密，有毛丛结构，不易缠结。产毛量高。据报道，年产毛量公兔平均 1140 克，母兔 1351 克。德系安哥拉兔繁殖力中等，年繁殖 3～4 胎，胎均产仔 6～8 只，42 天断奶个体重 900～950 克。

【主要优缺点】优点是繁殖力强，产毛量高。缺点是据对原种兔的饲养观察，该兔适应性、生活力、抗病力均较差，对饲养管理条件要求较高。

【利用情况】我国自 1978 年 12 月引入德系安哥拉兔以来，经十几年的风土驯化和选育，其产毛性能、繁殖性能、对高温环境的适应性等均有很大提高，体形、外貌也基本趋于一致，对改良中系安哥拉兔起了重要作用。

（3）中系安哥拉兔　据报道，1926 年法国传教士将安哥拉兔引入上海，以后又曾从日本引进英系安哥拉兔。我国著名小动物专家冯焕文先生，于新中国成立前即在上海创办中华种兔场，倡导饲养安哥拉兔。无锡陆理成先生则创办惠康牧场饲养过安哥拉兔。新中国成立后，群众在英、法系安哥拉兔杂交的基础上，掺入中国白兔的血统，经过长期选育而形成中系安哥拉兔（图 2-3），它的代表类型是全耳毛狮子头，简称全耳毛兔。1959 年正式通过鉴定，命名为中系安哥拉兔。

图 2-3　中系安哥拉兔

【外貌特征】中系安哥拉兔的主要特征是全耳毛，狮子头，老虎爪。耳长中等，整个耳背和耳尖均密生细长绒毛，飘出耳外，俗称"全耳毛"。头宽而短，额毛、颊毛异常丰盛，从侧面看，往往看不到眼睛，从正面看，也只是绒球一团，形似"狮子头"。脚毛丰盛，趾间及脚底均密生绒毛，形成"老虎爪"。骨骼细致，皮肤稍厚，体型清秀。

【生产性能】该兔体型较小，成年体重 2.5～3 千克，高者达3.5～4 千克，体长 40～44 厘米，胸围 29～33 厘米；年产毛量公兔为 200～250 克，母兔为 300～350 克，高者可达 450～500 克；被毛密度为每平方厘米 11000～13000 根，粗毛含量为 1%～3%，细毛细度 11.4～11.6 微米，毛长 5.5～5.8 厘米。繁殖力较强，配种受胎率为 65.7%，年繁殖 4～5 胎，每胎产仔 7～8 只，高者可达 11～12 只。

【主要优缺点】中系兔的主要优点是性成熟早，繁殖力强，母性好，仔兔成活率高，适应性强，较耐粗饲；体毛洁白，细长柔软，形似雪球，可兼作观赏用。主要缺点是体型小，生长慢；产毛量低，被毛纤细，结块率较高，一般可达 15% 左右，公兔尤高，有待今后进一步选育提高。

【利用情况】为了提高全耳毛兔的产毛量，拉大体型，并保持其优点，1982 年，南京农业大学和吴江县养兔协会受江苏省科委的委托，对全耳毛兔进行本品种选育，经过三年多的选育，取得了较为明显的效果，成兔体重达 3 千克以上，年产毛量达 500 克以上。由于德系安哥拉兔的引进和推广，纯种全耳毛兔已越来越少，几乎绝迹。20 世纪 80 年代初，沙洲县（张家港市）多管局，用德系安哥拉兔改良全耳毛兔，取得较好的效果，德×中一代兔年产毛量500～600 克，德×中级进二代兔年产毛量达 600～800 克。

（4）英系安哥拉兔　据报道，英国于 1765 年以前就开始饲养安哥拉兔即英系安哥拉兔（图 2-4），但不如法国发达。

【外貌特征】被毛蓬松似雪球，毛长时以背脊为界自然分开向两边披下；头较圆，鼻端缩入，耳短小而薄，耳尖有一撮毛；额毛、颊毛、四肢及趾间毛也较长。绒毛纤细柔软，粗毛含量少，被毛密度较小。

图 2-4　英系安哥拉兔

【生产性能】英系兔体型紧凑、显小,成年体重 2.5～3 千克,高者达 3.5～4 千克,体长 42～45 厘米,胸围 30～33 厘米;年产毛量公兔为 200～300 克,母兔为 300～350 克,高者可达 400～500 克;被毛密度为每平方厘米 12000～13000 根,粗毛含量为 1%～3%,细毛细度 11.3～11.8 微米,毛长 6.1～6.5 厘米。繁殖力较强,年繁殖 4～5 胎,平均每胎产仔 5～6 只,最高可达 13～15 只;配种受胎率为 60.8%。年产毛约 250 克。

【主要优缺点】英系兔的主要优点是繁殖力强,被毛白色、蓬松,甚是美观,可作观赏用。缺点是被毛密度差,产毛量低,体质较弱,抗病力差;母兔泌乳力较差,有待选育提高。

【利用情况】目前,英系安哥拉兔很少饲养。

（5）日系安哥拉兔

【外貌特征】日系安哥拉兔头呈方形,全身被白色浓密长毛,粗毛含量较少,不易缠结。额部、颊部、两耳外侧及耳尖部均有长毛,额毛有明显分界线,呈"刘海状"。耳长中等、直立,头型偏宽而短。四肢强壮,肢势端正,胸部和背部发育良好。体型较小,成年兔体重 3.4 千克。日系兔体型较小,成年体重 3～4 千克,高者可达 4.5～5 千克,体长 40～45 厘米,胸围 30～33 厘米。

【生产性能】年产毛量公兔为 500～600 克,母兔为 700～800 克,高者可达 1000～1200 克;被毛密度为每平方厘米 12000～15000 根,粗毛含量 5%～10%,细毛细度 12.8～13.3 微米,毛长 5.1～5.3 厘米。年繁殖 3～4 胎,平均每胎产仔 8～9 只;平均奶头 4～5 对;配种受胎率为 62.1%。

【主要优缺点】日系兔的主要优点是适应性强，耐粗性好。繁殖力强，母性好，泌乳性能高。仔兔成活率高，生长发育正常。主要缺点是体型较小，产毛量较低，兔毛品质一般，且个体间差异较大。

【利用情况】我国于 1976 年引进日系安哥拉兔，饲养于江苏、浙江一带。后来由于受到引进德系安哥拉兔的冲击，在我国分布减少。

（二）肉用型

肉兔又称菜兔。肉兔品种很多，按体型大致可分为大、中、小三种类型。体重 5 千克以上为大型兔；3～5 千克为中型兔；3 千克以下为小型兔。据测定，肉兔瘦肉率高达 70％。肉中蛋白质达 21％；赖氨酸、磷脂、钙、维生素的含量也很高，特别适宜老人、小孩食用。在国外，兔肉被誉为"美容食品"，需求量不断增加。

1. 新西兰兔

新西兰兔（图 2-5）原产于美国，由美国于 20 世纪初用弗朗德巨兔、美国白兔和安哥拉兔等品种杂交选育而成。新西兰兔毛色有白色、红黄色、黑色三种，其中白色新西兰兔最为出名。是近代最著名的优良肉兔品种之一，世界各地均有饲养。在美国、新西兰等国家除作为肉用外，还广泛作为实验用兔。

图 2-5　新西兰兔

【外貌特征】新西兰兔具有肉用品种的典型特征，属中型肉兔品种。有白色、黑色和红棕色三个变种。目前饲养量较多的是新西兰白兔，全身结构匀称，被毛白色浓密，头粗短，额宽，眼呈粉红色，两耳宽厚、短而直立，颈粗短，腰肋丰满，背腰平直，后躯圆滚，四肢较短，健壮有力，脚毛丰厚，适于笼养。

【生产性能】该兔体型中等，早期生长速度快，仔兔初生重50～60克，40日龄体重达1.0～1.2千克，仔兔发育均匀。3月龄体重可达2.5千克以上。成年体重：公兔3.6～4.5千克，母兔3.9～4.8千克。屠宰率52%～54%，肉质鲜嫩。繁殖力强，年产4～6胎，每胎均产仔6～8只平均每窝产仔7～8只。

【主要优缺点】该兔种的主要优点是适应性好、抗病力强、杂交效果好等，早熟易肥，肌肉丰满，肉质肥嫩，屠宰率高。母兔性情温驯，泌乳力高，是有名的"保姆兔"。主要缺点是生长速度略低于新西兰兔，断奶前后饲养管理条件要求较高。

【利用情况】我国于1978年引入加利福尼亚兔，现分布较广泛。利用加利福尼亚兔作为父本与新西兰白兔、比利时兔等母兔杂交，杂种优势明显。

3. 比利时兔

比利时兔（图2-7）又称巨灰兔，原产于比利时，是由英国育种家用野生穴兔改良选育而形成的大型优良肉兔品种。

图2-7　比利时兔

【外貌特征】比利时兔被毛呈黄褐色或深褐色，毛尖略带黑色，腹部灰白，两眼周围有不规则的白圈，耳尖部有黑色光亮的毛边。眼睛为黑色，耳大而直立，稍倾向于两侧，面颊部突出，脑门宽圆，鼻骨隆起，类似马头，俗称"马兔"。

【生产性能】该兔体型较大，仔兔初生重60～70克，最大可达100克以上，6周龄体重1.2～1.3千克，3月龄体重可达2.3～2.8千克。成年体重：公兔5.5～6.0千克，母兔6.0～6.5千克，最高可达 7～9 千克。繁殖力强，平均每胎产仔 7～8 只，最高可达 16 只。

【主要优缺点】该兔种的主要优点是生长发育快，适应性强，泌乳力高。主要缺点是不适宜于笼养，饲料利用率较低，易患脚癣和脚皮炎等。

【利用情况】我国于 1978 年引入比利时兔，现分布较广泛。是培育肉兔品种的好材料，既可纯繁进行商品生产，又可与其他品种的种兔配套杂交。比利时兔与中国白兔、日本大耳兔杂交，可获得理想的杂种优势。

4. 公羊兔

公羊兔（图 2-8）又名垂耳兔，是一个大型肉用品种。公羊兔因其两耳长宽而下垂，头型似公羊而得名。来源不详。可以认为首先出现在北非，以后分布到法国、比利时和荷兰，英国和德国也有很长的培育历史。由于各国的选育方法不同，使其在体型上有了很大的变化。可分为法系、德系和英系公羊兔。由于我国是从法国引进的，又称为法系公羊兔。

图 2-8　公羊兔

【外貌特征】公羊兔体型巨大，体质结实、体型匀称，公羊兔被毛颜色多为黄褐色，耳朵大而下垂，头型粗大、短而宽，额、鼻结合处稍微突起，形似公羊，眼小，颈短，颈部粗壮，背腰宽，臀部丰满，四肢粗壮结实。母兔颈部下面有肉瘤，乳头 5 对以上，排列整齐、均匀。

【生产性能】该品种兔早期生长发育快，40 天断奶重可达 1.5

千克，成年体重 6～8 千克，最高者可达 9～10 千克。成年公兔体重在 5～8 千克；每窝产仔 5～8 头，初生重 80 克，比中国家兔重 1 倍；40 天断奶体重 0.85～1.1 千克，90 天平均体重 2.5～2.75 千克。成年母兔体重在 5～7 千克。公羊兔母兔每窝平均产仔 8～9 只，年产 6～7 窝仔。公羊兔公兔的初配年龄为 7～8 月龄；母兔的初配年龄为 6 月龄。公羊兔种公兔和种母兔的配种使用年限均为 3～4 年。

【主要优缺点】该品种兔耐粗饲，抗病力强，易于饲养。性情温顺，不爱活动，因过于迟钝，故有人称其为"傻瓜兔"，其繁殖性能低，主要表现在受胎率低，哺育仔兔性能差，产仔少。

【利用情况】我国于 1975 年引入公羊兔。作为杂交父本与比利时兔（弗朗德巨兔）杂交，杂种优势明显，效果较好，二者都属大型兔，被毛颜色比较一致，杂交一代生长发育快，抗病力强，经济效益高。

5. 青紫蓝兔

青紫蓝兔（图 2-9）原产于法国，由法国育种家用蓝色贝韦伦兔、嘎伦兔和喜马拉雅兔杂交育成的，因毛色类似珍贵毛皮兽"青紫蓝绒鼠"而得名，是世界著名的皮肉兼用兔种。在世界上分布很广。有三个不同的类型：标准型、美国型和巨型，但它们都是蓝灰色。

图 2-9　青紫蓝兔

【外貌特征】被毛整体为蓝灰色，耳尖及尾面为黑色，眼圈、尾底、腹下和后额三角区呈灰白色。单根纤维自基部至毛梢的颜色

43

依次为深灰色、乳白色、珠灰色、雪白色和黑色，被毛中夹杂有全白或全黑的针毛。眼睛为茶褐色或蓝色。

【生产性能】青紫蓝兔现有 3 个类型。①标准型：体型较小，成年母兔体重 2.7～3.6 千克，公兔 2.5～3.4 千克。②美国型：体型中等，成年母兔体重 4.5～5.4 千克，公兔 4.1～5.0 千克。③巨型兔：偏于肉用型，成年母兔体重 5.9～7.3 千克，公兔 5.4～6.8 千克。繁殖力较强，每胎产仔 7～8 只，仔兔初生重 50～60 克，3 月龄体重达 2.0～2.5 千克。

【主要优缺点】该兔种的主要优点是毛皮品质较好，适应性较强，繁殖力较高；主要缺点是生长速度较慢，因而以肉用为目的不如饲养其他肉用品种有利。

【利用情况】在我国分布很广，尤以标准型和美国型饲养量较大。多作为杂交母本。

6. 日本大耳兔

日本大耳兔（图 2-10）又称日本白兔，原产于日本，由中国白兔和日本兔杂交选育而成。日本大耳兔属于中型品种。

图 2-10　日本大耳兔

【外貌特征】兔头大小适中，额宽，面凸，被毛全白且浓密而柔软，皮张面积大，质地良好，眼红色，颈较粗，母兔颈下有肉髯。耳大，耳根细，耳端尖，耳薄，形同柳叶并向后竖立，血管明显，适于注射和采血，是理想的实验用兔。

【生产性能】日本大耳兔繁殖力较高，年产 4～5 胎，每胎产仔 8～10 只，多的达 12 只，仔兔初生重平均 60 克。母兔母性好，泌乳量大。生长发育较快，2 月龄平均重 1.4 千克，4 月龄 3 千克，成年体重平均 4 千克，成年体长 44.5 厘米，胸围 33.5 厘米。

【主要优缺点】该兔种的主要优点是早熟，生长快，耐粗饲；母性好，繁殖力强，常用作"保姆兔"。肉质好，皮张品质优良。主要缺点是骨架较大，胴体不够丰满，屠宰率、净肉率较低。

【利用情况】我国引入后，除纯繁广泛用于试验研究外，由于肉质较佳，产肉性能较好，也和其他品种杂交生产商品肉兔，适合作为商品生产中杂交用母本。我国各地广为饲养，是目前我国饲养量较多的肉兔品种之一。

7. 德国花巨兔

德国花巨兔（图 2-11）原产于德国，为著名的大型皮肉兼用品种，其育成历史有两种说法，一种认为由英国蝶斑兔输入德国后育成；另一种则认为由比利时兔和弗朗德巨兔等杂交选育而成。属于皮肉兼用兔品种。

图 2-11　德国花巨兔

【外貌特征】德国花巨兔体躯被毛底色为白色，口鼻部、眼圈及耳毛为黑色，从颈部沿背脊至尾根有一锯齿状黑带，体躯两侧有若干对称、大小不等的蝶状黑斑，故也称"蝶斑兔"。体格健壮，体型高大，体躯长，呈弓形，骨骼粗壮，腹部离地较高。成年体重 5～6 千克，体长 50～60 厘米，胸围 30～35 厘米。

【生产性能】繁殖力强，每胎平均产仔 11～12 只，高的达 17～19 只，仔兔初生重 75 克，早期生长发育快，40 天断奶重 1.1～1.25 千克，90 日龄体重达 2.5～2.7 千克。

【主要优缺点】德国花巨兔性情活泼，行动敏捷，善跳跃，抗病力强，但产仔数和毛色遗传不稳定，性情粗野，母性不强，哺育力较差。据南京农业大学徐汉涛等观察（1980 年），有的母兔站着产仔，有食仔癖；有时以嘴和前爪主动伤人。

【利用情况】据报道，美国自1910年引入花巨兔，经风土驯化与选育，培育出黑斑和蓝斑两种花巨兔。我国于1976年自丹麦引入花巨兔，由于饲养管理条件要求较高，哺育力差饲养逐渐减少。哈尔滨白兔育成过程中，曾引入花巨兔的血液。

8. 弗朗德巨兔

弗朗德巨兔（图2-12）起源于比利时北部弗朗德一带（亦说起源于英国），体型大，因此得名。数百年来，它广泛分布于欧洲各国，但长期误称为比利时兔，直至20世纪初，才正式定名为弗朗德巨兔。该兔是最早、最著名和体型最大的肉用型品种。

图2-12　弗朗德巨兔

【外貌特征】本品种体型结构匀称，骨骼粗重，背部宽平，产肉力高，肉质良好。依毛色不同分为7个品系，即钢灰色、黑灰色、黑色、蓝色、白色、浅黄色和浅褐色等。

美国弗朗德巨兔多为钢灰色，且体型稍小，背扁平，成年母兔体重5.9千克，公兔6.4千克。英国弗朗德巨兔成年母兔6.8千克，公兔5.9千克。法国弗朗德巨兔成年体重6.8千克，公兔7.7千克。英国白色弗朗德巨兔为红眼，似天竺鼠，头耳较大，被毛浓密，富有光泽，黑色弗朗德兔眼为黑色。

【生产性能】年产4～5窝，每窝平均产仔7～8只，母兔泌乳力高，屠宰率52%～55%。

【主要优缺点】比利时兔适应性强，耐粗饲，其不足之处是繁殖力低，成熟较迟。

【利用情况】弗朗德巨兔对很多大型兔种的育成过程几乎都有

影响，在我国东北、华北地区均有少量饲养。张家口农业高等专科学校育成的大型皮肉兼用兔新品种，就是用法系公羊兔与弗朗德巨兔二元轮回杂交，并经严格选育而成的。

（三）皮用型

力克斯兔（图 2-13）我国通称獭兔，是珍贵的裘皮用兔。它起源于法国，1919 年法国萨尔省农民迪西尔·卡隆在一群普通灰色毛皮兔中，先发现一只短绒毛子兔，他感到好奇就养了起来，几个月后，被毛脱落，长出一身短而平齐的栗棕色被毛。与此同时，又发现另外一只相反性别栗棕色被毛的仔兔。这就是力克斯兔的始祖，它实际上是普通兔的突变种。

图 2-13 力克斯兔

在卡隆家附近村庄有一位名叫吉利的神父，对这种新发现的兔子感到非常惊奇，特别注意到这种突变的新兔种，其粗毛几乎与绒毛一样齐，后来就命名为"海狸力克斯兔"。"海狸"意指毛色为海狸的栗棕色，"力克斯"意指"王"，两者合起来即为"海狸王兔"之意。

1924 年，当海狸力克斯兔首先在巴黎国际家兔展览会上露面时，曾引起极大的轰动。之后，力克斯兔很快传播到世界各地，并培育出各种流行色型。

力克斯兔毛皮可与珍贵的毛皮兽水獭相媲美，我国通称为"獭兔"；又因为力克斯兔的绒毛平整直立，具有绢丝光泽，手感柔软，故又称之为"天鹅绒兔"；獭兔色彩繁多，国内也有人称之为"彩兔"。目前，在英国得到公认的色型有 28 种，美国公认的有 14 种色型。我国饲养的獭兔大多从美国引进，其色型分别为海狸色、青紫蓝色、巧克力色、紫丁香色、山猫色、乳白色、红色、黑貂色、海豹色、白色、黑色、蓝色、加州色和碎花色。

獭兔属中型兔，成兔体重3～4千克，体长42～50厘米，胸围33～38厘米，每窝产仔兔6～9只。被毛短而平齐、竖立、柔软而浓密，具有绢丝光泽，见日光永不褪色，而且保暖性强。被毛标准长度1.3～2.2厘米，理想长度为1.6厘米。可用"短、细、密、平、美、牢"字来概括。

①"短"就是毛纤维短，根据毛纤维长短，国外把家兔分为三大类：一是毛长3～4厘米的叫标准毛品种，绝大多数皮肉兔都属于这种；二是毛长超过4厘米的叫长毛品种，包括安哥拉兔和狐兔；三是毛长不足3厘米的叫短毛品种，獭兔属于这一类。我国群众有时把普通的皮肉兔称为短毛兔，这是和长毛兔相对比较而言的，实际指的是标准毛品种。真正的短毛兔唯一的品种是獭兔，理想毛长为1.6厘米（1.3～2.2厘米）。

②"细"就是指绒毛纤维横切面直径小，粗毛量少，不突出毛被，并富有弹性。

③"密"就是指皮肤单位面积内着生的绒毛根数多，毛纤维直立，手感特别丰满。

④"平"就是毛纤维长短均匀，整齐划一，表面看起来十分平整。

⑤"美"就是毛色众多，色泽光润，绚烂多彩，显得特别优美。

⑥"牢"就是说毛纤维与皮板的附着牢固，用手拔，不易脱落。

因此獭兔皮在兔毛皮中是最有价值的一种类型。獭兔外观清秀，身体发育匀称，后躯丰满，腹部紧凑。头小眼大，耳长中等、竖立并呈V形，成年兔喉下有肉髯（喉袋）。

力克斯兔育成以后相继被世界各国引进，我国引进力克斯兔也有近70年的历史。根据引进国不同的社会经济条件和人们不同的需求，采用不同的选育方法，培育出若干品质、特性各异的力克斯兔，比较著名的有美系、法系、德系和我国自己选育的良种力克斯兔。

（1）美系獭兔　目前国内所饲养的獭兔绝大多数属于美系。但是，由于引进的年代和地区不同，特别是国内不同兔场饲养管理和选育手段不同，美系獭兔的个体差异较大。其基本特征如下。

头小嘴尖，眼大而圆，耳长中等直立，转动灵活；颈部稍长，肉髯明显；胸部较窄，腹腔发达，背腰略呈弓形，臀部发达，肌肉丰满；毛色类型较多，美国国家承认 14 种，我国引进的以白色为主。美系獭兔的被毛品质好，特征是遍体密生亮如绢丝的短绒毛，而枪毛极细，几乎和绒毛一样，不突出在绒毛上面，乍看起来，可以认为它完全不具枪毛。被毛特别浓密柔软，无毛向，不论顺抚倒摸，其毛绒都不会弹回，如同水獭绒或海虎绒。保温力强，毛绒不易脱落，是现代皮用兔之中突出的好品种。美系獭兔粗毛率低，但被毛密度一般。5 月龄商品兔每平方厘米被毛密度在 13000 根左右（背中部），最高可达到 18000 根以上。与其他品系比较，美系獭兔的适应性好，抗病力强，繁殖力高，容易饲养。其缺点是群体参差不齐，平均体重较小，一些地方的美系獭兔退化较严重。

（2）德系獭兔　该品系体型大，生长速度快，被毛丰厚、平整、弹性好，遗传性稳定。外貌特征为体大粗重，头方嘴圆，尤其是公兔更加明显。耳厚而大，四肢粗壮有力，全身结构匀称。该品系被引入其他地区后，表现良好。特别是与美系獭兔杂交，对于提高生长速度、被毛品质和体型，有很大的促进作用。但是，该品系的产仔数较低，其适应性还有待于进一步驯化。

（3）法系獭兔　法系獭兔原产于法国，是世界著名的良种獭兔。法系獭兔体型较大，头呈方形，嘴巴平齐，耳朵短。被毛浓密平齐，分布均匀，粗毛含量少，毛纤维长度为 1.6～1.8 厘米。

獭兔原产于法国。但是，今天的法系獭兔与原始培育出来的獭兔不可同日而语。经过几十年的选育，今天的法系獭兔取得了较大的遗传进展。其主要特征如下：体型较大，体尺较长，胸宽深，背宽平，四肢粗壮；头圆颈粗，嘴巴平齐，无明显肉髯；耳朵短，耳壳厚，呈"V"形上举；眉须弯曲，被毛浓密平齐，分布较均匀，粗毛比例小，毛纤维长度 1.6～1.8 厘米；生长发育快，饲料报酬高。在良好的饲养条件下，3 月龄可达到 2.25～2.5 千克；每胎产仔 7～8 只，母兔的母性良好，护仔能力强，泌乳量大；商品兔被毛品质好。该品系具有较好的生产性能和较大的生产潜力。

（4）系间合成獭兔　为了提高商品獭兔的皮张质量和养殖效益，生产中可采用系间杂交的方式。以美系獭兔为母本，以德系和法系獭兔为父本，进行二元杂交，可克服三个品系的一些缺点，获得较好的系间杂交优势；在二元杂交的基础上，可在杂交后代中选择杂交母兔作为三元杂交的母本，以德系和法系为第二父本，进行三元杂交，其效果优于二元杂交。但笔者研究表明，以德×（法×美）组合最佳。

（四）观赏型

所有品种的兔子，只要你有兴趣和精力，都可以作为宠物来饲养，对于宠物兔来讲，没有严格的区分。只是日常生活当中，人们喜欢体型较小一些的或者喜欢某种被毛颜色的兔子，把这些品种的兔子当宠物来养。这些被当做宠物来养的兔子品种，有的是纯种的，有的是经过杂交得来的。

1. 荷兰垂耳兔（短毛垂耳兔）

【学名】荷兰垂耳兔（图 2-14）。

图 2-14　荷兰垂耳兔

【类型及体重】属宠物兔，标准体重为 1.36～1.59 千克，是小型兔之一。

【介绍】垂耳兔中最细的品种，是由荷兰侏儒兔同法国垂耳兔再加英国垂耳兔配种而成，在 1980 年被 ARBA 所承认。

【特征】垂耳，而且多是面和身都圆圆的，且鼻扁扁，前脚亦较之为短，而颜色亦有很多种，最常见的是黑白色、咖啡白、深/

浅啡色。

2. 长毛垂耳兔

【学名】美种费斯垂耳兔（图 2-15）。

图 2-15　美种费斯垂耳兔

【类型及体重】属宠物兔，标准体重为 1.59～1.81 千克，是小型兔之一。

【介绍】属较新的品种，在 1985 年才被 ABRA 确认，由带有 Angora 的遗传因子的荷兰垂耳兔配种而成，有些是杂种的长毛垂耳兔。

【特征】和短毛垂耳兔差不多，只是毛比较长。

3. 泽西长毛兔

【学名】泽西长毛兔（图 2-16）。

图 2-16　泽西长毛兔

【类型及体重】属宠物兔，标准体重小于 1.59 千克，是小型兔之一。

【介绍】在 1981 年开始配种而成，在 1988 年被 ARBA 所承认。

【特征】体型较娇小,头宽及圆,耳朵不长于 7.62 厘米,而毛则不短于 3.81 厘米。

4. 狮子兔

【学名】狮子兔(图 2-17)。

图 2-17 狮子兔

【类型及体重】属宠物兔,标准体重为 1.47~1.81 千克,是小型兔之一。

【介绍】源自比利时,是欧洲品种,但还没有被 ARBA 所承认。

【特征】和垂耳兔很相似,都是面圆身圆,鼻扁,但前脚就较长,在颈的四周都长有毛发(呈"V"字的围住颈部),因此令它们长得像头狮子,而耳朵则是竖起的呈三角形,没有毛发且不长过 7.62 厘米。

5. 荷兰侏儒兔

【学名】荷兰侏儒兔(图 2-18)。

图 2-18 荷兰侏儒兔

【类型及体重】属宠物兔，标准体重少于1.13千克，是小型兔之一。

【介绍】有说它们是波兰兔的后裔，同样是体型较小，可说是兔品种中最娇小的一种哦！

【特征】一双竖立耳朵比较短，大都不超过6.35厘米，面圆鼻扁，短毛，没有肉垂。

6. 荷兰兔

【学名】荷兰兔（图2-19）。

图2-19 荷兰兔

【类型及体重】属宠物兔，标准体重为1.59～2.49千克，是中型兔中较娇小的品种。

【介绍】源自荷兰，是最古老的品种之一，早在15世纪时便被发现，而大约在1864年时，英国亦开始有荷兰兔的培育，现在荷兰兔的颜色大概有十几种，但被ARBA所承认的就只有五种，分别是黑、蓝、灰啡、巧克力色、铁灰色。

【特征】毛色分布十分独特，脸部有呈倒转V字的白色毛色，一直伸延到身体的前半部，而身体的前半及后半部的颜色分界亦很清楚，而脚部则是白色的，后脚和后半身的分界同样是十分清楚，还有它们都是身圆及竖耳，而毛则较短而平滑且有光泽，这种兔子是很温和的。

三、配套品系

在家兔育种工作中，要想把许多优良性状集中于一个品种，而培育成功所谓全能品种往往是不现实的。

近年来，养兔业发达国家纷纷选育有数个突出经济性状，而其他性状保持一般水平的专门化品系和配套系，通过杂交生产商品兔取得明显效果。

配套系是指在专门化品系（含专门化父系和母系）培育基础上，以数组专门化品系（多为 3 个或 4 个系为一组）为亲本，通过严格设计的杂交组合试验（配合力测定）将其中的一个相对较好的种杂交组合筛选出来作为最佳杂交模式，再以此模式进行配套系杂交所得到的终产品商品代畜禽，商品代畜禽往往表现出高而稳定的杂种优势，性能好而全面，又称"杂优畜禽"，这是狭义的配套系概念，也是我们通常所理解的概念，配套系即包括参加杂交的品系，也包括产生的"杂优畜禽"。如伊拉兔配套系和布列塔尼亚兔配套系各由 4 个品系组合而成，齐卡兔配套系由 3 个品系组成。广义的配套系是指依据经筛选的且已固定的杂交模式进行种畜禽与商品畜禽生产的配套杂交体系，推广的不仅是参与配套的品系和杂优畜禽，也包括依据该固定模式生产出的各代次种畜禽，如某某配套系的曾祖代、祖代、父母代和商品代等。配套系的培育过程称为配套系育种，广义的配套系育种还包括配套系培育成功后亲本中的专门化品系的持续测定与选择等。

（一）国外引进的配套系品种

1. 齐卡肉兔

齐卡（ZIKA）肉兔（图 2-20）配套系是由德国 ZIKA 家兔育种中心和慕尼黑大学用 10 年的时间联合育成的、当前世界上著名的肉兔配套品系之一。我国在 1986 年由四川省畜牧兽医研究所首次引进、推广并试验研究。该配套系由大、中、小 3 个品系组成，大型品种为德国巨型白兔，中型品种为德国大型新西兰白兔，小型

(a) 齐卡肉兔(Z系)　　(b) 齐卡肉兔(N系)　　(c) 齐卡肉兔(G系)

图 2-20　齐卡肉兔

54

品种为德国合成白兔。

G 系称为德国巨型白兔，N 系为齐卡新西兰白兔，Z 系为专门化品系。生产商品肉兔是用 G 系公兔与 N 系母兔交配生产的 GN 公兔为父本，以 Z 系公兔与 N 系母兔交配得到的 ZN 母兔为母本（图 2-21）。

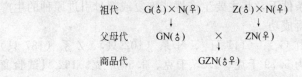

祖代　　　 G(♂)×N(♀)　　　 Z(♂)×N(♀)
　　　　　　　↓　　　　　　　　　↓
父母代　　　 GN(♂)　　　×　　　 ZN(♀)
　　　　　　　　　　　　↓
商品代　　　　　　 GZN(♂♀)

图 2-21　齐卡兔配套系生产模式

① 德国巨型白兔（配套系中的 G 系）：全身被毛纯白色，红眼，耳大而直立，头粗壮，体躯长大而丰满。成年兔平均体重 6～7 千克，初生个体重 70～80 克，35 日龄断奶重 1～1.2 千克，90 日龄体重 2.7～3.4 千克，日增重 35～40 克，料肉比 3.2：1，生产中多用作杂交父本。巨型白兔耐粗饲，适应性较好，年产 3～4 胎，胎产仔 6～10 只。该兔性成熟较晚，6～7.5 月龄才能配种，夏季不孕期较长。

② 大型新西兰白兔（配套系中的 N 系）：全身被毛白色，红眼，头型粗壮，耳短、宽、厚而直立，体躯丰满，呈典型的肉用砖块型。成年兔平均体重 4.5～5.0 千克。该兔早期生长发育快，肉用性能好，饲料报酬高。据德国品种标准介绍，56 日龄体重 1.9 千克，90 日龄体重 2.8～3.0 千克，年产仔 50 只。

据四川省畜牧兽医研究所测定，35 日龄断奶重 700～800 克，90 日龄体重 2.3～2.6 千克，日增重 30 克以上，料肉比 3.2：1。年产 5～6 胎，每胎产仔 7～8 只，高的可达 15 只。该兔对饲养管理要求较高。

③ 德国合成白兔（配套系中的 Z 系）：该兔被毛白色，红眼，头清秀，耳短薄而直立，体躯长而清秀。繁殖性较好，母兔年产仔 60 只，平均每胎产仔 8～10 只。幼兔成活率高，适应性好，耐粗饲。成年兔平均体重 3.5～4.0 千克，90 日龄体重 2.1～2.5 千克。

G、N、Z 三系配套生产商品杂优兔，德国标准为：全封闭式兔舍、标准化饲养条件下，其配套生产的商品兔，年产商品活仔

60 只，胎产仔 8.2 只。肥育成活率为 85%。28 天断奶重 650 克，56 天体重 2.0 千克，84 天体重 3.0 千克，日增重 40 克，料肉比 2.8∶1。据测定，在开放式自然条件下商品兔 90 日龄体重 2.58 千克，日增重 32 克以上，料肉比（1.75～3.3）∶1。

经过四川省畜牧兽医研究所 6 年的培育与选择，齐卡肉兔在我国开放式饲养条件下，其主要生产性能恢复或超过引进原种的生产成绩，引种获得成功。

三系选育群 G 系（141 只）、N 系（102 只）、Z 系（187 只）成年体重分别为 5.79 千克、4.55 千克、3.56 千克。162 只试验商品肉兔 3 月龄体重为 2.53 千克，肥育成活率为 96%，屠宰率为 52.9%，胴体背腰宽，后躯肌肉丰富。

经研究表明，齐卡商品肉兔的产肉性能明显优于全国广泛推广的加利福尼亚兔和我国新育成的哈尔滨大白兔。

2. 艾哥肉兔

艾哥肉兔（图 2-22）配套系在我国又称布列塔尼亚兔，是由法国艾哥公司培育的大型白色肉兔配套系，该配套系具有较高的产肉性能和繁殖性能以及较强的适应性。该配套系由 4 个品系组成，即 GP111 系（祖代父系公兔）、GP121 系（祖代父系母兔）、GP172 系（祖代母系父兔）和 GP122 系（祖代母系母兔）。其配套

(a) 艾哥肉兔(GP111系)

(b) 艾哥肉兔(GP172系)

(c) 艾哥肉兔(GP121系)

(d) 艾哥肉兔(GP122系)

图 2-22　艾哥肉兔

杂交模式如下。

GP111 系公兔与 GP121 系母兔杂交生产父母代公兔（E231），GP172 系公兔与 GP122 系母兔杂交生产父母代母兔（P292），父母代公母兔交配得到商品代兔（PF320）（图 2-23）。

祖代　GP111(♂)×GP121(♀)　　GP172(♂)×GP122(♀)

父母代　　　P231(♂)　　　　×　　　　P292(♀)

商品代　　　　　　　　　F320(♂♀)

图 2-23　艾哥肉兔配套系生产模式

① GP111 系兔（祖代父系公兔）：毛色为白化型或有色，我国引进的是白化型。性成熟期 26～28 周龄，70 日龄体重 2.5～2.7 千克，成年体重 5.8 千克以上，28～70 日龄饲料报酬 2.8：1。

② GP121 系兔（祖代父系母兔）：毛色为白化型或有色，我国引进的是白化型。性成熟期（121±2）天，70 日龄体重 2.5～2.7 千克，成年体重 5.0 千克以上，28～70 日龄饲料报酬 3.0：1，年产 6 胎，平均每胎产仔 9 只，每只母兔年可生产断奶仔兔 50 只，其中可选用的种公兔为 15～18 只。

③ GP172 系兔（祖代母系公兔）：毛色为白化型，红眼；性成熟期 22～24 周龄，成年体重 3.8～4.2 千克。公兔性情活泼，性欲旺盛，配种能力强。

④ GP122 系兔（祖代母系母兔）：毛色为白化型，红眼；性成熟期（117±2）天，成年体重 4.2～4.4 千克。母兔的繁殖能力强，每只母兔每年可生产成活仔兔 50～60 只，其中可选用种母兔 25～30 只。

⑤ P231（父母代公兔）：毛色为白色或有色，红眼，性成熟期 22～24 周龄，成年体重 4.0～4.2 千克，性欲强，配种能力强。

⑥ P292（父母代母兔）：毛色白化型，性成熟期（117±2）天，成年体重 4.0～4.2 千克，窝产活仔 9.3～9.5 只，28 天断乳成活仔兔 8.8～9.0 只，出栏时窝成活 8.3～8.5 只，每年生产断乳成活仔兔 55～65 只。

⑦ PF320（商品代兔）：商品代 35 日龄断乳体重 900～980 克，

70 日龄体重 2.4～2.5 千克，35～70 天料肉比 2.7：1，屠宰率 59％，净膛率在 85％以上。

布列塔尼亚兔引入我国后，在黑龙江、吉林、山东和河北等省饲养，表现出良好的繁殖能力和生长潜力。该品种特别适宜规模化养殖，需要较好的饲养管理条件。

3. 伊拉肉兔配套系

伊拉肉兔配套系（图 2-24）是法国欧洲兔业公司用九个原始品种经不同杂交组合和选育试验，于 20 世纪 70 年代末选育而成。山东省安丘市绿洲兔业有限公司于 1996 年从法国首次将伊拉肉兔配套系引入我国。该配套系由 A、B、C 和 D 四个品系组成，4 个品系各具特点。该配套具有遗传性能稳定、生长发育快、饲料转化率高、抗病力强、产仔率高、出肉率高及肉质鲜嫩等特点，是优秀的肉兔配套系之一，其配套模式如下。

图 2-24　伊拉肉兔配套系

祖代 A 品系公兔与祖代 B 品系母兔杂交产生父母代公兔，祖代 C 品系公兔与祖代 D 品系母兔杂交产生父母代母兔，再由父母代公母兔杂交产生商品代兔。在配套生产中，杂交优势明显（图 2-25）。

① A 品系：具有白色被毛，耳、鼻、四肢下端和尾部为黑色。成年公兔平均体重为 5.0 千克，成年母兔 4.7 千克。日增重 50 克，母兔平均窝产仔 8.35 只，配种受胎率为 76％，断奶成活率为 89.69％，饲料报酬为 3.0：1。

② B 品系：具有白色被毛，耳、鼻、四肢下端和尾部为黑色。成年公兔平均体重为 4.9 千克，成年母兔 4.3 千克。日增重 50 克，

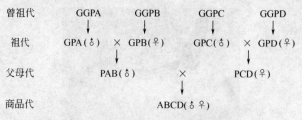

| 曾祖代 | GGPA | GGPB | GGPC | GGPD |

图 2-25　伊拉肉兔配套系生产模式

母兔平均窝产仔 9.05 只，配种受胎率为 80％，断奶成活率为 89.04％，饲料报酬为 2.8：1。

③ C 品系：全身被毛为白色。成年公兔平均体重为 4.5 千克，成年母兔 4.3 千克。母兔平均窝产仔 8.99 只，配种受胎率为 87％，断奶成活率为 88.07％。

④ D 品系：全身被毛为白色。成年公兔平均体重为 4.6 千克，成年母兔 4.5 千克。母兔平均窝产仔 9.33 只，配种受胎率为 81％，断奶成活率为 91.92％。

⑤ 商品代兔：具有白色被毛，耳、鼻、四肢下端和尾部呈浅黑色。28 天断奶重 680 克，70 日龄体重达 2.52 千克，日增重 43 克，饲料报酬为（2.7～2.9）：1，半净膛屠宰率为 58％～59％。

4. 伊普吕肉兔配套系

伊普吕肉兔配套系（图 2-26）是由法国克里莫股份有限公司经过 20 多年的精心培育而成。伊普吕肉兔配套系是多品系杂交配套模式，共有 8 个专门化品系。我国山东省菏泽市颐中集团科技养殖基地于 1998 年 9 月从法国克里莫股份有限公司引进 4 个系的祖代兔 2000 只，分别作为父系的巨型系、标准系和黑眼睛系，以及作为母系的标准系。据菏泽市牡丹区科协提供的资料，该兔在法国良好的饲养条件下，平均年产仔 8.7 胎，每胎平均产仔 9.2 只，成活率 95％，11 周龄体重 3.0～3.1 千克，屠宰率 57.5％～60％。经过几年饲养观察，在 3 个父系中，以巨型系表现最好，与母系配套，在一般农户饲养，年可繁殖 8 胎，每胎平均产仔 8.7 只，商品兔 11 周龄体重可达 2.75 千克。黑眼睛系表现最差，生长发育速度慢，抗病力也较差。

图 2-26　伊普吕肉兔配套系

　　2005 年 11 月山东青岛康大集团公司从法国克里莫公司引进祖代 1100 只，其中 4 个祖代父本和一个祖代母本。其主要组合情况如下。

　　① 标准白：由 PS19 母本与 PS39 父本杂交而成。母本白色略带黑色耳边，性成熟期 17 周龄，每胎平均产活仔 9.8～10.5 只，70 日龄体重 2.25～2.35 千克；父本白色略带黑色耳边，性成熟期 20 周龄，每胎平均产活仔 7.6～7.8 只，70 日龄体重 2.7～2.8 千克，屠宰率 58％～59％；商品代白色略带黑色耳边，70 日龄体重 2.45～2.50 千克，70 日龄屠宰率 57％～58％。

　　② 巨型白：由 PS19 母本和 PS59 父本杂交而成。父本白色，性成熟期 22 周龄，每胎产活仔 8～8.2 只，77 日龄体重 3～3.1 千克，屠宰率 59％～60％；商品代白色略带黑色耳边，77 日龄体重 2.8～2.9 千克，屠宰率 57％～58％。

　　③ 标准黑眼：由 PS19 母本与 PS79 父本杂交而成。父本灰毛黑眼，性成熟期 20 周龄，每胎产活仔 7～7.5 只，70 日龄体重 2.45～2.55 千克，屠宰率 57.5％～58.5％。

　　④ 巨型黑眼：由 PS19 母本与 PS119 父本杂交而成。父本麻色黑眼，性成熟期 22 周龄，每胎产仔 8～8.2 只，77 日龄体重 2.9～3.0 千克，屠宰率 59％～60％。

　　（二）国内培育的配套系品种

　　1. 长毛兔

　　（1）镇海巨高长毛兔　镇海巨高长毛兔（图 2-27）是由浙江

图 2-27　镇海巨高长毛兔

省宁波市镇海种兔场采用经过选育的本地大体型高产长毛兔（含有日本大耳兔血统）与德系安哥拉兔级进杂交选育而成的新品种。

巨高长毛兔体大身长，四肢发达，背宽胸深，头型为鼠头型和虎头型，耳型为一撮毛和半耳毛，眼球呈红色，被毛白色且有光泽，全身毛丛结构明显，尤其是腹毛稠密，颈后部毛无空隙，绒毛粗（平均细度在 15 微米以上）。巨高长毛兔分三个品系，外貌特征分别为：A 系为鼠头型耳尖一撮毛，B 系为虎头型半耳毛，C 系为鼠头型半耳毛。30 周龄平均体重公兔为 5133 克、母兔为 5352 克，11 月龄平均体重公兔为 5667 克、母兔为 6245 克。成年公兔体长为 54.4 厘米、母兔为 55.4 厘米，成年公兔胸围为 36.5 厘米、母兔为 36.8 厘米。

巨高长毛兔产毛量：以 30 周龄 91 天养毛期乘以 4 估测年产毛量，公兔为 1929 克、母兔为 2214 克，平均产毛率公兔 37.6%、母兔 41.4%；以 11 月龄 91 天养毛期乘以 4 估测年产毛量，公兔为 2141 克、母兔为 2579 克，平均产毛率公兔 37.8%、母兔 41.3%。全国家兔育种委员会于 2000 年 10～12 月对该品种进行了部分生产性能现场测定，实测数量 1000 只，养毛期 73 天，200 只公兔平均实测产毛量 343 克（最高个体 495 克）、平均估测年产毛量 1725 克（最高个体 2475 克），800 只母兔平均实测产毛量 388 克（最高个体 591 克）、平均估测年产毛量 1940 克（最高个体 2955 克）。这一测定结果创造了千只长毛兔群体产毛量世界纪录，荣获全国家兔育种委员会颁发的"千禧杯"金奖，并受到世界家兔科学协会主席布莱斯柯和秘书长雷巴斯的高度赞赏。

巨高长毛兔兔毛品质较好。经测定,17～30周龄91天养毛期,兔毛粗毛率公兔为6.57%、母兔为7.57%;松毛率公兔为98.33%、母兔为99.17%;细毛长度公兔为75.37毫米、母兔为73.57毫米;粗毛细度公兔为37.93微米、母兔为43.13微米;细毛细度公兔为15.90微米、母兔为16.23微米;粗毛断裂强力公兔为23.14厘牛顿(等于1.02克力)、母兔为28.55厘牛顿(等于1.02克力);细毛断裂强力公兔为3.41厘牛顿(等于1.02克力)、母兔为4.36厘牛顿(等于1.02克力);粗毛断裂伸长率公兔为40.0%、母兔为39.83%;细毛断裂伸长率公兔为38.67%、母兔为38.73%。

巨高长毛兔繁殖性能良好,胎平均产仔7.32只,3周龄窝重2465克,仔兔4周龄个体重635克;母性强,一般能自哺自养,仔兔成活率高。适应性及抗病力均比较强。

(2)中国粗毛型长毛兔 中国粗毛型长毛兔(图2-28)新品系共分3系,即苏Ⅰ系、浙系、皖Ⅲ系,是20世纪80年代中后期分别由江苏、浙江、安徽三省农业科学院的科技人员,采用多品系、多品种杂交选育而成。

图2-28 中国粗毛型长毛兔

① 苏Ⅰ系粗毛型长毛兔:该品系兔生活力强,繁殖力高,体重大,产毛量和粗毛率较高。平均年产毛量898克,粗毛率15.71%,成年体重4.5千克,平均胎产仔7.1只,胎产活仔6.8只。

② 浙系粗毛型长毛兔:该品系兔具有产毛量及粗毛率高的特

点，繁殖性能较好。平均年产毛量 959 克，粗毛率 15.94%，成年体重 4.0 千克，平均胎产仔 7.3 只，胎产活仔 6.8 只。

③ 皖Ⅲ粗毛型长毛兔：该品系兔体型较大，繁殖性能较好，适应性强，易饲养。平均年产毛量 1013 克，粗毛率 15.14%，成年体重 4.1 千克，平均胎产仔 7.1 只，胎产活仔 6.6 只。

（3）沂蒙长毛兔 沂蒙长毛兔（粗毛型）是通过德系长毛兔、浙系长毛兔、法系长毛兔、哈白兔等多品种、品系的合成杂交、世代选育、纯系性能测定等选育形成的高产巨型长毛兔新品系。本品系具有体型大、产毛量高、毛质好、抗病力强的特点，并对各类环境条件有着广泛的适应性。

沂蒙长毛兔头呈虎头型，前额宽平，眼红亮有神，耳宽厚，耳背无长毛，耳端部有一撮毛。被毛白色，毛丛长密，分布均匀，毛型较粗、不缠结，粗毛率高。体型大，身长胸宽，背腰宽平，四肢强健，后躯发育好，骨骼粗壮，行动敏捷。成年兔体重 5.0～5.5 千克。

窝产仔数 7～8 只，母兔泌乳能力 3200～3600 克，断奶窝重 6500～8000 克。3 月龄体重 2500～3000 克。8 月龄体重 4300～4900 克，体长 52～54 厘米，胸围 34～36 厘米。11 月龄体重 4500～5200 克，体长 54～56 厘米，胸围 36～38 厘米。11 月龄剪毛量 400～450 克，年剪毛量 1600～1800 克，粗毛率 15～17%，料毛比（42～44）∶1。

2. 肉兔

（1）康大 1 号、康大 2 号、康大 3 号肉兔配套系 康大 1 号、康大 2 号、康大 3 号肉兔配套系是 2006 年由青岛康大兔业发展有限公司、山东农业大学以伊普吕肉兔配套系、香槟兔、泰山白兔等为育种素材，培育成的一个 3 系配套的肉兔配套系。2011 年 12 月初，通过国家畜禽新品种审定。

康大配套系是中国第一个肉兔配套系，也是国内第一个具有完全自主知识产权的肉兔配套系。

目前，康大肉兔配套系已经具备了 9 个独立的专门化品系（Ⅰ～Ⅸ），各品系已经建立核心群，生产性能经山东省种畜禽质量测定站测定，康大系列肉兔配套系父母代平均胎产仔数 10.30 只至

10.89 只，12 周出栏体重 2845 克至 3134 克，全净膛屠宰率 52.98％～54.70％，达到进口配套系的生产性能水平。

经山东、山西、四川等多地中试，康大配套系的生产适应性、抗病抗逆性、繁殖性能的表现优于国外引进配套系，适于在我国华东、华北、西南等肉兔主产区饲养。

（2）齐兴肉兔　齐兴肉兔是四川省畜牧科学研究院选用德国白兔和四川本地白兔杂交育成的我国第一个肉兔专门化新品系。1995年 5 月按国家兔品种（系）审定标准，通过省级审定。

齐兴肉兔全身被毛白色，35 天断奶均重 700 克左右，90 日龄均重 2.2 千克，成年体重 3.6 千克左右；繁殖力强，发情明显，配种容易，配血窝受胎率高，年总产仔数达 50 只。

用齐兴肉兔取代齐卡 Z 系兔，按最佳制种模式配套生产商品杂优兔，每胎平均产仔达 8.2 只左右，90 日龄活重平均达 2.5 千克以上，饲料报酬 3.28：1，育成成活率在 90％以上，全净膛屠宰率 52％左右。直接用齐兴肉兔作母本与比利时兔、德国巨型白兔和哈尔滨大白兔杂交生产商品兔，平均产仔数 7.2～8.1 只，90 日龄活重 2.35～2.45 千克，成活率均在 90％以上，屠宰率 51％以上。

齐兴肉兔适应性强、容易饲养，用作母系亲本或直接用作母本杂交生产商品兔，可收到良好的经济效益。

四、我国培育的品种

培育品种是经过人们有明确目标选择，创造优良的环境条件，精心培育出的品种，具有专门经济用途，且生产效率较高。

通常培育品种对饲养管理条件要求较高，适应性较差，繁殖力较低。只有在良好的饲养管理条件下，早期生长发育快的特性才显示出来，否则不仅生长发育迟缓，而且对疾病抵抗力也会下降。

另外，培育品种育种价值较高，与其他品种杂交时，能起到改良作用。如德系安哥拉兔与中系安哥拉兔杂交，由此选育的杂种兔其产毛性能明显高于中系安哥拉兔。

以下介绍的我国培育培育品种都属于肉皮兼用品种。

1. 中国白兔

中国白兔（图 2-29）又称菜兔，是世界上较为古老的优良兔种之一，除白色外亦有土黄、麻黑、黑色和灰色等，但以白色者居多。中国白兔历来以肉用为主，故亦成为中国菜兔。分布于全国各地，以四川成都平原饲养最多。

图 2-29　中国白兔

【外貌特征】中国白兔体型较小，全身结构紧凑而匀称；被毛洁白、短而紧密，皮板较厚，头型清秀，耳短小直立，眼为红色，嘴头较尖，无肉髯，该兔种间有灰色或黑色等其他毛色，杂色兔的眼睛为黑褐色。

【生产性能】中国白兔为早熟小型品种，约 2.5 月龄即达到性成熟。仔兔初生重 40～50 克；30 日龄断奶体重 300～450 克，3 月龄体重 1.2～1.3 千克；成年母兔体重 2.2～2.3 千克，公兔 1.8～2.0 千克，体长 35～40 厘米。繁殖力较强，母兔有乳头 5～6 对，年产 4～6 胎，平均每胎产仔 7～9 只，最多达 15 只以上。

【主要优缺点】该兔种的主要优点是早熟，繁殖力强，适应性好，抗病力强，耐粗饲，是优良的育种材料，肉质鲜嫩味美，适宜制作缠丝兔等美味食品。主要缺点是体型较小，生长缓慢，产肉力低，皮张面积小，有待于选育提高。

【利用情况】可用作新品种育种素材，它曾参与日本大耳兔的育成。

2. 塞北兔

塞北兔（图 2-30）是由张家口农业高等专科学校杨正教授研究团队培育的大型皮肉兼用型品种。1978 年以法系公羊兔和比利

图 2-30　塞北兔

时的弗朗德巨兔为亲本，采用二元轮回杂交并经严格选育而成。1988 年通过省级鉴定，定名为塞北兔。

【外貌特征】塞北兔的被毛色以黄褐色为主，其次是纯白色、少量黄色或橘黄色 3 种。体形呈长方形，头大小适中，眼眶突出，眼大而微向内陷。下颌宽大，嘴方正。鼻梁上有黑色山峰线，耳宽大，一耳直立，一耳下垂，或两耳均直立或均下垂，故称为斜耳兔，这是该品种的重要特征。体质结实、健壮。公兔颈部粗短，母兔颈下有肉髯。肩宽广，胸宽深，背腰平直，后躯宽而肌肉丰满，四肢短而粗壮。皮张面积大，皮板有韧性，坚牢度好，绒毛细密，是理想的皮肉兼用型新品种。

【生产性能】该兔种体型较大，繁殖力强，每胎平均产仔 7.1 只，高者可达 15～16 只，初生窝重 454 克，出生个体重平均 64 克，泌乳力（3 周龄窝重）1828 克。6 周龄断奶窝重 4836 克，平均断奶个体重 820 克。成年体重 5370 克，成年体长 51.6 厘米，胸围 37.6 厘米。7～13 周龄日增重 24.4 克，14～26 周龄日增重 29.5 克，屠宰率青年兔 52.6%、成年兔 54.5%，饲料报酬率为 3.29∶1。

【主要优缺点】塞北兔的主要优点是体型较大，生长较快，繁殖力较高，抗病力强，发病率低，耐粗饲，适应性强，性情温驯，容易管理。主要缺点是毛色、体型尚欠一致，有待于进一步选育提高。

3. 太行山兔

太行山兔（图 2-31）又名虎皮黄兔，原产于河北省太行山地区的井陉平、威县一带，由河北农业大学选育而成，1985 年通过

图 2-31 太行山兔

鉴定，定名为太行山兔，属于皮肉兼用品种，是一个优良的地方品种。

【外貌特征】太行山兔分标准型和中型两种。

① 标准型兔：全身毛色为栗黄色，腹部毛为淡白色，头清秀，耳较短厚直立，体型紧凑，背腰宽平，四肢健壮，体质结实。成年兔体重，公兔平均3.87千克，母兔3.54千克。

② 中型兔：全身毛色为深黄色，臀两侧和后背略带黑毛尖，头粗壮，脑门宽圆，耳长直立，背腰宽长，后躯发达，体质结实。成年兔体重，公兔平均为4.31千克，母兔平均为4.37千克。

太行山兔有两种毛色。一种为黄色，单根毛纤维根部为白色，中部黄色，尖部红棕色；眼球棕褐色，眼圈白色；腹毛白色。另一种是在黄色基础上，背部、后躯、两耳上缘、鼻端及尾背部毛尖的被毛为黑色，这种黑色毛梢在4月龄前不明显，但随年龄增长而加深，眼球及触须为黑色。

【生产性能】该品种性成熟早，乳头一般为4对，母兔母性好，泌乳力强，泌乳量3500克，3～4月龄可以配种，仔兔出生重50～60克，断奶重800克，4月龄3千克。仔兔成活率85%～92%。成年兔屠宰率53.39%。

【主要优缺点】优点是遗传性能稳定，虎皮黄兔耐寒，粗饲，抗病力和适应性特别强。缺点是早期生长发育较缓慢，有待进一步选育提高。

4. 哈尔滨大白兔

哈尔滨大白兔（图 2-32）是中国农业科学院哈尔滨兽医研究

图 2-32　哈尔滨大白兔

所运用家畜遗传繁育理论，制订最佳选育方案，以比利时兔、德国巨花兔为父本，以本地白兔、上海白兔为母本，组成八个杂交组合，进行定向培育。经过十年的严格选育，于 1986 年育成我国第一个家兔新品种。

【外貌特征】哈尔滨大白兔全身被毛粗长，纯白色，毛密柔软，眼大有神，呈粉红色，头大小适中，耳大直立，耳尖钝圆，耳静脉清晰，前后躯发育匀称，四肢强健，肌肉丰满，结构匀称，体型较大。脚毛较厚，雌、雄都有肉髯。

【生产性能】哈尔滨大白兔早期生长发育较快，仔兔出生重 60克。在良好的饲养条件下，1 月龄达 0.65～1 千克。3 月龄达 2.5千克。成年公兔体重 5～6 千克，成年母兔体重 5.5～6.5 千克。繁殖力强，年产 5～6 窝，平均每窝产仔 8～10 只。

【主要优缺点】哈尔滨大白兔的主要优点是适应性强，耐粗饲，繁育性能好，仔兔生长发育快，饲料报酬高（3.11∶1），屠宰率57.6％。主要缺点是有的地方表现生长速度慢，体型变小，需重视选育。

【利用情况】通过在全国十几年的推广扩繁，证明了哈尔滨大白兔遗传性能稳定，各项生化指标强于国外引进兔。在相同的饲养条件下各项生产指标均高于国外引进大型肉兔。该成果于 1990 年获国家科技进步三等奖，并已列入国家科技成果重点推广项目，推广十年经济效益增产值达 14.6 亿元人民币，创造了明显的经济效益和社会效益。作杂交用父系效果较好。

5. 安阳灰兔

安阳灰兔（图 2-33）原名银灰兔、林县大耳灰。由河南省畜牧局、安阳市、濮阳市和林县农牧局组成的河南省安阳灰兔育种协作组，从 1981 年开始，利用日本大耳兔与青紫蓝兔为主杂交产生的灰兔类群中培育出来的肉皮兼用中型肉兔新品种。于 1985 年 10 月通过鉴定，定名为安阳灰兔，属于早熟、易肥、中型肉皮兼用品种。

图 2-33 安阳灰兔

【外貌特征】被毛青灰色，富有光泽，被毛密度中等；头大小适中，眼呈靛蓝色，部分成年母兔有肉髯，背腰长，背平直而略呈弧形，后躯发达，四肢强健有力。

【生产性能】繁殖性能，初情期 4 月龄，6 月龄初配，乳头 4～5 对。初生窝重 485.7 克，平均初生个体重 58.2 克，胎均产仔 8.4 只，胎均产活仔 8.1 只，泌乳力 1794.2 克。

生长发育及产肉性能，3 月龄平均体重 2100 克，4 月龄平均体重 2700 克；2～5 月龄期间增重速度快，6～7 月龄增重速度下降，8 月龄平均月增重 30～50 克；8 月龄平均体重 4.5 千克，8 月龄屠宰率 51%。

【主要优缺点】安阳灰兔耐粗饲，适应性强，耐热、耐寒，适应于农村条件饲养。

五、野兔品种

野兔是一种皮肉兼用的特种野生经济动物。在我国分布广泛。

1. 雪兔

我国的雪兔（图 2-34）又叫白兔。是寒带、亚寒带代表动物之一。是典型的森林种类。雪兔为了适应冬季严寒的雪地生活环境，冬天毛色变白，直到毛的根部；耳尖和眼圈黑褐色；前后脚掌淡黄色；夏天毛色变深，多呈赤褐色，是我国唯一冬毛变白的野兔。属于国家二级保护动物。

图 2-34 雪兔

20 世纪中叶，随着大兴安岭亚寒带针叶林的采伐，雪兔的分布区日趋缩小。20 世纪 90 年代以来，随着我国农业产业结构的调整和林业生态工程的实施，雪兔的分布区又日趋扩大，种群数量迅速上涨，对大兴安岭新造林幼林危害很大。

【分布范围】分布于亚寒带针业林带，主要分布在新疆北部塔城至阿勒泰山一带，黑龙江省大兴安岭的北部和三江平原的林区，大兴安岭的南部也有。由于分布地区有限，已列为国家二类保护动物，只能在规定的每年准猎期猎捕。

【外形特征】雪兔是一类个体较大的野兔，体长一般在 510 毫米左右。耳朵短，尾巴亦短，是我国九种野兔（其余八种为东北兔、东北黑兔、华南兔、草兔、高原兔、塔里木兔、云南兔和海南兔）中尾巴最短的。雪兔在 10 月份开始变白，11 月底或 12 月初完成换毛过程，这时冬毛全身雪白，仅有两个黑色的耳尖。夏季，雪兔的头、背棕褐色，腹部白色。体长 50 厘米左右，体重 2.5～4 千克，比华北地区的草兔大。

【生活习性】雪兔是典型的林栖兽，平时生活在灌木林里，江河、湖沼沿岸的树林里和云杉占优势的混交林里。冬天，在疏林、林缘和灌木丛里，也常见雪兔活动的跑道网；那些长满阔叶幼龄林的火烧迹地和采伐地带，更是雪兔生活的场所。夏以草本植物为食，冬啃幼树的树皮和嫩枝，遇有大量繁殖，常给局部地区的树木造成危害。

【生长繁殖】雪兔每年产仔2～3次，孕期大约50天，每胎3～5只不等，有时多达10只。生而睁眼，覆密毛，10天左右独立生活，寿命8～10年。

【经济价值】雪兔冬皮柔软，毛长绒厚，毛皮比其他野兔皮好。

2. 草兔

草兔又叫山兔、野兔、山跳。因为它们的毛色与草色相似而得名，是典型的草原动物，也是我国最常见的野兔种类，属草原类型，数量很多。现有8个亚种。

【分布范围】草兔的繁殖力很强，又能适应不同的生活环境，所以分布很广，全国各省几乎都有它们的踪迹，但在人烟稠密地区较少，荒凉地区较多。其中，东北兔分布在东北地区，蒙古兔分布在辽宁、吉林、黑龙江、宁夏、内蒙古、河北、山西、甘肃等省区，华南兔分布于安徽、江苏、浙江、福建，湖南、江西、广东、广西、台湾等地。

【外形特征】草兔毛色棕褐，也有红棕色和暗褐色的；腹毛白色或污白色。夏毛淡，短而无绒。毛色上的差异，与它们栖息的环境有关，说明它们能高度适应环境，隐蔽自己。草兔前肢较短，后肢长而有力，善奔跑，每秒可达10米左右。视觉佳，视野大；耳朵长，能作侧向扭动，捕捉声音，所以听觉十分灵敏。但华南兔耳较小，又名小耳兔。成年兔体重2.5千克左右，体长约40厘米。

【生活习性】内蒙古、东北、华北，华南等地区的草兔，喜欢生活在有水源的混交林内，农田附近的荒山坡、灌木丛中以及草原地区、砂土荒漠区等。河北省北部地区，尤喜栖于多刺的洋槐幼林，生满杨、柳幼林的河流两岸和农田附近的山麓。

具备以下三个条件的地带，野兔数量多，否则就少。这三个条件是：①具备藏身的环境，如灌木林、多刺的洋槐幼林、生有小树的荒滩等。②既能瞭望敌害，又不太影响奔逃的地带。茂密的高草地区和高山陡坡，野兔数量很少，高草妨碍它的瞭望和奔逃，陡坡不利于它的活动。坡度比较平缓的灌木林，具备了山草不茂的生存条件，一遇敌害，有利于潜匿和逃跑，却不利于敌害追袭，所以洋槐幼林里的野兔很多。③必须是有食物和附近有水源的地区。野兔的食物虽易解决，但豆类农田和萝卜、白菜的菜地附近的荒坡，野兔常常很多。水对野兔的影响也很大，尤其在春天和晚秋的枯水季节更甚；哺乳期的母兔，每天也需要饮用大量的水。缺水地区野兔很少，没有狩猎意义。

草兔只有相对固定的栖地。除育仔期有固定的巢穴外，平时过着流浪生活，但游荡的范围一定，不轻易离开所栖息生活的地区。春、夏季节，在茂密的幼林和灌木丛中生活，秋、冬季节，百草凋零，野兔的匿伏处往往是一丛草、一片土疙瘩，或其他认为合适的地方，草兔用前爪挖成浅浅的小穴藏身。这种小穴，长约 30 厘米，宽约 20 厘米，前端浅平，越往后越深，最后端深约 10 厘米，以簸箕状，河北省的猎人把这种野兔藏身的小坑叫"掩子"。草兔匿伏其中，只将身体下半部藏住，脊背比地平稍高或一致，凭保护色的作用而隐形。受惊逃走或觅食离去，再藏时再挖，有时也利用旧"掩"藏身。

草兔生性机警，听觉和视觉灵敏，逃跑迅速，隐蔽严密，生殖力强，敌害虽多，但兔的家族仍十分昌盛。草兔昼伏夜出，喜欢走已经走过多次的固定兽径。因此，有经验的猎兔人就利用这点，在兔经过的地方下套子，可以达到捕获的目的。从黄昏开始，整夜活动，有时破晓尚未匿伏起来。春天发情追逐期，白昼天色阴暗或蒙蒙细雨、路断人稀时，也出来活动。平时白天只有受到惊扰，才从匿伏处突然逃去，马上又在它认为安全隐蔽的地方挖"掩"匿伏。草兔的食性复杂，随栖地环境而定。一般喜食嫩草、野菜和某些乔灌木的叶；冬吃草根，啃食枝条和幼树的树皮，也吃地衣，在数量多的时候，常给林业造成灾害。在农田附近生活的草兔，盗食白薯、蔬菜，啃食果树，尤喜食萝卜，春天刚出土的豆苗被它们成片啃食，危害尤剧。

【生长繁殖】每年三胎或四胎，早春二月即有怀胎的母兔。孕期一个半月左右，年初月份每胎 2~3 只，四五月每胎 4~5 只，六七月每胎 5~7 只，月份增加，天气转暖，食料丰富，产仔数也增加。春夏如果是干旱季节，幼仔成活率高，秋后草兔的数量剧增；如果雨季来得早，幼兔因潮湿死于疫病的多，秋后数量就不那么多。

一般来说，除去各种原因的死亡，一只母兔一年平均可增殖6～9只幼兔。但经过一冬的猎捕，到来年春天，草兔数量又剧减。

【经济价值】兔肉可食；皮毛可用，但皮板脆，价值低。我国每年产量大，是很有狩猎价值的肉用兽。如果某一地区野兔数量过多，给农业、林业造成局部的严重损害，这时则被当做害兽消灭。

3. 高原兔

高原兔（图 2-35）又叫灰尾，是青藏高原的野兔优势种，有7个亚种。

图 2-35　高原兔

【分布范围】分布于克什米尔、尼泊尔、锡金、印度、中国青藏高原和甘肃、西藏、青海、新疆、四川、贵州、云南等地。

【外形特征】体型较大，体长平均 42～48 厘米，尾长约 10 厘米，耳和后足较草兔为长，耳长 10～13 厘米，后足长 12～13 厘米；体重 2000～2950 克。毛被丰厚。冬毛：一般似草兔，颈部浅黄，略带粉红色，耳端外侧黑色，体侧面有长的白毛，臀部灰色；尾上面中间有一个纵纹，呈灰色、褐色、褐灰色或灰褐色，其余白色，或带灰色；喉部为浅棕黄色；胸、腹部白色；足背面白色，略带粉红色和浅黄色。夏毛：体背面呈沙黄色或灰褐色，多数毛尖有弯曲，使毛被梢呈微波形；臀部也呈灰色；体侧面无长的白毛。颅骨吻部较长，约为颅长的 38.4%。眶上突（即眶后突）上翘，其顶端超出颅顶最高水平线。鼻骨前蠕不超过上门齿前缘垂直线。下颌骨冠状突向后倾斜，吻部细长。

【生活习性】灰尾兔栖息于高山草甸、灌丛等地带及其附近的森林内，广泛分布于高海拔地区，向上最高可分布到海拔5200米处，可以称为垂直分布最高的兔类动物。极强的适应能力使它们可以生活在干燥得连以善于高原生活而著称的鼠兔类都不愿意栖息的荒漠草原上和陡峭的山腰上。高原兔昼夜活动，尤其是晨昏活动最为频繁。在开阔的地方它们常挖出一条25~40厘米长的坑，一端很浅，一端有15厘米左右的深度，然后蜷缩着臀部安静地卧在坑里。它以草本植物、灌木嫩叶等为食，也吃农作物。

【生长繁殖】春季发情交配。一年繁殖2胎。每胎产4~6仔。灰尾兔平时胆小，性情温和，然而一到3~5月的交配季节，就一反常态，不再像平时那样谨慎而隐蔽，变得异常活跃，整天东奔西窜寻找配偶。为了获得雌兔的青睐，雄兔常常欢蹦乱跳，嬉戏狂欢，跳跃时做出各种怪诞的动作。在这段时间里每只雌兔的后边都会跟随着几只雄兔，有时六七只雄兔为了争夺一只雌兔而相互角逐，激烈争斗。它们后腿站立，像拳击运动员那样，用前爪猛击对方，或扭打撕咬，最后取得胜利的雄兔才能与雌兔交配。

【亚种分类】

（1）指名亚种（也称模式亚种） 体沙黄色，几乎无黑色，黑色毛尖的单毛极少；臀部银灰色，尾纯白或仅尾背面中间微带灰色。分布于西藏中部、西部和北部地区，以及新疆南部且末和昆仑山一带。

（2）柴达木亚种 体色类似指名亚种，黑色毛尖的单毛较多，臀部银灰色或银白色；尾上面有细灰纹，其余白色，毛基灰色。分布于青海的柴达木盆地及甘肃中部。

（3）玉树亚种 体浅棕黄色，间杂显著的黑色波纹，黑色毛尖的单毛很多；臀部毛色近似指名亚种尾上面细纹褐灰色或灰色，其余白色，毛基灰色。分布于青海南部的玉树、四川西北、西藏东南部。

（4）川西亚种 体暗黄褐色，黑色毛尖的单毛很多；臀部暗灰色或铅灰色；尾上面纹较宽，呈灰褐色或褐色，其余带白色，毛基灰色。分布于四川西北部，西藏东部的昌都、江达、波密一带，青海东南部和云南北部。

（5）康定亚种　体茶褐色或更暗的黄褐色，黑色毛尖的单毛特别多；腹部青灰色、褐灰色，尾有宽的褐色背纹，其余带灰色。现仅分布于四川的康定。

（6）青海亚种　体沙黄褐色，部分毛尖多为褐黑色；臀部带灰色，尾上面细纹灰褐色，其余白色，毛基灰色。分布于青海东北部、东部、东南部以及四川西北部。

（7）曲松亚种　体暗沙黄褐色，杂有黑褐色波纹，部分单毛毛尖呈褐色，臀部铅灰色；尾有短细灰色背纹，其余白色，毛基淡灰色。分布于西藏东南部的雅鲁藏布江下游一带。

4. 东北兔

东北兔（图 2-36）又叫野兔、革兔、山兔、黑兔、满洲兔、山跳猫等，体型较大。典型的森林种类，随着森林采伐，分布区均日益缩小，数量日渐减少。近年来，随着林业六大工程的实施，东北兔的数量有所回升，在辽宁西部对杏树和刺槐幼林危害很大，但东北黑兔数量仍然稀少。

图 2-36　东北兔

【分布范围】东北兔广泛分布于我国东北各地区，大小兴安岭、长白山山地以及松花江平原等地。国外见于朝鲜北部、日本和俄罗斯滨海地区。

【外形特征】体长为 34～50 厘米，后足长 11～15 厘米，耳短，为 7～12 厘米，向前折不达鼻端，尾短于后足，连端毛 5～11 厘米；体重 1400～4000 克。体背面毛一般为浅棕黑色，背毛与腹毛连接处杏黄色,有些个体背毛有黑色变异,不是纯黑,是黑褐色,有白毛或黄色长毛零星地突出于毛被之外;头部、额部及眼间部毛色较深,呈棕黑色,毛基灰黑色;耳尖黑色,颈背面有一个明显的浅棕色或艳橘黄色区;颊较体背面略淡,下颏与胸腹中央白色,毛基浅灰色;腹毛纯白色。尾上面黑灰色,下面污白色。夏毛色较深,体背面、头部、体侧面及两耳均呈深褐黑色。耳长占颅全长的105%,尾长占后足长的52%。上门齿的齿沟浅,里面没有白垩质沉积;上颌第二前白齿前缘内侧的两个褶皱并不等大,最内侧的褶皱比毗邻的褶皱宽得多,中央两个褶皱的位置相对较近。

颅骨比雪兔和高原兔小。眶上突前端也较不发达。鼻骨前端在垂直线上不超出第一上门齿前缘。内鼻孔宽稍超过腭桥最窄处。听泡长约为颅长的11.4%。

【生活习性】东北兔的四肢强劲,腿肌发达而有力,前腿较短,具5趾,后腿较长,肌肉、筋腱发达强大,具4趾,脚下的毛多而蓬松,适于跳跃、奔跑迅速,疾跑时矫健神速,有如离弦之箭。在奔跑时还能突然止步、急转弯或跑回头路以摆脱追击。

东北兔的前脚可以用来挖洞穴居。当发现有不喜欢的动物走近时,它就会用前脚做出挖洞的动作,好像想挖个洞以便逃离似的。

它的后脚脚下的毛多而蓬松,但比前脚既长得多也结实得多,显得强劲有力。在打斗的时候,还有跳起来用后脚踢两下的防卫本领。遇到危险或不高兴时,它也会用后腿蹬对方。它的后腿适于一窜一跳地前进。

东北兔主要栖息于稀疏的针阔混交林中,也生活在林缘地区、平原、荒草地和河谷灌丛间。一般不到农田和草原地带。夜晚活动、觅食。

【生长繁殖】无固定巢穴,产仔时临时在凹地、灌丛等中间筑巢,每年繁殖两次。以各种杂草、树皮、嫩叶、枝芽及草本植物为食。

【物种价值】该物种已被列入国家林业局2000年8月1日发布的《国家保护的有益的或者有重要经济、科学研究价值的陆生野生动物名录》。

5. 东北黑兔

东北黑兔（图 2-37）是典型的森林种类，数量少，应加强保护。

图 2-37 东北黑兔

【分布范围】大部分分布于中国黑龙江小兴安岭和张广才岭。

【外形特征】东北黑兔体长为 41～45 厘米，体重平均为 1840 克。体毛黑褐色；额顶有一小块白斑。耳短，占颅全长的 89.3%，向前折，耳尖达不到鼻尖。尾较长，占后足长的 62%。

【生活习性】东北黑兔主要栖息于海拔 300～800 米的针阔混交林中，早、晚活动频繁，常在凹地、灌丛和草丛中、倒木下面做临时巢穴，供白天隐蔽休息。主要以草本植物、树皮和嫩枝为食。

6. 华南兔

华南兔（图 2-38）又叫山兔、短耳兔、糯毛兔、野兔等，华南兔为中国特有动物。

图 2-38 华南兔

【分布范围】呈断裂分布，分布于中国长江以南地区，包括江

77

苏、浙江、安徽、江西、湖南、湖北、福建、广东、广西、贵州、四川和中国台湾等地。长江中下游的湖北、安徽和江苏三个省内的长江一线是华南兔的分布北限。长白山区也有分布。

华南兔在上海郊区的分布比较广泛。除了崇明岛、浦东新区和闵行区未发现华南兔外，其他县区都发现了华南兔。甚至在市区的共青森林公园和远离大陆的长兴岛都有野兔生存。华南兔在上海郊区虽广泛分布，但分布很不均匀。

【外形特征】体长 35～47 厘米，尾甚短，长度仅为 2～7 厘米，后足长 8～11 厘米，耳短，长度为 5～8 厘米；体重 1250～1938 克。体毛粗，背毛中针毛稍粗硬，手抚摸略有粗硬感。体背面棕土黄色，杂以黑色；体侧面较浅，从颈项至耳基棕黄色，头与体背面毛色相似；耳前缘淡棕黄色，耳背面前半部较头部深，后半部与颈部相同，耳端黑褐色，尾上面毛色与体背面相同，下面浅棕黄色，体腹面鲜淡棕黄色或胸和腹中央白而略带浅黄色；前肢毛色似颈部，后足背较前肢浅，足底灰黄褐色，除大腿内侧一部分毛基为白色外，全身其他部分毛基均为灰色，只是深浅不同而已。

颅骨眶上突前端无显著缺刻。鼻骨前端在垂直线上超出上门齿前缘，后端略超过前颌骨后端；鼻骨后部较前部宽。颧弧前端稍宽于后端。下颌骨髁突较草兔的发达。脑盒较小。

【生活习性】栖息于农田附近的山坡灌木丛或杂草丛中，极少到高山密林中活动，但在闽北曾发现于武夷山高山地带。白天匿于杂草、灌丛所掩盖的洞穴，黄昏开始出洞觅食。以草本植物的绿色部分、树苗及枝叶为食，尤喜食麦苗、豆苗及蔬菜等。

华南兔在一般情况下是不能喝水的。草兔的胃生得很娇嫩，负担不了过多的水分。它体内所需要的水分大都是依靠食物提供的。由于每天取食大量的青草和青菜，里面都含有相当多的水分，在一般情况下，这些水分就足够了，如果再喝下一些水，就会造成负担，引起肠胃炎而拉稀，甚至可能导致死亡。不过，当草兔体内的水分缺乏时，它也会感到渴，也要喝一点水。

【生长繁殖】一年的大部分时间均可生殖。每胎 1～3 仔。初生幼仔已长好被毛，呈现灰褐色，而且眼已睁开。同时已能开始活动。

【经济价值】兔肉可食用，有医用价值。

7. 塔里木兔

塔里木兔（图 2-39）又叫南疆兔、莎车兔，是塔里木盆地的特有种，属东洋界种类。塔里木兔没有亚种分化，是我国的特产物种，典型的荒漠地带物种。近年来，数量不断增加，对荒漠梭梭林危害较大。

图 2-39 塔里木兔

【分布范围】分布于新疆塔里木盆地及罗布泊地区，分布区几乎呈环形，包括阿克苏、若羌、米兰、阿拉干、尉犁、库尔勒、巴楚、且末、莎车、和田、喀什等地。

【外形特征】塔里木兔体型较小，毛色较浅，体长为 29~43 厘米，尾长 6~11 厘米，体重 1.2~1.6 千克。耳朵较大，耳尖不呈黑色，是它与雪兔最明显的区别。体毛短而直，夏季背部为沙褐色，杂以灰黑色的细斑，体侧为沙黄色，颏、喉及腹部为白色。头部和颜面的颜色与背部相同，两颊较为浅淡，眼周色深，呈深沙褐色。颈部下面有沙黄色的横带。尾巴背面的颜色与背部相同，腹面呈白色。冬季的毛色非常浅，从头部、背部至尾巴的背面均为浅沙棕色。雌兽有 3 对乳头，2 对在胸部，1 对在腹部。

【生活习性】塔里木兔栖息在塔里木盆地海拔 900~1200 米的河流和罗布泊附近，以及沿河两岸的胡杨和红柳林中，盆地中央的塔克拉玛干沙漠四周的半沙漠草原和塔里木河河水泛滥地区等。一般在早晨和黄昏活动，但随着季节的不同而有一定变化。冬季为了躲避敌害，仅在黎明之前和黄昏之后才出来觅食，大多活动在长有红柳的松软沙丘地带,挖掘芦苇、罗布麻、甘草、骆驼刺等植物的根为食,白天则隐匿于灌丛之下。夏季在白天也经常出来活动,常集中到河边饮水,喜食灌木、半灌木的外皮、幼嫩枝条和绿草等。

【生长繁殖】夏季是塔里木兔的繁殖期,公兔和母兔追逐求偶的活动从2月可以一直延续到7月。母兔每年繁殖2~3窝,每窝产2~5仔。初生的幼仔全身被毛,睁眼,能活动,哺乳期仅有3~5天,以后便能离开母兔,独立生活。

【经济价值】塔里木兔的毛皮可以利用,肉能食。

8. 海南兔

海南兔(图2-40)是海南岛的特产,也是中国的特有物种,没有亚种分化,是中国野兔中体型最小、毛色最艳丽的一种。国家二级重点保护动物。

图2-40 海南兔

【分布范围】分布在南丰、海口、陵水、东方、白沙、儋县、乐东、昌江等地。广泛分布于除深山区外的广大丘陵台地及平原的荒丘上。20世纪50~60年代海南岛的北部、西部和南部广大郊野,几乎到处都有野兔,是海南岛各地的常见种。截止到2009年,只在西南部等个别尚未完全开垦的荒野角落以及少数保护区里尚有踪迹。

【外形特征】体型较小,耳朵向前折时不能达到鼻端,与雪兔和塔里木兔不同。体长35~39厘米,尾长4~7厘米,体重1.1~1.8千克。头小而圆。毛色比较鲜艳,尤其是在冬季,头顶和背部为棕黑色,腹部大多为乳白色,体侧为棕黄色和棕白色相混杂。眼眶的周围为白色，额部为纯白色，颈部下面为棕黄色，前肢棕褐色，后肢的内侧棕黄色，外侧白色。四肢的趾掌均为乌棕色。尾巴的上面为黑色，下面纯白色。上颌门齿齿面纵沟的断面为倒置的"Y"形，里面充满了黏胶状物质。

【生活习性】喜欢在草丛中栖居，不住地穴，也不善于挖掘洞穴。主要在夜晚活动，从天黑时开始到次日凌晨，以午夜前最为活跃，后半夜活动较少，但有时白天也会出来觅食。性情温驯怯弱，御敌能力差，通常以逃跑、跳跃和藏匿等方法躲避敌害。海南兔栖息在丘陵平野的灌丛低草坡和滨海地区的旱生性草原中，在地势较为平坦、干爽、草木丛堆间杂的地带较多，而从不到高山地区活动。

【经济价值】海南兔的肉可以食用，也是当地有产业价值的毛皮兽之一，皮鞣制后可作衣帽、手套和皮褥等，但质量并不高。

9. 云南兔

云南兔（图 2-41）也叫西南兔。

图 2-41　云南兔

【分布范围】西南兔主要分布在中国云贵高原一带，即云南西北山地和贵州西南部高原，四川西南部的会东、本里也有分布。

【外形特征】体长 33～48 厘米，尾长 6～11 厘米，后足长 9～13 厘米，耳长 9～14 厘米；体重 1500～2500 克。体背面毛暗赭灰色，背脊具零乱黑色斑纹，腰臀部毛尖黑色，呈现黑色斑纹，臀部隐约有一个灰色臀斑。头顶通常有一个白色小斑；耳背面暗褐色，耳缘灰白色，耳尖黑色。体侧面和前后肢前侧为鲜赭黄色；腹面除喉部为赭黄色外，腹毛及前后肢内侧白色。尾背面黑褐色，腹面灰白色。耳长占后足长的103.5%。上门齿的齿沟深，其内面为白垩质填充。

颅骨吻部粗短，额部比灰尾兔宽阔，为颅长的23.4%～29.4%。眶上突（即眶后突）低平，不上翘，其顶端不达颅顶最高水平线。鼻骨前端超出上门齿后缘垂直线（灰尾兔鼻骨前端明显不达上门齿后缘垂直线）。吻部粗短，基部较灰尾兔的宽，平均为颅长的36.7%～44.6%。腭桥最窄处略短于内鼻孔宽。

西南兔的眼睛很大，置于头的两侧，为其提供了大范围的视野，可以同时前视、后视、侧视和上视，真可谓眼观六路。但唯一的缺点是眼睛间的距离太大，要靠左右移动面部才能看清物体，在快速奔跑时，往往来不及转动面部，所以常常撞墙、撞树。

【生活习性】西南兔栖息于海拔1700～3200米的山麓或山腰灌丛中。巢多筑在茂密的灌丛或草丛中。多在白天活动。食植物性食物。每年产2～3窝。

西南兔的胃肠容积大，在发达的盲肠里有对粗纤维消化力很强的大量微生物。小肠末端有一个中间空、厚壁、富含淋巴滤泡、膨大成球状的淋巴球囊（圆形球囊），开口于盲肠。它具有节律压榨、吸收和分泌的三种功能，使它对粗纤维的消化率达到65%～78%（牛羊为50%～90%）。

西南兔的粪便有两种，一种是圆形的硬粪便，是一边吃草一边排出的；另一种是由盲肠富集了大量维生素和蛋白质，由胶膜裹着的软粪便，常常在休息时排出，这时它就将嘴伸到尾下接住，再重新吃掉，以充分利用其中比普通粪便中多4～5倍的维生素和蛋白质等营养物质。

【生长繁殖】每年产2～3窝。

【经济价值】毛皮有利用价值。

【亚种分类】共有3个亚种。

（1）指名亚种　体长44～46厘米，体重大于2千克。枕鼻长等于颅全长。眶上突最不发达，前支纤细乃至消失，后支尖而细长；鼻骨后端较宽。分布仅见于滇西怒江河谷以西地区，国外分布于缅甸东部。

（2）滇中亚种　体较小，体长 38～42 厘米，体重不超过 1700 克，颅全长小于 87.3 毫米。眶上突前后支较上述亚种略为发达，但前支也细长；吻较长，额部窄。分布在云南中部，北至王龙山。

（3）彭氏亚种　体形和指名亚种相近，枕鼻长小于颅全长。眶上突在 3 个亚种中是最为发达的 1 个亚种，后支粗大，近乎三角形。分布自云南中部昆明一带、哀牢山向东至贵州西南部的威宁、兴义、罗甸、惠水和贵定等地，北由昭通及四川西南部的会东和木里向南至江城及绿春。

第二节　养兔经营模式

长期以来，我国兔业生产一直以千家万户为主，饲养规模小，生产周期长，商品率低，受市场波动冲击大，经济效益不明显，严重制约着养兔生产的健康发展。随着养兔业的快速发展，养兔生产逐步向商品化、规模化、工厂化方向发展，形成了很多养兔经营模式，产生了较好的经济效益，下面介绍我国现阶段养兔生产主要的经营模式。

一、企业集团养兔模式

企业集团养兔模式是指一些有实力的养兔龙头企业，已经不单单是一个以养兔为主的企业，而是以兔种生产、兔饲料生产、商品兔饲养、兔产品加工和兔产品销售等兔产业为主线的产、加、销、育，甚至跨行业经营的企业集团，属于一体化的养殖经营模式。龙头企业参与养兔行业的整个产业链，可实现大批量、均衡、标准化和高质量的养兔生产。

通常龙头企业集团由种兔繁育场、兔专用颗粒配合饲料加工厂、兔产品加工厂和标准化养兔场等组成。

企业集团养兔模式具有其他养兔模式所不具备的资金、技术、品牌和管理优势，实现从养殖、加工、仓储、物流、批发经营、终端销售到售后服务等完整的产业链，从而推动养兔产业的快速发展。

新闻链接："农业产业技术联盟"链出了什么？

新春走基层·调研

1月13日上午8点，山东省胶南市泊里镇泊里河南村吴学文的兔场。

像往常一样，青岛康大集团驻兔场技术人员张辉正式开始了自己一天的工作，他走近兔群，看看有没有剩下的饲料，兔子的粪便是否正常。

"这个兔场面积有5000多平方米，还有6个工作人员一起在兔场内工作，张辉平时还对他们进行技术指导。"被誉为泊里镇"养兔大王"的吴学文告诉记者，"兔子比较娇贵，容易得病，以前不懂技术，天气稍变化就损失惨重。如今，多亏有了康大集团的技术保障，自己养了15000只兔子，初步估算一年可以收入30多万元。我们还成立了青岛帮民兔业专业合作社，社员十几人，存兔20余万只。"

吴学文的"兔场"仅是中国家兔产业技术创新战略联盟带出来的养兔基地之一。张辉说，去年成立的中国肉兔产业技术创新战略联盟是由青岛康大集团有限公司牵头，四川哈哥兔业、中国农业大学、山东农业大学等30余家业内知名企业、大专院校及研究院所共同组建的。

家兔产业技术创新战略联盟"链"出了什么？记者深入到位于胶南的康大集团技术中心、养殖基地、实验室探寻答案。

"产学研"合作填补国内空白

我国虽然是养兔大国，但养兔业整体质量和生产效率较差。养兔发达国家只均母兔年提供商品肉兔以及兔肉量是我国的2～3倍。一直以来，国内没有自己育成的肉兔配套系良种，我国普遍饲养的肉兔多是从国外引进的品种或是在引进基础上自行培育的品种，从国外引进商业配套系，每只种兔高达3000元左右。而且，国外育种公司只售祖代兔，每个品系只有单一性别，不能留种。

采访中，记者了解到，良种繁育是肉兔产业链的制高点，由于国外控制肉兔曾祖代原种基因资源，国内企业需要不断到国外引进，给企业增加了很大成本。为了不在产业链上受制于人，康大集团组织技术团队积极与科研院所、高校开展产学研联合，把引进和选育优良品种、建设肉兔良种繁育体系作为根本。

"成功培育具有自主知识产权的康大配套系良种，每年可为企业节约 3700 多万元的引种成本。"康大集团肉兔配套系项目组主管董金贵高兴地说。

"康大"与山东农业大学合作开展的康大肉兔配套系育种项目，分别从法国和美国引进优良种兔基因资源用于肉兔配套系育种。历时 6 年，投入巨资自主研发的具有完全自主知识产权的三个杂交配套系良种康大 1 号、康大 2 号、康大 3 号肉兔配套系于 2011 年 8 月 28 日顺利通过国家畜禽遗传资源委员会审定。

这是国内第一个具有完全自主知识产权的肉兔配套系，选育出了具有世界水平的肉兔配套系，结束了中国肉兔良种长期完全依赖进口的历史，是我国肉兔产业发展史上的里程碑式事件。

"康大肉兔配套系的成功打破了受制于人的现状，提高我国兔业竞争力。"董金贵告诉记者，"比如说产仔率、断奶成活率、生产期成活率等指标，我们都已经与法国伊拉配套系不相上下，在繁殖性能上要超过它。另外，本土培养的价格优势同样不可小觑，每只能便宜好几百元钱。"

"现在我们的试验场区已经有能繁母兔 2000 只、公兔 300 只，年出栏量可以达到 6 万只，从今年开始将面向全国销售。"董金贵介绍，实施"康大肉兔配套系"育种项目后，农民通过养殖育种培育出的优质商品兔，每只肉兔可增加收入 3 元，每年可提供 12 万只祖代种兔、50 万只父母代种兔，可向农民提供 2000 万只优质商品兔，可增加 6000 万元的效益。

"新型养殖模式"提升养殖基地带动力

肉兔产业被联合国粮农组织认定为 21 世纪最具有发展潜力的产业，拥有"节粮、安全、营养、低碳"四大优势，具有"成本低，周期短，见效快"三大特点，在农业产业结构调整中普遍受到世界各国重视，能够推动农村经济发展，帮助农民脱贫致富。

对此，长期在兔农吴学文的兔场工作的张辉深有感触。张辉认为，发展兔业标准化规模养殖，是提高效益的有效途径，也是加快生产方式转变、建设现代畜牧业的重要内容。

张辉指着吴学文的"兔场"向记者介绍："康大"通过建基地、

推科技、抓示范、带农户、扩加工、开市场等一系列措施,高起点、高水平、高标准打造完整的产业链,在国内率先探索出了"一个模式三大体系"的肉兔养殖生产管理法则,建立了科学规范的饲养管理规程和全过程的生物安全体系以及符合欧盟标准的动物福利体系,实施设施标配化、繁育良种化、繁殖高效化、养殖规范化、防疫制度化、粪污处理无害化的肉兔养殖"六化",实现了生产过程的人工授精、自动加光、自动控温、自动喂料、自动饮水、自动清粪一条龙流程,形成了养殖、沼气、有机肥、饲草种植"四位一体"的生态循环的"有机兔标准化养殖"和"循环低碳养殖"两大新型养殖模式,引导广大养殖业户逐步从传统养殖走向现代化养殖,为提高养殖效益做好了技术准备,也为快速复制规模化养殖小区提供了标准。

陪同记者采访的胶南市科技局副局长闫玮介绍,截至目前,康大兔业已拥有亚洲最大最先进的良种繁育基地、最大的标准化养殖基地和最大的出口生产基地,年规模化养殖出栏加工突破了5000万只,出口量占全国出口总量的70%以上,形成了全产业链集群发展模式,发起成立了亚洲兔业协会,成为了亚洲肉兔产业规模最大、综合实力最强的一条龙企业。

按照"小群体、大规模"的发展方向,"康大"通过多种形式发展建设标准化规模化养殖场,引导广大兔农实现由家庭副业到致富主业转变。张辉说,到目前,分别在胶南及其周边县市以及在吉林、河北、四川、重庆等多地共建设各类标准化适度规模的养殖场500多家,培育近千个养兔专业村,单在胶南就发展了5个肉兔养殖专业镇,发展肉兔养殖专业村、专业合作社或养殖大户200多个,存栏种兔30多万只,出栏商品兔1000万只以上,肉兔养殖业已成为胶南市名副其实的"一村一品"、"一镇一业"特色产业。

"核心技术"激活肉兔产业活力

走出吴学文"兔场",走进康大集团国家企业技术中心,该集团外事项目部主管赵炜告诉记者,"康大"牵头组建成立的国家肉兔产业技术创新战略联盟,不断强化产学研联合、加大科技投入。在科研平台建设方面,投入1亿多元建成了康大技术中心,围绕着肉兔产业链各环节的提质增效,设立了育种技术、养殖技术、人工授精技术、疾病控制、饲料研究、皮毛加工、生物工程、产品研发、检测技术等15个达到国内先进、国际认可检测水平的实验室，承担起了国家肉兔良种繁育改良技术、人工授精技术和有机兔标准化养殖、循环低碳养殖模式、内脏生物制品提取技术和皮毛深加工技术等整个产业链上各环节的重大科研与实用技术课题，结合欧洲先进的标准化规模养殖技术和经验，重点突破了"繁殖控制技术"、"人工授精技术"、"批次化生产技术"和"安全高效饲料技术集成"等核心技术课题。

在科技创新的力量推动下，"康大"与中国医学科学院实验动物研究所合作共同组建了国家实验动物种子中心。赵炜介绍，他们已经建成了中国最大的 SPF 级、清洁级实验兔生产基地；整合欧盟先进的兔皮加工技术工艺，拓展了皮毛深加工业务；开展了兔副品的生化制剂等多个高科技含量的新业务；研发了生鲜调理、家庭佐餐、餐饮调理、酱卤熟食、休闲食品、功能食品等6大系列几百个品规的兔肉新产品。科技创新的举措，渗透在延伸整个产业链条的每个环节，引导着肉兔产业不断向纵深发展。

走进 2012 年，赵炜信心满怀。在中央"一号"文件推进农业科技创新的新形势下，在国家肉兔产业技术创新战略联盟的引领下，"康大"坚持做大做强肉兔产业，引导并大力推动中国兔产业朝着"特色、优质、高效、安全、生态"的现代畜牧业方向健康发展。

采访感言：走村进户，记者在调查中切身感受到，实现农业稳定发展、农民持续增收，根本出路在于农业科技创新。

采访中，记者了解到，青岛市成为国家技术创新工程试点市以来，在农业和社会发展领域积极推进产业技术创新战略联盟的布局、构建和发展，加快以企业为主体、市场为导向、产学研相结合的技术创新体系建设。目前，已有家兔产业技术创新战略联盟、生物农药产业技术创新战略联盟等 13 个农业产业技术创新战略联盟先后组建成立。这些产业技术创新战略联盟积极推进农业科技进步与创新，提升自主创新能力，明确农业科研创新方向，突出农业科研创新重点，推进种业发展，在重大关键技术研发上取得新突破。加强农业科研队伍建设，推进基层农技推广体系改革与建设、改善基层农技推广条件、发展农业社会化服务，加快农业科技成果转化为现实生产力。

（科技日报 2012年01月21日）

二、规模化养兔场模式

经过多年的摸索，养兔技术日臻成熟。工厂化养殖模式渐被接受。特别是吸收国外先进养殖技术，改造传统养殖模式和设备，经过几年的风土化过程，养殖水平和设备的现代化程度有较大改观，工厂化养兔优势初步显现。一些代表性的养兔企业引进国外肉兔配套系，建设现代化兔场，配置先进的养殖设备，实行人工控制环境，应用人工授精技术，采用工厂化养殖模式，生产水平大幅度提高。可以预料，工厂化养兔在今后几年会加快发展，尤其是规模化养兔企业会逐渐采用。

新闻链接：合川，返乡农民工办起养兔场　打工仔摇身变兔老板

华龙网讯（通讯员魏鑫）　她种过地，做过普通的操作工。2009年，她回乡办起了兔场，以她现在兔场的规模，到今年年底她就可以做到隆兴镇兔业的"老大"。她就是彭贵芳。

今年36岁的彭贵芳是合川区隆兴镇天佑村村民，也是一名党员。1997年结婚后，就和丈夫走上了沿海寻梦之路。几经努力，小两口好不容易走进了广州一家电子工厂的大门，但工资都不高。彭贵芳告诉笔者，说到这养兔还是受到做过兽医的姐夫的启发。"2007年我回家过年，听姐夫说养兔很不错，于是萌生了养兔的想法。"最初她没有蛮干，利用在外务工的业余时间了解兔子养殖技术，四处了解市场行情。

2009年春节她返乡，4月份就从重庆渝北区统景镇引进法国"伊拉"良种兔400只，开始着手养殖。回家后，彭贵芳和丈夫把全部的精力投入到了养殖中来，细心地照料着它们，整天和兔子待在一起。为了提高养殖技术，彭贵芳订阅了《实用养兔技术》等书籍，边实践边喂养。经过一年多的苦心经营，他们掌握了提高种兔繁殖产仔量、成活率等方面一套完整的养兔技术。现如今，他们的养殖规模发展到母兔存栏2000多只，年可出栏兔子近10万只，成兔畅销到四川、重庆主城等地。一只成年兔可卖到 50～60 元，毛利一年五六百万。"没想到养兔竟然如此的赚钱。"笔者心中惊叹到。

日前，笔者去到隆兴镇天佑村彭贵芳的恒兴兔场，看到在干净整洁的饲养棚里一只只可爱的兔子，有的慵懒的小憩，有的嬉戏玩耍，好一个"兔的世界"。彭贵芳抱来一大捆青草，一眨眼工夫就被抢了个精光，她看在眼里乐在心里。"眼看这一批种兔就要产崽了，3 个月后小崽长大就见效益了。"她高兴地对笔者说。

去年，彭贵芳又承包了一片土地，开始建标准规范的种苗繁育基地。经过不懈努力，现已建成了标准规范的兔舍 8000 余个，拥有种兔 4000 余只的中小型种兔繁殖场。生产中，彭贵芳充分发挥出了一名共产党员的先进性，积极帮助农户解决饲养过程中遇到的技术问题，免费为他们提供技术指导，并提供优良兔苗。"彭贵芳的兔场免费给我们提供小兔，还教我们兔子人工授精技术，成熟期后还统一回购销售。"周边的群众告诉笔者。"我接下来还要扩大规模，逐渐形成了'公司＋农户'的产业化经营模式，让更多和我一样的农民工富裕起来。"彭贵芳对笔者谈起了下一步的打算。笔者了解到，在彭贵芳的带动下，已有近 10 家农户走上了养兔致富路。参加养殖的群众说，"以前我们创业无门，自从彭贵芳帮助我们走上了这条养兔行业后，生活是一天一天好了起来"。

随着我区创业就业环境的逐步优化，大量外出务工人员将目光投回区内。农民工创业已成为农村居民转移就业和增收致富的主渠道，返乡农民工通过创业，把在外面学到的新理念、新技术应用到农业生产以及当地发展建设上，并积极投资兴办各类社会事业和公益事业。笔者从区就业局了解到，自 2010 年以来，已陆续从区外回乡就业创业 3.1 万人。

（华龙网　2012 年 12 月 13 日）

三、公司＋农户养兔模式

公司＋农户，顾名思义是将"大公司"与"小农户"联结起来。该模式是一种新的农业产业化模式，是农村经济发展的一种新的有效、可行的模式，具有很高的经济价值和社会效益。公司＋农户模式提高了农户的生产技术，帮助农户规避市场风险，弥补了农户分散不集中的现状，实现了规模经营，取得规模效益，拓宽了农民致富的途径。该模式的提出，对于农村经济的发展有着巨大的推动作用。

公司＋农户模式主要是通过契约形式将企业与农牧户之间的责、权、利联结起来，以发挥产业一体化的功效。其基本特点有两点：一是各联合方经营的独立性；二是通过契约作为制度和法律保证，界定各利益主体之间的利益分配关系。

公司＋农户养兔模式以一个龙头企业为依托，联结千家万户的养兔生产，形成了养兔集中优势区域，有若干个具备一定饲养规模的养兔场（户）或养兔小区与龙头企业签订养殖订单。龙头企业提供产前、产中、产后服务，解决养兔户的种兔、技术、防疫、产品销售等问题，养兔户自行生产，自负盈亏。龙头企业不仅通过养兔自身得到发展，而且形成了跨区域生产经营的龙头，带动了周边老百姓养兔事业的发展。这类模式中的养兔户生产比较稳定，风险较小，效益明显，具有一定的发展空间。

参考资料：公司＋农户委托养殖合同（范文）

×××牧业合作社畜（禽）委托养殖合同

合同编号：_____

委托方（×××牧业合作社）：

养殖方（养户）：

委托方（×××牧业合作社，以下简称"合作社"）和养殖方（以下简称"养户"）在自愿、平等、互信和互利的基础上，经充分协商，就畜（禽）委托养殖事宜订立本合同。

一、委托养殖的约定

1. 双方坚持以优势互补、共享成果、共担风险的原则进行委托养殖。

2. 合作社负责技术指导，基础母羊、饲料等物料供应及销售环节的建立和管理。

3. 合作社为养户提供的基础母兔、饲料、药物、疫苗等物料，养户在饲养过程所管理的由合作社供应的基础母兔，均属于合作社财产，养户不能擅自处理。

4. 养户负责养殖的场地、设施和劳动力，以及到合作社指定地点领取物料、交付产品等所需要的费用。

5. 养户对合作社提供的各种物料和基础母羊有管理权，并负有管理责任。养户应按合同规定将委托养殖的畜禽交付合作社回收。

6. 如果出现重大疫情，政府对疫区进行封锁或重大自然灾害、战争、国家政策改变等不可抗力因素引起市场严重萎缩，销售无法进行，本合同可协商终止，互不追究对方的经济责任和损失。

二、委托养殖的畜禽名称、数量和保证金

1. 畜禽名称及品种：＿＿＿＿＿＿＿＿＿兔，以订单确认的品种为准。

2. 数量：合作社根据养户的栏舍面积、运动场及配套设施等情况，确定每批的饲养数量为×××只（头），其中种公兔×只（头），基础母兔×××只（头），具体以领养单为准。

3. 养户向合作社按每只兔＿＿＿元的标准交付保证金（按实际领养数量为标准计算）。保证金分两次交付，第一次在10月前交付总额的50%，第二次在次年的四月末前交齐剩余的50%。保证金既可用现金交付，也可用养户出产的羔羊按市场价折现抵付。

4. 从第二年开始养户向合作社按每年每只100元的标准交付服务费。

三、种畜、饲料、药物、疫苗等供应规定

1. 合作社向养户提供种畜＿＿＿＿只（头），数量及价格以合作社与养户在领养单确认的为结算依据。

2. 合作社向养户提供不同饲养阶段所需的合格饲料，数量及价格以养户到合作社领料时确定的为结算依据。

3. 合作社向养户提供各种合格的药物、疫苗，数量及价格以养户到合作社领取时确定的为结算依据。

4. 合作社向养户提供的其他物资：＿＿＿＿＿＿＿。
以上物资应符合国家法律法规和行业标准规定。

四、产品回收价格及结算方式

1. 产品回收标准及价格：
成年兔标准回收价为＿＿＿元/500克；

仔兔标准回收价为_____元/500克；

肉兔由双方另议回收方式和价格。

2. 合作社提供给养户的各种物料及畜禽回收价格，均为流程定价，与市场价格不具有可比性。合作社根据行业及市场变化情况，在结算时可对养户进行浮动补贴，或对已领取物资及畜禽产品回收价格调整（调高或调低对销）后，确保该畜禽产品的回收价上下浮动不超过10％，以确保养户利益的平稳。

3. 结算方式：双方同意采取以下第几种结算方式_____。

① 现金结算的，合作社应在结算后7个工作日内付给养户。

② 采用银行转账方式结算的，所有结算款应在产品交付后5个工作日内转账完毕。

五、交货时间、地点、运输方式和费用

1. 合作社应提前1天将回收上市清单通知养户；回收时间不得迟于委托养殖（即养户领养时）开始后的_____天，提前或超过回收期限5天，合作社按本合同第八条第1款承担违约责任。

2. 交货时间和地点：养户按上市通知单规定的时间将回收产品运送到合作社指定地点。

3. 运输方式及费用：由养户自行安排装运及承担相关费用。

六、合作社的权利和义务

1. 有权了解、指导和规范养户的各项饲养管理工作。

2. 按时、按量回收委托饲养的符合上市标准的畜禽，并及时支付结算款项。

3. 按时提供本合同第三条约定的物资及提供免费的养殖技术指导。

4. 经常征询和听取各方的意见，保证各项管理制度符合标准化管理要求以及利益分配的合理。

5. 合作社应承担技术事故风险或因市场波动所带来的经营风险。

6. 合作社应为养户饲养的畜禽购买农业保险，对养户因自然灾害或意外事故造成的损失可根据保险理赔酌情给予适当的补贴。

七、养户的权利和义务

1. 按合同规定及时获得合作社提供的各种物资、技术指导和养殖结算款。

2. 有权对合作社提供的物资的规格和质量进行审核，如有异议，可在合作社交付物资时提出，并督促合作社改进。

3. 养户应承担因自身管理失误、自然灾害、意外事故造成的损失。

4. 对合作社的服务态度和服务质量有监督的权利。

5. 提供符合合作社规范化饲养管理要求的场地、设施和劳动力。有权为其畜禽舍购买农业保险，合作社需配合养户办理相关手续。

6. 按照合作社的免疫程序进行免疫，未经合作社同意，不得使用其他饲料、疫苗及药物；严禁使用国家禁止使用的药品，对国家限制使用的药品要按规定使用，不得使用激素对产品进行催肥。

7. 根据实际情况认真做好畜禽饲养日记表，接受合作社技术管理员的定期检查。

八、违约责任

1. 合作社违反合同，拒收养户交付符合标准的畜禽，每拒收一只，赔偿养户＿＿＿＿＿元。

2. 因合作社提供的物资质量问题而导致养户发生损失，由合作社负责赔偿（具体物资质量问题及损失额大小以合作社与养户另行约定的标准为依据）。

3. 养户未按照合作社约定时间及质量提供畜禽的，合作社有权拒收。

4. 养户违反本合同第七条第6款的，合作社有权减拒收；对不按照第七条第6款规定使用药物，给合作社造成损失的，由养户负责赔偿。

5. 养户私自变卖合作社委托养殖的畜禽、私卖合作社提供的物资的，合作社有权要求养户进行赔偿，私自变卖畜禽的，按畜禽正品回收价的＿＿＿＿＿％赔偿合作社，私自变卖饲料的，除应支付全部饲料领用款外，每千克另行赔偿10元。

九、争议解决方式

本合同在履行过程中发生的争议由双方协商解决，如协商不成，可依法向合作社所在地的人民法院起诉。

十、合同期限

本合同有效期限为：自＿＿＿年＿＿＿月＿＿＿日至＿＿＿年＿＿＿月
＿＿＿日止。

十一、本合同自双方签字盖章之日起生效。

本合同未尽事宜，按照《合同法》等国家有关规定，经合同双
方协商，作出补充规定附后。本合同一式两份，合同双方各执
一份。

委托方：（签章）　　　　　养户：（签章）

委托代理人：＿＿＿＿＿　　委托代理人：＿＿＿＿＿

住所：＿＿＿＿＿＿＿　　　住所：＿＿＿＿＿＿＿

身份证：＿＿＿＿＿＿　　　身份证：＿＿＿＿＿＿

电话：＿＿＿＿＿＿＿　　　电话：＿＿＿＿＿＿＿

开户行：＿＿＿＿＿＿　　　开户行：＿＿＿＿＿＿

户名：＿＿＿＿＿＿＿　　　户名：＿＿＿＿＿＿＿

账号：＿＿＿＿＿＿＿　　　账号：＿＿＿＿＿＿＿

签订地点：＿＿＿＿＿　　　签订时间：＿＿＿＿＿

新闻链接 1：儋州 200 多农户贷款养兔　村民负债称被人骗了

人民网儋州 2 月 14 日电（记者毛雷）兔年春节的氛围还未散
去，海南儋州市东成镇的 200 多名农户却因家中饲养的"东坡玉
兔"愁白了头。在过去一年多的时间里，这些"玉兔"不仅没能使
他们发家致富，反而让他们背上了数万元的债务（进入本网《百姓
声音》查看村民求助原帖《莫让兔农在兔年里哭泣!》）。

养兔子不挣钱反而赔钱

2 月 13 日，记者赶到儋州市东成镇长茂新村了解养兔子的相
关情况。村民小李得知记者的来意后，带记者参观了自己的兔舍。

记者在小李的兔舍内看到，这种兔子的个头较一般兔子稍大，
但大部分的笼子都空着，只有少数笼子里面养着兔子。当记者问及
为何只有数量较少的兔子时，小李说，"现在我们这边都养厌了，
大家都不想养兔子了。"随后，记者便在兔舍外和小李聊起了当地
养兔子的事。

小李告诉记者，2009 年 10 月份左右，一家名为海南椰×农牧
有限公司（以下简称"椰×公司"）的企业来当地宣传饲养兔子的

项目，"当时宣传得很好，电视里也有广告，说是养兔子很挣钱。"小李说，由于当地的养殖业比较发达，不少人都通过养猪、养鸡等致富了，而且，该公司表示可以帮助他们取得银行的贷款作为启动资金，短时间内就可以回本，所以不少人就跟该公司签订了养殖合同。

"现在一年多时间过去了，凡是养兔子的人没有一个是挣钱的，大家唯一的区别就是赔多赔少的问题。"小李告诉记者，原本大家都将致富的希望寄托在这些兔子身上，但现实情况却是这些兔子让他们负债累累。

村民争相诉说遭遇

就在记者和小李聊天的时候，二三十名附近饲养兔子的村民陆续赶到记者身边，争相向记者诉说自己养兔子的遭遇。

村民李科任激动地告诉记者，2009 年底，他与椰×公司签订了东坡玉兔养殖合同，该公司帮助他在农业银行办理了 3 万元的小额贷款，但由于大部分款项要专款专用，李科任只拿到了 3000 元的现金。

随后，李科任自己花钱盖起了兔舍，从椰×公司那里购进了 50 只种兔（45 只母兔、5 只公兔）、20 只兔笼和一批药品、饲料等，总共花费了一万多元，这些钱都是从小额贷款支出。

"开始养兔时他们公司说兔子 3 个月就可以出栏，但实际要 4～5 个月才能出栏。"李科任说，不仅仅是出栏时间变长，由于该公司的技术人员力量有限，再加上自己饲养兔子的经验不足，母兔第一批生产的近 300 只小兔的存活率不足一半。"有些兔子养到两三斤的时候就死了，之前给它喂的饲料就白费了。"李科任说，自己饲养这些兔子一年多来，卖兔子得到的钱还没有买饲料的支出多。

一位村民跟记者算了一笔账：一只种兔生下来的小兔子在 300只左右，一般能存活 150 只，他们每天消耗 128 元的饲料，按 4 个月出栏计算，所需的饲料钱为 15360 元；而 150 只兔子按照每只2250 克重、每 500 克 10 元钱来算，卖出的钱仅为 6750 元。

村民称遭诈骗欲报警

在一份《海南椰×农牧有限公司东坡玉兔养殖合同》中记者看到，双方约定在自愿、平等、互惠和互利的基础上，经充分协商，通过小额信贷、政府贴息模式养殖东坡玉兔。公司负责技术指导、兔笼、种兔、饲料等物料供应及销售环节建立和管理；农户负责养殖场地设施和劳动力、前期兔舍、兔笼等所需费用。

农户利用小额信贷在公司购买种兔、饲料、药品、疫苗等物品，均属于养户财产，但不能擅自处理，待还清小额信贷后，由农户自行处理，公司有监管权；农户所饲养种兔及繁殖后代，出栏商品兔一律由公司收购，保护价为 8 元/500 克，收购价随行就市。合同还约定商品兔回收的标准为"2250 克左右的健康商品兔"。

针对合同中"养户有需求技术指导时，技术员在 48 小时内到场"的条款，众村民纷纷表示愤慨，"他们真正的技术员就只有一个，其他的全是一些技术助理，技术都不过关的。"村民陈伯仁说，由于没有得到很好的技术支持，自己家的兔子很容易生病死亡，尤其是在六七月份天气热的时候，兔子更是大批大批的死亡，让自己疼在心里。

"我们养兔子的有 200 多户，如果有一半养成功了，我们就承认是自身存在问题，但现在的情况是全部赔本了，我们就不得不怀疑是产品质量有问题了，甚至说海南岛这么热，到底适不适合养兔子，这都是问题。"一位村民说，由于小额信贷的钱花完了，现在公司要求他们自掏腰包购买 128 元一袋的饲料，而春节前，公司原本设立在东成镇的办事处也撤离了，这意味着村民彻底失去了技术支持，"现在兔子还在一天天的死亡，谁还敢继续花钱去买饲料啊？此外，大家也没有钱了。"一位村民说，他们现在感觉自己上当受骗了，现在有部分村民表示将向公安机关报警。

兔癣感染到养殖户

在采访中记者还发现，不少的养殖户及其家人身上，都被兔子传染到兔癣，村民李先生一家人基本上都感染上了兔癣，"身上很痒，治好之后皮肤上还留有一些难看的痕迹，这些都是从兔子身上传染过来的。"李先生说，最让自己难过的是，家中的老母亲和年幼的孩子也都因为进过兔舍而被传染上兔癣，这让自己很自责。

目前，椰×公司设立在东成镇的办事处已经撤离，记者拨打了村民提供的该公司负责人黄女士的电话，但该电话已启动全时通，随后，记者向该号码发送短信，表示希望深入了解此事，请黄女士看到短信后回电，但截至记者发稿时，仍未得到黄女士的回应。

人民网海南视窗将继续关注此事。

（2011 年 02 月 14 日）

新闻链接 2：为儋州两百"养兔户"担忧

养海狸、养蝎子、养蜗牛、养蚯蚓，种芦荟、种仙人掌、种速生林……近年来，海南发生过多起号召组织群体性种养事件，这些所谓的快速"致富路"无一例外均以"失败"告终，大批农户赔钱了，而那些事前号召的"公司"都赚钱了，而且赚得让人无话可说：谁让你们农民相信我们公司啊，又有谁说好了，做生意只能赚不赔的？

2 月 14 日，人民网海南视窗报道：儋州 200 多户农民贷款养兔，本来以为找到了发家致富的路子，但由于资金、技术无法跟上，当初的公司又撤离了，失去了支撑的农民无奈接受了赔本的事实，每人均背上沉重的债务，懊恼不已。由此，农户称当初公司的承诺和描绘的美好愿景没有实现，感觉上当受骗了，欲向公安机关报警。

这则新闻发布后，引起网友的关注，笔者建议农户可以马上向公安机关报案，否则就晚了。贷款 3 万元养兔，在农村不是小事，弄不好赔本不说，将极大影响农民以后的种养积极性，特别是像这样大面积向农户推广的产业，如果没有做好监督，就容易出乱子，且有可能变成"诈骗"案，到时亏惨的是农民，公司一撤，逃之夭夭。

儋州农户养兔，本来走的是致富路，但现在情况却完全不是这样，责任在谁？首先公司有责任，当初的承诺，为什么不兑现，农户没有技术养兔，公司撤了办事处又是什么样的举动？而且，当时的贷款手续是怎么样的，与银行是怎么签署的协议？里面有没有违法违规的地方？此外，海南这地方的气候，到底适合不适合养兔，特别是肉兔，有过调研吗？

养兔牵扯那么多农户，我们的政府部门在哪？事先是否知道此事？如果知道，事关农民切身利益的事情，平时是怎么监管的？如今出现了 200 多户养兔农民赔本叫苦，没有养兔技术支撑的被动局面，政府这个时候应该怎么办？是否也要承担责任呢？

农民和农村的利益无小事,我们在大谈特谈科技富农、种养富农的今天,也要谨防一些不法分子打着冠冕堂皇的旗号,到处集资,到处贷款,戴着伪面具行骗。

真为儋州的两百"养兔户"担忧,我们静待人民网海南视窗的后续报道。

(人民网海南视窗 2011年02月14日 评论员梁杉)

新闻链接3:儋州"农民养兔陷绝境"续 政府将召集各方协商

人民网儋州2月15日电(记者毛雷) 14日,人民网海南视窗报道了"儋州200多名农户贷款养兔陷入困境一事",引起了广大网友和儋州市委、市政府的高度关注,2月14日,儋州市相关部门及当事的海南椰×农牧有限公司相关负责人接受了记者的采访,向人民网海南视窗记者详细介绍了此事的相关情况。

养兔子系政府引进项目

海南椰×农牧有限公司相关负责人黄女士向记者讲述了饲养东坡玉兔这一项目进入儋州的来龙去脉。黄女士称,自己从2000年就开始在海南养兔,积累了不少的养兔技术和经验。2009年,在儋州市相关部门的牵线搭桥之下,她开始在儋州采取"公司+农户+银行+财政"的模式发展养兔业。

黄女士说,当初的设想是公司将少资金、缺技术、有养殖热情的农户组成统一体,公司承担市场风险,农户只承担饲养风险。

"我们帮助农户在银行取得了3万元的小额信贷,还争取到了政府贴息,然后等农户养兔之后再给我们收购。"黄女士说,农户卖兔子的所得采取4:3:3进行分成,即40%作为农户的流动资金采用现金的方式发放到农户手中,30%专款专用,作为农户购买饲料的资金,剩余的30%用于偿还银行的小额贷款。

公司称农户存在违约行为

"刚开始我们和农户的合作很顺利,但后来我们发现,有农户违反合同规定,私自将兔子拿到市场上去卖。"黄女士告诉记者,一开始众农户养兔的积极性很高,由于公司的收购价高于市场价,所以他们给公司送兔子的积极性也很高,一般都是将兔子全部送给公司收购。

黄女士说，2010 年 9 月份时，因为大多数农户的兔子养得比较好，兔子数量比较多，而不少农户用于购买饲料的小额信贷资金已经用完，为了不让农户的兔子"断粮"，她决定将饲料赊欠给这些农户，即这些农户只要登记姓名和数量，就可以在公司领取饲料。"当时我想兔子既然养得不错，到时候他们卖了兔子就可以给我还钱了，但我绝对想不到后面会发生那样的事。"

2010 年 11 月份，黄女士收到了一条来自一位农户的短信，称有部分村民违反合同私自将兔子拿到市场上去卖，"因为合同明文规定，兔子只能给公司收购，不能私自拿到市场上去卖，如果被发现的话，公司有权对农户进行罚款。"黄女士说，她收到这条信息之后，就开始留意兔子的收购量，发现 11 月份的收购量确实减少了很多。

"发现这一问题后，我就给这些农户发通知，告诉私自卖兔是违约行为，希望他们停止这样的行为。"黄女士说，令她始料不及的是，通知发下去之后，私自卖兔的行为反而更加严重了，"一开始他们还是交给公司 80 只，自己卖 20 只，但后来因为市场上兔子特别好卖，他们就交给公司 20 只，自己到市场上卖 80 只。"

农户拖欠公司饲料款？

既然兔子的市场价低于公司的收购价，为何农民还要将兔子贱价拿到市场上去销售呢？

黄女士表示，虽然公司的收购价略高于市场价，但如果将兔子交给公司，农户只能拿到 40% 的现款，剩余的钱要用来还饲料钱和银行贷款，但如果拿到市场上去卖的话，就算价格低了一些，但拿到手中的现款也会多很多。

农户私自卖兔的行为多了，公司收购上来的兔子就少很多，这直接影响了公司的正常收益，再加上从 2010 年 9 月份起到 2011 年 1 月份，众农户在公司赊欠饲料的数额已经达到 99 万多元，所以黄女士决定，自 2011 年 1 月 22 日起，停止向农户赊饲料，如果养殖户需要饲料，则要用现金或者刷卡的方式购买，这激起了众多农户的强烈不满，而这也正是双方矛盾的焦点。

"因为农户不把兔子交给我们，再加上欠了那么多的饲料款，我们实在是没有钱再继续给他们赊饲料了。"黄女士说。

目前，为了不让农户的兔子"断粮"，黄女士在东成镇找了一名私人老板，采取代销的方式，向众农户提供饲料。

相关部门：将积极协调各方解决此事

2月14日，儋州市畜牧兽医局和东成镇相关领导在接受记者采访时表示，确实存在部分养殖户私自卖兔的现象，但由于养殖户数量众多，对这一块的监管很难，"如果养殖户想私自卖兔子的话，他半夜都可以拉出去卖，这样就很难监管了。"东成镇相关负责人说，针对这一情况，他们多次对养殖户进行宣传教育，希望养殖户按合同办事，将兔子交给公司。

"从长远考虑，按照合同办事肯定是对各方都有好处的。"东成镇相关负责人说。

儋州市畜牧兽医局相关负责人告诉记者，儋州市的主要领导都很重视此事，而政府职能部门在处理此事方面，也做了不少的协调工作。

下一步，儋州市相关部门将召集公司、农户、银行等各方代表一起，召开座谈会进一步协调解决此事，以期寻找到一个妥善解决问题的方法。

人民网海南视窗将继续关注此事进展。

（人民网　2011年02月15日）

新闻链接4：咸安獭兔养殖户陷入两难境地

（农村新报讯）　政府按"公司＋基地＋农户"的模式扶持农户养殖獭兔，可养殖户如今却陷入两难境地。"实在坚持不下去了，越养越穷，以前一起养獭兔的都转产了。"3月22日，在咸宁市咸安区官埠乡张公庙村的獭兔养殖基地，农户赵利敏望着愈来愈少的商品兔一脸忧愁，养兔3年，她不赚反亏。

赵利敏家住咸安区横沟镇凉亭垴村。2008年，金月獭兔养殖公司由政府牵线搭台，以扶贫的形式帮助农民养兔。由公司免费提供种兔、技术，包回收兔子。经过一系列申报手续，赵利敏成为公司的第一批发展对象，免费领取了50只种兔，养起獭兔。

第一年赵利敏繁殖了500多只商品兔，但当年除死亡的兔子仅剩100多只，她本想放弃养殖，但公司称基地有空余的兔房，技术人员也方便上门指导。赵利敏便从家乡迁到公司的养殖基地，租了两栋兔房。

从去年 5 月开始，养殖户的獭兔开始染病死亡，赵利敏家的兔子从 7 月份开始也不断染病，"公司只有一个技术员，她过来看过，说是卫生没搞好，后来又说是密度大了。"到去年冬季，一天就要死几十只兔子，赵利敏撑不住了。"另两家农户死了几百只兔子，我家死了 500 多只。每天去埋兔子心里不是滋味。"

赵利敏称，当时迁到基地养殖，想着能随时随地得到技术指导，没想到公司仅有的一名技术员是小学教师转行而来，查不出病因，也不知该如何治疗，只能眼睁睁看着兔子大量死亡。

"兔子死亡原因主要是农户消毒工作没做好。"金月獭兔养殖公司技术员黄秀云告诉记者，兔房事先要用生石灰消毒，但农户很少做到，有的农户一个月不消毒，导致兔子细菌感染。兔子染病后，他们事先没告知公司，自己乱用药，等公司发现时治疗也来不及了。

而农户对此说法予以否认，"消毒都是一个星期消毒一次，逢下雨室内就用生石灰，我们都是按公司要求做的。"赵利敏称，农民挣点钱不容易，谁会把自己家里的东西不当数呢？

咸安区科技局相关负责人称，金月獭兔养殖公司是科技部门扶持的企业，参与的农户都由政府免费提供 50 只种兔，最开始有 100 多户养殖户参与，现在仅剩几十户，大部分养殖户转产。

而让农户挺不下去的真正原因是不赚钱。养殖户曾州告诉记者，獭兔养不下去，一是价格低迷，他从 2009 年开始养殖，2.5 千克重的兔子价格一直是每只 50 元，除掉成本，每只仅赚 10 元。公司规定饲料都从公司购买，成本开销也大。二是兔子死亡太厉害，这两年陆续死了 1000 多只兔子，而公司却没办法控制病情。"越喂越穷，这几年搭进去的人工和饲料成本都没赚回来。"曾州称，剩余的 200 余只兔子卖掉后，他也准备转产不做了。

（农村新报 2012 年 04 月 28 日 记者刘卫）

新闻点评：尽管公司＋农户养兔模式成功的事例很多，但是，这里我们没有选择成功的例子。而是选择公司＋农户养兔失败的例子，这些例子非常有代表性，反映出公司＋农户养兔中不能回避的现实，基本上把公司＋农户养兔模式中容易出现问题的方面都表现出来了，值得投资者注意。

公司应该具备什么样的经营实力？追逐利润本没有错。但是，实现公司和养兔户的共赢，才是大家希望的。我们看到以上的两家公司，从新闻中只能看出是卖种兔和卖饲料的，公司的技术服务不到位，技术人员不专业，出现问题推诿。

所以，我们这里提醒准备要采取公司＋农户养兔模式的养兔户，在决定同哪个公司合作时，一定要擦亮眼睛，详细考察公司是否具备实力，避免遭受损失。

四、养兔小区模式

养兔小区是一种新型的畜牧业生产组织形式，是在一定区域范围内，按照集约化养殖要求而建立的有一定规模、管理规范、相对统一的家兔饲养专一区域。养殖小区是现代畜牧业发展的重要标志，也是传统畜牧业向现代畜牧业转变的必然趋势，养兔小区按照品种优良化、管理科学化、免疫程序化、设施规范化、产品安全化、养殖专业化的标准建设，是适应畜牧业发展的需要，由分散过渡到集中，由小规模散养过渡到规模化集中饲养。养兔小区的建设不仅有利于优化畜牧业生产区域布局，提高兔产品质量和安全水平，改善生产、生活环境，降低生产成本，增加农民收入，而且有利于提高兔产品的市场竞争力，加快养兔业现代化建设步伐，实现养兔业的可持续发展。

养兔小区建在养兔优势区域或兔产品加工厂周边，通常由个人投资或者政府扶持，按照小区建设标准建设标准化的兔舍。

养殖小区是一种统分结合的新型畜禽养殖模式。"统"就是统一规划设计、统一卫生防疫、统一养殖品种、统一技术服务、统一饲料供应、统一污物治理、统一产品销售。"分"就是畜禽产权归农户所有，由农户自主养殖管理。

已经建立的养殖小区管理还存在一些问题需要解决，主要是防疫不同步、资金不足等问题。

新闻链接：自贡古文镇养兔小区助农致富

自贡日报讯（特约记者张勇）今年4月以来，荣县古文镇围绕养兔这个支柱产业，重点在李子村建设养兔小区，发展小区养殖户60余户，年出栏肉兔6000余只，以此带动全镇养兔业的发展，使全镇肉兔年出栏 50 余万只。

日前，记者走进古文镇李子村养兔小区里，看到家家户户的养殖场里都整洁地并列着一排排兔笼，上面挂满了兔牌，兔牌上详细记录了每只兔子的生长情况。村民郑淑华高兴地告诉记者："镇政府不但从资金上给予我们帮扶，从技术上给予指导，还从销售上给我们牵线搭桥。今年已出栏了 200 余只肉兔，纯收入有 2000 余元。"

据了解，古文镇拥有丰富的草料资源，有退耕还林 3700 亩（1 亩＝667 平方米），并成立了年出栏肉兔 30 余万只的绿源兔业专业合作社，并注册了"山妹"牌商标。今年，古文镇以绿源兔业专业合作社为依托，走"合作社＋基地＋养殖户"的路子，重点打造李子村养兔小区，实行标准化建设、专业化管理和公司化运作的模式，做到统一圈舍标准、统一肉兔品种源、统一饲养技术和统一品牌销售；镇政府还对小区养殖户实行每户 500 元的建设补贴。

（自贡日报 2009 年 08 月 19 日）

五、养兔专业合作社模式

农民专业合作社是我国特有的合作社的一种，按照《中华人民共和国农民专业合作社法》的规定成立。农民专业合作社是指在农村家庭承包经营的基础上，同类农产品的生产经营者或者同类农业生产经营服务的提供者、利用者，自愿联合、民主管理的互助性经济组织。其成员以农民为主体。

农民专业合作社以其成员为主要服务对象，以服务成员为宗旨，谋求全体成员的共同利益。提供农业生产资料的购买，农产品的销售、加工、运输、贮藏以及与农业生产经营有关的技术、信息等服务。成员入社自愿，退社自由，地位平等，民主管理，实行自主经营，自负盈亏，利益共享，风险共担，盈余主要按照成员与本社的交易量（额）比例返还。

农民专业合作社与以公司法人为代表的企业法人一样，是独立的市场经济主体，具有法人资格，享有生产经营自主权，受法律保护，任何单位和个人都不得侵犯其合法权益。

农民专业合作社具有以下特点：一是不改变农民最敏感的土地

承包关系，不改变农户自主经营权；二是专业性强，大多以专业生产为基础；三是以服务为宗旨；四是民主管理，入退自由；五是经营方式灵活多样，独立自主；六是实行盈余返还，与农户风险共担，利益共享。

养兔专业合作社是农民专业合作社的一种。在解决成员养兔过程中的引进良种和品种改良、饲养管理技术、饲料供应、防疫、散养户养难卖难等问题上起到很大作用。

但是也有的养兔专业合作社是一些养殖大户为获得政府财政支持而挂牌成立的，其组织程度仍然比较松散，履行的合作社职能较少。

新闻链接1：河北老武依靠村合作社走上养兔致富路

"我养兔快一年了，基础母兔从20只发展到70多只，兔存栏达到了200多只，到现在怎么也赚了一万多元。这全靠加入了合作社啊！"记者近日采访河北省内丘县四里铺村养殖户老武时，他高兴地介绍着加入晟霖绿洲兔业养殖专业合作社后的发展和收益。如今，依靠这个合作社走上致富路的养殖户已有上百户。

内丘晟霖绿洲合作社成立于2008年3月，是由东文孝村养兔大户张国庆牵头组织起来的。张国庆从事兔子养殖已有20多年的历史，熟悉养殖、防疫、饲料加工等全套技术，自己的兔场引进了塞北兔、中黄兔、獭兔等10多个品种，规模已达到3000多只，并注册了绿洲兔业发展公司。

身为合作社理事长的张国庆给记者算了这样一笔账："一只基础母兔，年可产商品兔40只，按这两年的行情来说，一只商品兔最低净赚10元，40只商品兔就是400多元。"在他的带领下，上百户养殖户走上正规化养殖路，遍及该县所有乡镇，基础母兔养殖规模发展到上万只，直接增收400多万元。

新闻链接2：义马新区引领传统獭兔养殖 打造产业高端航母

从义马市新区办事处沿310国道向东大约2.5公里，到卅铺社区东水库大坝，远远映入眼帘的垂柳掩映下的一排整洁房舍，就是慕名已久的新区牧禽业农民专业合作社。

义马市新区牧禽业农民专业合作社是集畜牧业开发、种兔繁育、养殖、商品獭兔回收、生产加工、产品销售、牧草种植、畜牧信息服务及技术推广于一体的豫西地区最大的獭兔养殖专业合作社。该社自 2008 年成立以来，以肉食品加工为龙头，实行"公司＋基地＋农户"的经营模式，采用"统一放种、统一饲养管理、统一饲料、统一疫病防治、统一回收加工"等措施，进行獭兔的无公害标准化生产，现已发展成为占地面积 150 余亩，总资产 2000 余万元，拥有员工 108 人，其中中高级职称 9 人，大专以上学历 34 人的省级獭兔养殖龙头企业。

2012 年，新区牧禽业农民专业合作社积极应对獭兔养殖行业发展趋势，以解决养殖户实际需求为己任，以服务求效益，以服务促发展，取得了良好的经济和社会效益。

一是以普及现代科学养殖技术为己任，先后聘请河南科技大学和省畜牧局专家教授为养殖户举办养殖技术培训班 2 期，培训人员 120 余人次，开展兽医技术咨询服务 200 例。二是以切实搞好防疫为己任，为合作社养殖户统一购疫苗、兽药，保证合作社养殖户使用货真价实的防疫药品，有效降低了防疫成本。三是以降低饲料成本为己任，由合作社采用集约化大单合同订购方式，统一组织采购玉米、麸皮、豆粕、草粉等原料，最大限度地为合作社养殖户提供质优价廉的饲料原料；同时与河南三星科技饲料公司达成协议，为合作社养殖户赊销饲料，在有效降低养殖预混料成本的同时，适度减少了养殖户流动资金的投入。四是以有效保护合作社养殖户利益为己任，对入社成员养成的商品獭兔，由合作社统一负责收购，2012 年共收购养殖户獭兔 20 余万只，使每户收益均达 2.6 万元以上。五是以转型发展为己任，组织合作社养殖户到外地参观学习，开阔视野，促使本地獭兔养殖业向规模化、专业化、纵深方向发展。2012 年，合作社新发展养殖户 54 家，专业养殖户由原来的 106 家增加到 160 家。累计发放种兔（美系＋法系）15000 余只。年出栏商品獭兔 30 万余只，现存栏 5 万余只。新投资 80 余万元，购置了肉食品加工设备，年加工能力 30 余万只。使本社养殖出栏的獭兔，经过屠宰、分割、加工熟食品，分别向市场提供兔皮、兔肉食品 2 大产品，年生产总值 3900 余万元，完成利税 1500 余万元。特别是公司研制"鸿庆"牌和"金地"牌的麻辣兔肉、五香兔肉、香辣兔肉、香辣兔头、香辣兔脊肉、香辣兔腿、五香兔腿等系列产品荣获第十届中国兔肉节兔肉美食评比金奖，其产品以其独特的风味和一流的质量，远销全国二十多个省、市，深受广大消费者欢迎。

一分耕耘，一分收获。通过多年来的实践与探索，义马市新区牧禽业农民专业合作社已逐步形成了以獭兔养殖、饲料加工、肉食品加工、皮革制衣等为终端的产业链条，成为豫西地区最大的獭兔养殖专业合作社。2009年被河南省兔业协会评定为"常务理事单位"，理事长张新铭在2010年河南省兔业协会第一届三次常务理事会议上当选为河南省兔业协会副会长，养殖基地被评选为河南省养兔企业特大型獭兔养殖单位，2011年、2012年连续两年被三门峡市委、三门峡人民政府命名为三门峡市"农民专业合作社示范社"，被河南省科技厅命名为省级"科普示范基地"。

（河南电台新闻广播　2013年04月07日　记者崔军廷　通讯员李双伟）

六、种兔场

种畜禽场承担保护畜禽品种资源、培育及提供良种、开发新品种和新技术推广的任务。以繁育优良畜禽为主，积极开展多种经营，实行自主经营，独立核算。这类场要求技术力量较高，要有专业技术人员，兔舍等设施投入较大，产生的经济效果也较高。

种兔场一直以来承担着国外优良品种兔的引进、扩繁和国内地方良种兔的保种、选育等工作，是国内良种兔的最主要来源渠道。一般有原种场和种兔场，原种场按照家系繁育的方法培育纯种兔，负责向全国各地提供完全符合要求的优良种兔；种兔场是在养兔比较集中的县、市建立的具有一定规模的兔场，其任务是有原种场选购数个品种的种兔进行纯种繁育，生产纯种兔，供应商品兔场或养兔户。

目前国有种兔场均已转为企业或企业化管理，也有一些企业和个人按照《种畜禽管理条例》和《种畜禽管理条例实施细则》等法律法规的规定取得了《种畜禽生产经营许可证》，出资成立了种兔场。但是，受市场调节的影响，短期行为较多，而缺乏长期的繁育规划，重引种，轻选育，引进品种往往流于炒种或若干年后即退化重新引种，而育种工作只有少数有实力的企业或在科研单位及国家课题资金支持下，在少数种兔场进行。

新闻链接：重庆市梁平县　打工仔成肉兔养殖大户和致富带头人

"他以前是一名地地道道普通的农民，2010年返乡后创业，不仅创办了自己的养兔场，而且还带动全镇600余户村民养兔致富。"梁平县袁驿镇清顺村支部书记邹正金介绍道。日前，笔者在邹正金的带领下采访了杨贤仁和他创办的种兔场。

在外打工终究不是办法，回乡创业才是他的愿望

在梁平县父母代种兔场，今年30岁的杨贤仁告诉笔者，16岁高中毕业后，他就到福建、广东去打工，从事建筑行业。打工时间长了，他觉得在外打工虽挣到了钱，却无法照顾老人和孩子。据了解，杨贤仁的小孩在家里一直是爷爷奶奶带着，而他的父母已经年老多病。杨贤仁非常担心家里人的身体健康，这时他的心里就有了返乡创业的想法。

2010年上半年，他听到了家乡的"农户万元增收政策"，听说镇政府在大力扶持农户发展种养殖业，给予返乡创业的农民工优厚的政策。他把创业的想法告诉了他的妻子，他的妻子支持他返乡创业。

选择肉兔养殖项目，源于他对肉兔行情的看好

返乡后，他就着急搞什么项目，他找到了镇政府农业服务中心主任黄平。"养兔投入少、见效快、收益高，种兔30天可以产一次仔，仔兔50天可以长成七八斤重的商品兔。"农业服务中心主任黄平耐心地告诉他。黄平还承诺为他联系好种兔引进，并帮他联系好到成都学习肉兔养殖技术。

就这样，他和他的家人在袁驿镇政府的帮助下，于2010年8月筹资160万余元，创办了占地16亩的种兔场。

据了解，他从成都任旭平兔业有限公司引进优良种兔1200只。2011年第一批5万只商品兔一出栏，就直销重庆、成都等市场。

"去年的5万只商品兔，每只赢利10元左右，实现毛收入50多万元，我对养兔前景看好。"杨贤仁充满信心告诉笔者。

目前，他的种兔场共存栏种兔1200余只、商品兔7000只。已实现了产销一体化，他采取"种兔场＋农户"的模式，带动600户农户走上了养殖肉兔致富的行列。

"我们将进一步引导种兔场做大做强，走科学化、专业化、规模化的产业发展之路，让更多农户通过养殖肉兔，走上小康道路。"该镇镇长郑权介绍道。

"目前市场行情好，无论是商品兔和种兔都供不应求，主城、成都、万州的商贩都上门来购买。"杨贤仁高兴地说。

（华龙网　2013年03月20日　通讯员李晓刚）

七、养兔专业户

养兔专业户是目前我国养兔的主要经营模式。是以家庭成员为主，利用纯种兔进行品种间杂交，生产大批体质健壮、生长速度快、适应性好、抗病能力强的杂交后代，以肉、皮、毛等产品供应市场需求。有一定的养兔技术，以养兔为主业，其养兔收入在家庭总收入中占有重要位置。出栏的兔除少数自己留种外，大多为社会提供商品，因规模、技术的差别，产生的效益也不等，一般规模饲养比零星饲养效益提高1倍以上。

在发展养兔生产中，应根据自身的实际情况选择适宜的饲养规模和饲养方式，才能达到好的效果。

新闻链接：红岩寺镇养兔专业户张雁艰苦创业故事

谈起为什么选择养兔，红岩寺镇大面坡村六组张雁告诉我们，他从湖北青年经济学校毕业后，在广东、新疆、河南等地打过工，最后在深圳一家公司做到了外人羡慕的中层白领，工资也有6000多元。在平时的应酬中，他发现在餐桌上，兔肉非常抢手，一只兔子的价格卖到了400元以上，而成本才几十元。他认为，养猪价格波动大，养羊植被破坏严重，养鸡产生的氮气量大，空气污染严重。最后，他决定养殖兔子。2010年6月，张雁终于在自家房子边修建起了一次可以养殖1000多只兔子的养殖场。当年，他的兔子就销售了4000多只，收入了5万多元。今年，为了进一步扩大规模，张雁筹集资金28万元，新建了占地1300多平方米的标准化养殖场，每次可以喂养兔子8000只，这样年可以养殖兔子4万多只。

谈起未来，张雁告诉我们，最想的是带动当地其他老百姓共同养兔致富，最终在形成一定规模之后建立一条食品生产线，加工兔肉速食品，拓展产业链，走产—供—销一体化道路，增加产品附加值。我们从张雁眼中看到的是铁石一样的坚毅。

（建始网 2012年05月03日 作者佚名）

第三节 养兔方式

一、笼养

笼养兔是种兔场、养兔专业户和规模化养兔场普遍采用的饲养方式，笼子由水泥预制板、瓷砖、铁网、砖、木板条、竹子等材料制成，多建成固定式，规格不统一，往往根据养殖者经验或参考其他养兔场规格样式搭设。

兔笼的式样可建成单层双联兔笼，在室内外均可搬动使用，适合少量饲养。

双层双联式兔笼比单层利用率高，室内外均可搬动使用。

三层多联式兔笼更能充分利用地面，适合饲养量较大的养兔场（户）采用。

笼养的优点是能经济利用土地，饲养管理方便，能及时观察家兔的神态和食欲。对毛用兔更为适宜，可防止被毛污染，有利于提高兔毛品质，是养兔发达国家和地区普遍采用的养兔方法，也是规模化、集约化养兔的主要方式。在养兔发达的国家，目前有设计科学合理的笼具可供我们借鉴。

缺点是投资大。由于单位面积内饲养的兔数量增加，管理跟不上容易出现兔舍环境质量下降的情况，从而导致兔患疾病，需要养殖者加强环境调控。

新闻链接：上虞一养殖户养兔致富窍门多　光卖兔粪就年入3万

浙江在线7月11日讯　一张獭兔的毛皮收购价为50余元，一千克长毛兔的兔毛价值220元左右，光卖兔子的粪便养殖户一年都有3万余元的收入。近日，地处上虞市谢塘镇建塘村的立体养兔场内，养兔专业户杨建林一边给兔子添加饲料，一边向记者算他的收益账。

从卖服装到养兔子

今年40岁出头的杨建林曾在杭州做服装生意。儿子出生后，为了方便照顾，他极力想寻找一份在家附近的工作。就在杨建林一筹莫展的时候，一位养殖能手依靠养殖兔子发家的事引起了他的兴趣。

"投资少，繁殖周期短，两个月就可出栏，比养猪、养牛可轻松多了。"杨建林说，上虞谢塘镇周边的农村种植着不少黄豆和玉米，豆秆、豆壳和玉米叶都可作兔子的饲料，养殖兔子肯定会有很大的发展空间。

杨建林在拜访了多位兔子养殖能手之后，坚定了养兔的决心。2003年，由于资金不够充裕，他先在屋子四周搭起了几间简易的养殖房，引进了300只獭兔。时隔1年，杨建林的养兔技术愈加熟练，信心十足的他开始着手扩建养殖区面积。2004年，他筹资20余万元买回了饲料颗粒机、粉碎机、自动饮水机，修建了一个百余平方米的兔舍。之后3年，规模不断扩大。在投入上百万元后，建起了一个有4排长40米立体兔笼的饲养场，每排建有3层，目前拥有近4000个兔笼。

从"全军覆没"中挺了过来

杨建林的养殖之路并非一帆风顺。

2004年，就在杨建林扩建完兔舍、期待着兔子卖个好价钱时，一场突如其来的瘟疫让他的1000余只刚要出栏的兔子"全军覆没"。杨建林回忆说，经验不足、不能提早防疫是导致这次"全军覆没"的主要原因。

"前一天还活蹦乱跳的兔子，到了第2天早上去喂食时就无精打采。"杨建林说，那时他就怀疑兔子生病了，赶忙请来兽医医治，但于事无补。短短3天，杨建林所养的兔子全部死亡，损失达10万余元。

"那时候心里真的有点慌乱了，但是没办法，已经投入了那么多资金，只能硬着头皮继续养殖。"杨建林告诉记者，2005年，他又重新采购一批种兔，继续养殖。

"兔子易生各种病，防不胜防，尤其是梅雨季节，断奶不到一个月的小兔子更易染上球虫病。"渐渐地，他掌握了兔子的生活习性，也积累了经验。现在杨建林讲起养兔，已俨然是一个专家。梅雨季节是兔子发病死亡率最高的时候，但现在杨建林养兔场的兔子每年此时都安然无恙。

兔子住进"单身公寓"

杨建林很好学。

"我的很多养兔知识、新技术都是从同行那里学到的。"杨建林说，同行间常常交流养殖经验，他还因此设计出了整洁卫生的兔笼。

走进杨建林的立体养兔场，闻不到一丝臭味，原来杨建林给每只兔笼设计了一个"独立卫生间"，让每只兔子都住进了"单身公寓"。其方法也十分简单，让兔笼高出下一层10厘米，兔子粪便就能顺势落在兔笼外。这样，兔子的屎尿不会污染笼子，而且上层与下层之间互不相接。

为了便于清理，杨建林还在堆放兔粪的一层上设计了坡面。此外，他巧妙地给每只兔笼安装了一只自来水龙头，兔子喝水时，只要嘴一吸吮到水龙头，水就徐徐流进嘴中，等水喝够了离开，龙头就会自动关闭。

（浙江在线　2012年07月11日）

二、放养

放养就是把兔长期放在野外饲养，通常选择山地、林地、坡地均可，在圈养地四周砌围墙，在围墙内四周栽树，蔽荫，地面种上牧草，场地中央，用土堆成小丘，再用砖砌成各式各样的兔穴，供兔栖息。场内再搭一座短草棚，供兔避雨，棚内放置食槽、水盆及草架，牧草不足时饲喂。公母放养比例为1∶（8～10）。还可以将整个放养场地用栅栏隔起来，变为若干个小的单元，将公、母兔按比例或整窝兔固定在一个小单元内饲养。

利用山坡地放养的可以在山坡上挖若干个洞。挖洞最好选择向阳坡，洞深120～150厘米，宽100厘米，高80厘米；洞门高60厘米，宽40厘米。两洞之间相隔30厘米，每个洞门要安装能开关的活动门，门外建运动场，用栅栏隔起来。根据山坡形状可以建成双层或三层洞饲。

111

放养的兔以适应性强、抗病力强的肉用兔最为适宜，也适用于饲养皮、肉兼用商品兔、怀孕母兔、哺乳兔等。

　　优点是符合兔的生物习性、易于管理、节省劳动力、兔群繁殖快、生长迅速。缺点是交配无法控制、咬斗无法制止、传染病易蔓延、品种易退化，毛用兔的被毛易被泥土污染，多雨地区管理不便。对于洞里产仔，由于母兔产仔于洞的深处，难以检查和管理。还要时刻注意防止鹰、野兽和老鼠对兔的侵害。

　　新闻链接："80 后"蒋粆粆的养兔致富路

　　青山环绕，绿树荫荫，一派迷人的田园风光里，不时闪动着一群小兔子轻巧灵动的身影。虽然烈日正毒，这群可爱的兔子们在主人的带领下，正悠闲地啃食着青草，互相追逐着嬉戏。在主人看来，这群兔子不是普通的兔子，而是她的宝贝、她的梦想。

　　这是一个年轻的"80 后"女生。年仅 24 岁的她，却是拥有 6 年养兔经验的养兔专家。她的另一个身份即为中江县粆粆商品兔养殖专业合作社理事长。尽管只是一名高中毕业生，但她却拥有着让同龄人汗颜的一些荣誉：2006 年"中江县首届农民拔尖人才奖"，2007 年"四川省农村青年增收成才青年科技兴农带头人"，2007 年"四川省第六届劳动模范"，2008 年中江县第四届"十大杰出青年"，2009 年中江县"双学双比"女能人……

创业路上与兔相伴

　　眼前的这个女孩，有一个让人难忘的名字——蒋粆粆。她晒得有点黑，喜欢笑，对人诚恳、热情。因为长期与兔相伴，她还热爱与兔子相关的一切东西。站在干净整洁的兔舍前，蒋粆粆和她身边的兔子和谐融洽，构成田野里一道美丽的风景。

　　蒋粆粆的家乡中江县永兴镇是传统农业大镇，自然生态环境良好，适合发展养殖业。高中毕业后，蒋粆粆就萌发了养兔子创业的想法。这一想法，与有 20 多年养兔经验的母亲不谋而合。两母女携起手来，走上了创业养兔的道路。开始的过程尽管十分辛苦，但是蒋粆粆不仅拥有"80 后"敢为人先的胆识，还拥有"80 后"难得的坚韧。几年时间里，她坚持按照自己的想法养殖兔子，并不断扩大养殖规模，短短几年时间使自己的养殖场收到很好的效益。目前，养殖场地已经达 30 多亩，成品兔达 3000 多只，年收入达 200

多万元。

　　"养兔是一种'投资少、周期短、见效快'的现代畜牧业优选项目。只要你能充分了解兔子本身的习性，了解兔子在生长过程中每个阶段应该注意的事项，能吃苦，舍得花费时间与精力，人人都能成为养兔专家！"说起养兔子的经验与心得，蒋敉敉露出了灿烂的笑脸。

不一般的"跑山兔"

　　享受到了成功的喜悦，蒋敉敉没有就此停下发展的脚步。喜欢学习的她了解到外省一种新的养殖方法——跑山兔，于是，她立马说干就干，将跑山兔引进到自己的养殖场里。"跑山兔，就是把家兔当成野兔养。"

　　蒋敉敉带记者前往查看最新开发出来的"跑山兔"养殖场。开阔的田地里，上千只各种颜色的兔子活蹦乱跳，给人感觉仿佛走进了一家野生动物园。蒋敉敉告诉记者，一般传统养兔都是在养殖场、养殖棚或者农家院子，称之为"笼养兔"。而将兔子进行放养，其实有很多优点，可以加大兔子的活动，让兔子在生长过程中增强机体抵抗力，减少疾病发生，提高仔兔成活率，兔肉更鲜嫩紧实；不需要建立兔舍和购买饲料，大大节约养兔成本。为了让兔子真正实现放养，蒋敉敉还将养殖场模拟打造成真的野生环境。考虑到兔子喜欢钻洞的习性，她专门请人制作出水泥管道，让兔子能在管道中生活、生产，有效提高了仔兔的存活率。

　　"其实，跑山兔的生长周期为120天，比笼养兔时间长了一倍。但管理比笼养兔还简单，不需要每天按时喂食，不需要每天查看情况。以前笼养兔时，我们需要4个人才能管理妥当，现在呢，只需要我和我妈两人就搞定这1000多只兔子了。成本降低了，利润自然就高了嘛。"

　　在和蒋敉敉的交流中，记者还获悉了一个信息：跑山兔养殖利润高、见效快，也让蒋敉敉思索出下一轮的发展思路，就是建立种植果树、养兔的立体种养。"我打算在这一片跑山兔养殖场上栽种果树，在放养兔子的过程中，兔子可以吃掉果园的杂草，同时兔粪可以当做肥料，促进果树生长。果兔循环发展，达到双增收。"

113

以兔为媒共奔致富路

天然放养的跑山兔凭借肉质鲜嫩细腻、口感丰富、营养价值更高的优势，受到广大客户的欢迎。如今，蒋救救已经拥有了固定的销售渠道，每个月成都、德阳、绵阳等地的客户都会亲自到蒋救救的养殖场收购成兔。据了解，如今跑山兔的价格可卖到每500克25～30元，比起笼养兔每500克9～10元的价格高出了将近3倍。蒋救救给记者算了一笔账："一只跑山兔算2千克，差不多就是100元，目前我卖出的第一批有500只左右，利润约在5万元。由于养殖成本有所降低，所以纯利润相对就比较高。我觉得跑山兔是一个值得投资的项目。"

近期，永兴镇提出"农业为基、商贸为翼、统筹发展、争创一流"的发展口号，以建设"生态永兴、和谐永兴"为目标。永兴镇党委将蒋救救的跑山兔项目作为重点扶持项目扶持推广，蒋救救也从养殖大户转变成了中江县救救商品兔养殖专业合作社的理事长，作用是通过传授技术、提供服务等方式带领周边乡亲一起养兔致富。

记者在合作社进门的墙壁上看到了合作社的3年发展规划及预计产生的效益：预计在2010年发展170户，产值160万元；2011年，发展550户以上，产值550万元以上；2012年发展1100户，实现产值900万元以上。

"以兔为媒，一起奔向致富路。"蒋救救是这么说的，也是这样做的。其实近一两年来，蒋救救已经充分发挥了示范引领作用，向周边乡镇的上百户农户无偿提供养殖技术培训和服务，为农户提供种兔，并将农户养殖的兔子进行统一收购和销售，实现养殖"产、供、销"和技术服务一条龙。

永兴镇党委书记钟力生表示，永兴镇的养兔事业要健康发展，救救商品兔合作社就是龙头。合作社的作用就是使养兔农户实现利润最大化，规避利润风险。这个龙头一头牵着农户，一头连着市场，带领农户实现产、供、销一条龙。通过合作社联合起来口径对外，将把一家一户享受不到的利益争取过来，实现利润最大化。

（德阳日报　2011年8月23日　本报记者唐丹）

三、山洞饲养

在山区利用原有空闲山洞或山坡地形建造兔舍，挖洞养兔，可以大量节省基建费用。山洞内温度变化幅度小，易于管理，冬暖夏凉。适合饲养各品种的兔。

新闻链接：山洞里的致富经

洞里有照明灯，笼子周边也拉了电线，晚上通电后，能预防其他动物袭击兔子，有了这些"保镖"，林永贵晚上也不用守夜。初尝甜头的林永贵，又在紧邻的隔壁山洞里种起了蘑菇。处在创业起步阶段的林永贵很有信心，他相信自己的山洞创业之路会越走越顺。

在山洞里养兔子、种蘑菇，您见过吗？隆安县南圩镇四联村多乐屯的返乡农民工林永贵，就是这样一个勇于探索"山洞经济"、寻找致富路的人。他在半山腰的山洞里养起了上百只兔子，还种起了蘑菇。而不少村民和同行来参观时，都连连赞叹："在广西他是山洞养兔第一人。"

日前，在村民的带领下，记者来到位于村后半山腰的山洞。洞内宽敞阴凉，洞里放置着两排兔笼。35 岁的林永贵正在给他的兔子们搞卫生。

有些腼腆的林永贵一说起兔子却津津乐道："白色的是新西兰兔，灰色的是比利时兔，我用两种兔子进行杂交……"记者看到在每一个笼子前都挂有一块牌子，上面记录着兔子交配或生产的时间等。每一个笼子里都安装了自动饮水管。洞里有照明灯，笼子周边也拉了电线，晚上通电后，能预防其他动物袭击兔子，有了这些"保镖"，林永贵晚上也不用守夜。他还专门设了排污管道，把污物直接引到山脚的农田里，作为农家肥，不给周边的环境造成污染。

俗话说，靠山吃山。刚开始，林永贵为找不到合适的地方养兔发愁，多亏山洞解决了他的后顾之忧。"因为这个山洞能一直通到山的那一头，空气有对流，洞内冬暖夏凉，且很安静，兔子在这里生活得非常好，通常一窝能生到十几只。"幼兔出生后，在山洞里养上 1 个月，就可以拿去卖了。林永贵说养幼兔经济效益较好，目前主要卖幼兔赚钱。

初尝甜头的林永贵，又在紧邻的隔壁山洞里种起了蘑菇。记者看到两小堆圆柱状的菌种袋被堆放在隔壁山洞里。"我还在试验阶段。"他说，现在主要培植平菇和凤尾菇，去年春节期间他已经出售了一批，到今年九月份他还要购进一批新的菌种袋来培养。

"食用菇平时售价4元/千克，贵的时候卖到16～18元/千克。"林永贵给记者仔细算着每一笔账，接下来他还打算平整洞内的地面，进一步完善种养设备，扩大规模。

处在创业起步阶段的林永贵很有信心，他相信自己的山洞创业之路会越走越顺。

（广西日报数字报刊 2011年12月14日）

四、地窝养兔

地窝养兔是在大规模立体养殖的基础上，在地下可用砖、水泥预制板或者其他材料来砌筑。地窝规格为长45厘米、宽25厘米、高40厘米。地窝与底层笼位一一对应建设。地窝上的笼具通常为三层，马上要产仔的母兔饲养在最底层，最底层有连接地窝的通道，便于产仔母兔进入地窝产仔和哺乳仔兔。地窝的建造可以根据兔舍内的条件因地制宜，可采取多种形式，分为地下式、半地下式、地上式三种。

① 地下式：地窝全部建在地下。优点是接触地气好，冬暖夏凉的效果好，但进出口坡道长，占地面积大。

② 半地下式：地窝建造时一半在地下，既可接地气又能节省占地空间。

③ 地上式：由于条件限制只能在水泥地上做地窝，模仿地下的环境。

地窝养兔适合母兔繁殖使用。完全回归了兔子繁殖的自然习性，又适合于大规模的集约化养殖，简化了过去兔子繁育技术中繁杂的操作程序，解决了仔兔人工哺乳的劳动量过大、死亡率过高等问题，也解决了挂式产仔箱、仔母笼等技术上的不足。地窝繁育法的大力推广和普及将会推动我国养兔业的大发展，是养兔业的一次革命。

缺点是由于地窝洞口的限制，在清理兔笼底层卫生时比较麻烦。地窝内容易受到兔粪尿的污染，因此每次清理消毒地窝时一定要彻底。

新闻链接：湖南道县"养兔大王"——何喜秀的创业故事

顺着一条弯曲羊肠小道，见到一片浓密的竹林，隐隐看见一幢用水泥砖砌成的灰白厂房，初见你可能不知道这是用来做什么的，这就是道县"养兔大王"和他的合伙人一起投资创建的养兔场——湖南道县康瑞兔业的种兔和肉兔养殖场。

走进这幢厂房，只见房顶是一片雪白的三合板吊顶，一排排兔笼整齐划一，笼内关满的是肥壮剽悍的种兔和一窝窝活泼可爱的仔兔，有的正在酣睡，有的正在嬉闹游戏，站在他们面前的就是他们的"司令"——何喜秀，此时他正在给一月龄以上的小兔接种疫苗，闲暇之余谈起他的创业故事，他感慨万千，由成功到失败，由失败再到再次创业，他经历的故事值得广大养兔新手和创业者学习和借鉴。

初次创业　成功与失败相伴

何喜秀又名何喜军，道县梅花镇贵头村人，初养兔是在2009年，当时他凭着养殖业的热情和创业成功的渴望，拿出自己仅有的积蓄在自家旁一砖一木的建起了一个简易兔舍，接下来他跑遍永州南六县寻找优质种兔，最后他花高价在宁远九颖山兔场买到30多只种兔，买回种兔兴奋没多久，经过学习对比后，他发现自己买回的种兔有些已经配种一两年接近淘汰的种兔，有的存在其他生理缺憾，虽然交了点学费，但他并没有灰心，把买回来好的种兔精心繁殖，由于条件有限，冬天天冷，新的种兔母性不好，他就经常守在兔笼旁等着母兔下仔，看到仔兔的皮肤变暗，他还经常把仔兔揣在怀里，防止仔兔冻死。

经过他的精心护养，他的小兔成活率很高，种兔的养殖规模得到一定的扩大，渐渐地，村民知道他的兔养得很好，效益也不错，纷纷找上门来求教种兔的养殖技术，他都倾囊相授。学到技术后，不少村民和朋友都找上门来向他购买种兔，培养了一批懂兔子养殖的技术能手。兔子多了，他还主动出击找销路，在宁远这个养兔大县，他找到了几个经销兔子的兔贩，之后经常开着摩托拉上肉兔往宁远送，经过一年的努力，他在养兔上赚到了甜头，一年下来赚三四万元，准备把养兔事业扩大。但没过多久，他在养兔上摔了一

117

竣，由于兔舍卫生条件差，兔子得了有兔业绝症之称的"真菌病"，他的左手也不幸"中标"染上了真菌，接下来做的就只有清场，把好的兔子转移，放弃了这个兔舍，这次的失败给他一个很大的打击，他开始有些犹豫，自己还能在养兔事业上继续前进嘛？也正是这个原因，经过一年的深思熟虑，他痛定思痛下了一个更大的决心——建造更好更标准的种兔场。

再次创业　积累与坚持带来新面貌

2011年9月开始了他的第二次创业之路，建标准兔场首先考虑资金，通过多方努力，他找到了合伙人，然后是场址和如何建造好兔场的问题，他不断上网查资料并咨询同行，厂房的场址和兔场的面貌已在他心中拔地而起。接下来是辛苦的厂房建造问题，他和合伙人为了早日把兔场建好，经常深夜顶着繁星和雪白的白炽光交织的光线努力工作，经常一天下来累得腰都直不起。经过一个月的努力，新的200平方米新厂房拔地而起，并整平了500平方米的土地待建。为了让母兔能有舒适的环境，他们给厂房的窗户装上防蚊网，为了夏天兔子不受热，他们用三合板给厂房吊了顶做了隔热层，为了夏天母兔能顺利产仔和仔兔的成活率，他们建起了地窝，发展地窝养兔；为了引进好的种兔，他们千里迢迢从邵阳引进了200只种公母兔，经过选育留下了150只左右；为了产生更好的效益，他们引进先进的养殖理念，买来了专门的药物"繁育1号、繁育2号"实行"养兔四同时"，做到批量发情、批量配种、批量产仔、批量出栏；为了做好销售，他和合伙人开办自己的网站，并在各大养兔论坛和网站做推广，不少养殖户和兔贩慕名而来。

2012年随着养殖规模和养殖技术的日益成熟，他和合伙人踌躇满志，决心在养兔成本和效益上大做文章，自己做饲料，自己做兔肉加工，决心在道县这片天地创造一个属于自己的养兔王国，把养兔做成一个产、销、加工为一体的一条龙的产业。

（农博网　2012年04月19日　唐魁）

五、仿生养野兔

所谓仿生环境，是指野兔生存的空间。野兔在野外生活，活动面积大，可自由运动，自由寻觅饲料，有躲避所。

仿生养野兔是将野兔圈养在一个相对封闭的大田、果园和林地等野外环境中。放养兔场周围用竹片、木条或铁丝围成栅圈，在果园或林地中套种串叶松草、黑麦草或是种上红薯、黄豆、绿豆、花生及各种牧草等比较矮小的辅助农作物，以供野兔采食。并适当饲喂一些精饲料或在饲草不足时补充饲草，利用树叶及藤蔓为野兔遮阳，尽量让野兔生活在与野生相似的环境中。野兔场内建造简易水泥瓦或木屋等作为野兔舍，兔舍室内部分搭建一个仿制的野兔洞，让其自由进出，野兔平常就住在里面。按照放养场地的面积确定养殖野兔的食量，并对野兔的公母比例进行限制。采用天然放牧的野兔运动量大，接触阳光时间长，故疾病极少，饲养成本低。野兔的肉质、口感与天然野兔无异，而且解决了野兔食物来源，同时兔粪又是果树极好的优质肥料，做到果园—林地养野兔—兔粪肥地的良性循环。

缺点是果园、林地散养的野兔建设围网的前期投资较大。散养的野兔野性大，捕捉时若受到惊吓，很容易引起死亡。

新闻链接：新春走基层　一个人和一座城的倍增计划

《新春走基层》今天来关注一个人和一座城的倍增计划。

一大早，我们跟随36岁的王云岗一起上山，来到他的养殖基地，在满地是煤的晋城市泽州县，荒山发兔财的王云岗显得有点另类。

泽州县下村镇张庄村村民王云岗：这就是咱的野兔散养场，现在小兔防疫完了后就全部放在山上散养，让它自然养殖。咱做的就是恢复它的原生态环境，运动后的野兔肉质就会特别好。

说起养兔子还得回到四年前，王云岗当时刚就任张庄村的新主任，由于村里的小煤矿被整合，除了种地，村民们没有了任何经济来源。脚踩着一片荒山，乡亲们靠什么改善生活？靠什么增收致富？这个问号天天在他脑子里转。

泽州县下村镇张庄村村民王云岗：我原来在四川当兵时，感觉那里养兔养得特别好，这个项目也特别适合我们山区，我们这个地方荒山很多。

眼前这片荒山荒地却是野兔最合适的家。2010年，王云岗试探着开始养野兔，半年后他建成了存栏1000只的种兔场和占地50

亩的三个荒山散养场，并注册成立了泽州县纯原养殖专业合作社。

泽州县下村镇张庄村村民王云岗：到时候河北的毛皮中心就过来收兔毛兔皮，每个月过来一次，一只兔子的毛皮二十元左右。

记者："兔肉呢？"

泽州县下村镇张庄村村民王云岗："兔肉二十七八元钱一斤。"

记者："一只兔子能卖到多少钱？"

泽州县下村镇张庄村村民王云岗："卖到七十多元。"

然而在最初的那段时间里，粗放的养殖让王云岗栽了一个大大的跟头，200 多只种兔没几天就死了 100 多只，损失高达十几万元。一个偶然的机会，王云岗成为晋城市 SIYB 免费创业培训计划的首批学员，在这个特殊的课堂上他不仅取到了养兔的真经，还学会了如何从兔子身上赚到更多的钱，仅去年一年王云岗就从 3 万只兔子身上赚到了 200 万元。

泽州县下村镇张庄村村民王云岗：下一步我们计划上肉制品深加工，上了深加工后兔子出栏量就能达到十万只。

王云岗算了一笔账，一旦上了深加工生产线，通过卖兔毛、兔肉、加工兔肉制品，产值可以由原来的一只 70 元提升到 100 元，一年就可以实现 1000 万元的销售收入。前不久他还在晋城开了野兔肉特色餐饮店，实现自产自销，这条卖兔肉和兔皮的特色养殖链条上还解决了当地的闲散劳动力四五十人，给农民增收找到了一个新模式。

像王云岗一样，在晋城，许许多多创业者通过 SIYB 这个覆盖城乡的指导服务机构和公共服务平台，实现了自己的创业梦，SIYB 通过"八位一体"的一条龙创业服务机制，帮助自主创业人员用足优惠政策，规避经营风险，将创业者扶上马、送一程。

记者手记：有人算过这样一笔账，在晋城，一个创业者可以带动 6 个人实现就业，所以，能让更多的劳动者变成创业者，就意味着这座城市将以 1∶6 的带动效应实现就业岗位的裂变式增长，一个人的创业将带动一座城市的创业，而就业岗位的增加和就业质量的提高正是一个城市实现百姓收入倍增的破题。

（山西视听网　2013 年 02 月 17 日）

第三章 实战篇

第一节 兔场建设

一、怎样撰写养兔项目可行性报告

可行性研究报告是在招商引资、投资合作、政府立项、银行贷款等领域常用的专业文档，主要对项目实施的可能性、有效性、如何实施、相关技术方案及财务效果进行具体、深入、细致的技术论证和经济评价，以求确定一个在技术上合理、经济上合算的最优方案和最佳时机而写的书面报告。

可行性研究报告主要内容是要求以全面、系统的分析为主要方法，经济效益为核心，围绕影响项目的各种因素，运用大量的数据资料论证拟建项目是否可行。对整个可行性研究提出综合分析评价，指出优缺点和建议。

可行性研究报告的编制并不是一般的写文章，必须要有专门的知识结构和从业经验。养兔项目可行性研究报告是对养兔投资项目的全面深入的论证，主要任务是为投资决策提供科学的依据。

1. 项目可行性研究报告主要内容

养兔场或兔产品加工项目可行性研究报告内容侧重点在各品种兔养殖或兔产品加工投入与产出的前景分析，一般应包括以下内容。

（1）投资必要性　主要根据市场调查及预测的结果，以及有关的产业政策等因素，论证项目投资建设的必要性。

（2）技术可行性　主要从事项目实施的技术角度，合理设计技术方案，并进行比选和评价。

（3）财务可行性　主要从项目及投资者的角度，设计合理财务方案，从企业理财的角度进行资本预算，评价项目的财务盈利能力，进行投资决策，并从融资主体（企业）的角度评价股东投资收益、现金流量计划及债务清偿能力。

（4）组织可行性　制订合理的项目实施进度计划、设计合理的组织机构、选择经验丰富的管理人员、建立良好的协作关系、制订合适的培训计划等，保证项目顺利执行。

（5）经济可行性　主要是从资源配置的角度衡量项目的价值，评价项目在实现区域经济发展目标、有效配置经济资源、增加供应、创造就业、改善环境、提高人民生活等方面的效益。

（6）社会可行性　主要分析项目对社会的影响，包括政治体制、方针政策、经济结构、法律道德、宗教民族、妇女儿童及社会稳定性等。

（7）风险因素及对策　主要是对项目的市场风险、技术风险、财务风险、组织风险、法律风险、经济及社会风险等因素进行评价，制定规避风险的对策，为项目全过程的风险管理提供依据。

2. 可行性研究报告的一般要求

可行性研究报告是投资项目可行性研究工作成果的体现，是投资者进行项目最终决策的重要依据。可行性研究报告主要内容是要求以全面、系统的分析为主要方法，经济效益为核心，围绕影响项目的各种因素，运用大量的数据资料论证拟建项目是否可行。对整个可行性研究提出综合分析评价，指出优缺点和建议。为了结论的需要，往往还需要加上一些附件，如试验数据、论证材料、计算图表、附图等，以增强可行性报告的说服力。

具体要求如下：

（1）语言简练　可行性研究报告要求用最简练、朴实、准确的语言表达。

（2）内容真实　可行性研究报告涉及的内容以及反映情况的数据必须绝对真实可靠，不允许有任何偏差及失误。其中所运用的资料、数据都要经过反复核实，以确保内容的真实性。

（3）预测准确　可行性研究报告是投资决策前的活动。它是在事件没有发生之前的研究，是对事务未来发展的情况、可能遇到的问题和结果的估计，具有预测性。因此，必须进行深入的调查研究，充分占有资料，运用切合实际的预测方法，科学预测未来前景。

（4）论证严密 论证性是可行性研究报告的一个显著特点。要使其有论证性，必须做到运用系统的分析方法，围绕影响项目的各种因素进行全面、系统的分析，既要做宏观的分析，又要做微观的分析。

二、兔养殖项目可行性报告范文

×××× 兔产业化建设项目可行性研究报告

1 项目概述

1.1 项目名称及单位

项目名称：×××× 兔产业化建设项目

项目单位：×××× 牧业公司

企业法人代表：×××

1.2 建设地点

×××省×××市×××县×××乡××村××组

1.3 建设性质

新建

1.4 项目编制依据

① 《建设项目经济评价方法与参数》（原国家计委、建设部）；

② 《投资项目可行性研究指南》（中国电力出版社）；

③ 《×××省建设工程其他费用标准》（×××省建设厅）；

④ 《兔产品加工新技术》（中国农业出版社）；

⑤ 项目单位提供的有关资料。

1.5 项目组成及生产规模

1.5.1 项目组成

本项目由种兔场、商品兔场、饲料加工厂、肉兔屠宰及加工厂四部分组成。

1.5.2 生产规模

项目建成后，企业年为基地养殖户提供××种兔××××组，饲料××万吨，年屠宰加工肉兔×××万只，向社会提供冻兔肉××××吨，熟制品兔肉×××吨，兔皮×××万张，副产品×××万副，血粉××吨。

1.6 建设内容

1.6.1 建筑工程

总面积××××平方米，其中种兔场××××平方米，商品兔场××××平方米，饲料厂××××平方米，屠宰加工厂××××平方米。

1.6.2 设备购置

项目需购置各类设备×××台（套、辆），其中种兔场×××台（套），商品兔场×××台（组），饲料厂××台（套），屠宰加工厂×××台（套）。

1.7 项目总投资

项目总投资×××万元，其中，固定资产投资××××万元，包括建筑工程费×××万元，设备购置费×××万元，安装调试费××万元，其他费用×××万元（含引种费××万元），预备费用×××万元；建设期利息××万元；铺底流动资金×××万元。

1.8 资金筹措

项目总投资××××万元，计划从三个渠道筹措：一是申请国家投资××××万元；二是申请银行贷款×××万元；三是企业自筹×××万元。

1.9 资金使用计划

项目建设期1年，使用投资××××万元，其中用于固定资产投资×××万元，支付建设期利息××万元；第2年投产，使用铺底流动资金××万元。

1.10 项目效益

项目正常年销售收入××××万元，销售税金及附加×××万元，年利润总额×××万元，缴纳所得税×××万元，投资利润率19.8%，所得税前财务内部收益率23.99%，财务净现值（ic=12%）×××万元，投资回收期5.48年，借款偿还期4.0年。

1.11 主要技术经济指标

见表1。

表1 主要技术经济指标

序号	指标名称	单 位	数量	备注
1	生产规模			
1.1	××种兔	组	××××	
1.2	冻兔肉	吨	××××	
1.3	熟制品兔肉	吨	×××	
1.4	兔皮	万张	×××	
1.5	副产品	万副	×××	
1.6	血粉	吨	××	
2	投资指标			
2.1	项目总投资	万元	××××	
	其中:固定资产投资总额	万元	××××	
	铺底流动资金	万元	×××	
3	生产总成本	万元	××××	
4	年销售收入	万元		
5	经济评价指标			
5.1	利润总额	万元	×××	
5.2	所得税	万元	×××	
5.3	财务净现值(ic=12%)	万元	××××	税后
5.4	财务内部收益率	%	23.99	税后
5.5	投资回收期	年	×	税后
5.6	借款偿还期	年	×	
5.7	投资利润率	%	19.8	

2 项目背景

2.1 项目区概况

项目地处××××,位于东经×××°××′~×××°××′,北纬××°××′~××°××′。气候宜人,冬无严寒,夏无酷暑,东连××××,西接××××,西南与××××毗邻,北濒最大横距×××公里,最大纵距×××公里,全市土地面积××××.××平方公里,其中市区面积××××.××平方公里,低山丘陵面积×××平方公里。

年平均降水量为 651.9 毫米,年平均气温 11.8℃,年平均相对湿度 68%,年平均日照时数 2698.4 小时,太阳辐射总量年平均值 5224.4 兆焦/平方米,年平均风速内陆地区 3～4 米/秒,沿海地区 4～6 米/秒,全市平均无霜期 210 天。

属温带季风气候,是中国少数几个,因而夏季空气比较干爽,冬季比较温润。全年平均气温 12℃左右,降水较充沛,空气湿润,气候温和,低山丘陵一年四季林木葱茏,明媚如画。

目前,全市已基本形成了陆海空立体交通网络,高速、国道、县乡公路网络密集,交通便利,四通八达,×××地区温润的气候,便利的交通,丰富的农副作物生产,为××兔的养殖提供了良好的条件。

2.2 项目单位基本情况

××××牧业公司,是一家从事畜牧养殖和畜产品进出口和内销业务的股份制企业,成立于××××年,注册资金××万元。公司位于××××,占地面积××××平方米。

公司经营范围主要是畜牧养殖和畜产品进出口及内销。拥有年出栏生兔 1 万头的××养兔场和年产蛋×××吨的××养鸡场,占地面积分别为××××平方米、××××平方米。公司设置办公室、市场部、财务部 3 个职能科室。现有职员×××人,其中管理人员××人,大专以上学历××人。截至目前公司固定资产总额×××万元。

2.3 项目建设的必要性

2.3.1 项目建设是畜牧业产业结构调整及××兔产业化发展,提升××兔业国际竞争力的需要。

我国肉兔养殖占家兔饲养总量的 80%～90%,20 世纪 90 年代中后期肉兔养殖发展迅速,年产量达"世界第一",为 40 万吨。2002 年 1 月份以来,欧盟关闭了我国兔肉的出口,我国兔肉的出口量从 2001 年的 3 万吨左右下跌到 2002 年的 1 万多吨。出口量减少,国内兔肉价格也随之下跌,每千克兔肉价格在 6～8 元。即使在广东、福建等南方地区的消费型城市中，兔肉的价格每千克也仅在9～10元钱。活兔的价格一度降落到每千克4元左右。2004年7月下旬以来，国内肉兔产品价格迅速上升，到8月5日，国内活体兔的价格已涨至8～12元/千克，兔肉已达20元/千克左右。活兔价格迅速冲过了每千克6元的保本价格线。

　　肉兔产品行情转好的原因，一是国际市场对我国兔肉供求关系发生改变。于2004年7月16日欧盟解除了对中国兔肉产品出口禁令，兔肉出口量加大，导流了国内市场上滞销利薄的兔肉产品。二是由于欧盟近两年来对我国肉兔产品的关闭制约，使我国肉兔养殖一度无利可图，甚至赔钱，一些养殖场户纷纷宰杀处理不再养兔，转行养猪、养鸡，导致国内肉兔存养量已经下降了60%。存量减少后，一旦市场得以畅通，货少价高的局面出现是意料之中的事。三是我国利用良种肉兔开发出药原兔出口日本，加大了肉兔市场的分流，供不应求。

　　由于××兔肉营养价值高，具有"三高三低"的特点。"三高"即高蛋白质、高矿物质、高消化率，"三低"即低胆固醇、低脂肪、低能量。在21世纪，××兔肉将是人类获取蛋白质的主要来源。××兔的养殖将具有较大的发展潜力。我国的肉兔养殖应尽快向标准化、规范化方向发展。

　　目前，我国肉兔的饲养处于零星分散无组织的状态。生产模式落后于我国的长毛兔和獭兔生产，难以实现规模化效益，所以进行生产资源的合理配置，发展适度规模的种兔场和示范养殖场，带动广大农户利用新技术养殖。采用"公司＋农户"、"公司＋基地"的模式，实行与生产加工销售结合的产业化经营，将成为肉兔生产发展的必由之路。因此，＿＿＿＿有限公司建设××兔生产、××兔示范养殖、饲料加工、屠宰加工为一体的××兔产业化建设项目，是××兔养殖加快标准化建设，进行产业化生产，降低农户生产风险，提升我国××兔业国际竞争力的需要。同时也是我国畜牧业产业结构调整的需要。

　　2.3.2　项目建设是推进社会主义新农村建设，促进农民增收的需要。当前，在我国推进社会主义新农村建设阶段，农民增收依然是农业和农村经济发展、推进社会主义新农村建设的重大任务。

投资养兔——你准备好了吗？

这不仅直接关系到农民生活水平的提高和农业农村经济的发展，而且关系到农村社会进步和全面建设小康社会目标的实现。在我国农业"十二五"计划中，争取"十二五"时期农民收入年均增长5%以上，为逐步缩小城乡居民收入差距创造条件。

目前××兔生产出口和内销两旺的局面现已形成。由于××兔养殖具有起步资金少、技术含量低、资金周转快等优点，适合不同层次养殖户养殖。项目建设成后，屠宰加工厂年需×××万只××兔，示范场仅能提供××万只，×××万只尚需向农户收购，以每户饲养×××只左右计，项目共带动×××户从事××兔饲养。以每只兔利润××元计，肉兔养殖户户均增收×××元，人均增收××元。项目户共增收×××万元。因此，项目的建设是促进农民增收，推进社会主义新农村建设的需要。

2.3.3 项目建设是地方经济发展及企业自身发展壮大的需要。

×××开发区位于×××省东部半岛，20××年全县形成了草食畜牧业、道地中药材、干果经济林、优质小杂粮4大特色产业。尤其是草食畜牧业，成为地方经济发展的主要支柱产业。当地农民历来有养兔的优良传统，具有养兔的传统经验和历史。20××年，全县畜禽饲养量达到120万头（只），其中肉兔存栏37571只，出栏73679只，人均畜牧收入达到450元。畜禽养殖已从传统的家庭副业，发展成为农村经济的主导产业和农民增收的重要渠道。

×××牧业公司是一个从事畜牧养殖和畜产品进出口和内销业务的股份制企业，公司在土畜产品尤其是肉兔的营销方面具有一定的优势和经验。但是公司在近年的发展中，感觉到虽然近年来××兔市场较好，但公司在当地收购的肉兔由于品种老化、生产过程中缺乏饲养标准和必要的疫病控制手段，常常出现不符合出口要求的情况，导致公司利润受损同时也影响农民增收。而建立与市场相适应的××兔生产产业链，能够有效解决农户分散饲养的弊端，增强××兔产品的市场竞争力，促进地方经济发展。因此，项目建设是促进地方经济发展及企业自身发展壮大的需要。

2.4 项目建设的可行性

2.4.1 项目区××兔养殖基础好

×××农民自古有养兔的习惯和传统，在养兔的规模、数量方

128

面都处于×××省的领先水平。20××年，全县肉兔存栏37571只，出栏73679只。随着国家畜牧业产业结构调整，小兔子也将做成大产业，养兔业必将成为农民增收的新途径。因此项目建设符合国家和地方产业政策，发展基础较好。

2.4.2　饲草料资源丰富

×××受大陆性季风气候的影响，该区自然气候非常适合苜蓿等饲草植物的生长，又适合玉米等粮食作物的种植，全区玉米种植面积为20万亩，年产量10万吨。这为项目的实施和未来××兔养殖业的发展壮大提供了丰富的饲草料资源。

2.4.3　营销体系健全

项目实施单位××××牧业公司，营销网络体系已经形成，完全能够承担项目建成后的营销管理工作。

3　市场分析与预测

3.1　我国兔业发展的特点

饲养规模逐渐扩大。"家养三只兔，解决油盐醋"的时代已经成为历史，代之以数千只、上万只的种兔场应运而生，年出栏几十万只的兔场也并不罕见；从事养兔的成员由过去纯粹的农民和以脱贫为目的的副业型，转变为以农民为主体，退休人员、下岗人员、转岗人员、兼职人员和跨行业经营的企业老板等多种成分共存的专业型养兔企业。特别是那些具有相当经济实力的跨行业经营的企业家的参与，形成了以往少有的集团化经营趋势，出现了一些有实力和管理能力的企业间的强强联合形成的紧密型的产业化模式，或优势互补的"公司＋农户＋基地"的松散型或契约型的产业化模式。

随着人们对绿色食品、环境保护、可持续发展、人类健康意识的不断提高、人们生活质量的改善和对食品质量要求的不断提高，以××兔为主的规范化养殖成为发展的主流。受传统习惯和气候条件，特别是市场发育情况的影响，出现了以市场为中心的、以某一家兔类型为主的区域化生产趋势。比如：以兔毛市场和加工为中心的毛兔生产区域；以兔肉出口和兔肉加工企业为中心的肉兔生产区域和以兔皮加工和流通市场为中心的獭兔生产区域。

在一些养兔较发达的省份，比如江苏、浙江、四川、河南等，出现了肉兔、毛兔、皮兔共同发展，百花齐放、百家争鸣的多元化发展新格局。

3.2　今后我国兔业发展五大趋势

随着国民经济的发展和人们消费观点的改变，以及对兔产品的综合开发，国内市场正在不断扩大，每年以30％的速度递增，给××兔业的发展带来了良好的发展机遇。今后××兔业的发展将呈现五大趋势。

3.2.1　未来××兔业必须走养殖、加工、产业化道路形成产、加、销、科、工、贸一体化体系，建立相互促进协调发展的机制，提高兔业整体生产能力和科技水平及经济效益，增强可持续发展能力。立足商品兔生产，建立生产基地，提供优质原料。

3.2.2　向绿色、营养、保健、安全卫生方向发展。随着人民生活水平的提高和环境意识的增强，21世纪对兔肉的需求不仅表现在数量上，同时表现在内在质量上，要求兔肉产品无药物残留、安全、优质、营养，符合绿色兔肉产品的要求。

3.2.3　依靠科技创新发展兔肉加工业。引进适用高新技术（发酵工程、酶工程、超高压技术、微波杀菌技术）和机械设备在深加工和综合利用上大做文章，提高附加值，创名牌产品。

3.2.4　冷却兔肉是兔肉消费的方向。冷却肉吸收了"热鲜肉"和"冷冻肉"的优点，克服了两者的缺点。冷却肉新鲜、肉嫩、味美、营养、卫生、安全，大中城市逐年扩大市场份额，国外市场80％是冷却肉，被认为是科学、高品质的生鲜肉。冷却肉是今后国内消费的主流和必然发展的趋势。

3.2.5　传统兔肉制品走向现代化。中式兔肉制品的发展将是把传统技艺与现代化结合起来，将作坊生产改为工厂化、标准化生产，改进工艺，增加花色品种，提高质量，实行现代化包装，延长保质期。在发展中式兔肉制品的同时，积极开发西式兔肉制品和低温兔肉制品，以满足不同层次、不同人群对兔肉制品的需要。

3.3　我国当前肉兔业存在的问题及应对措施

当前，我国肉兔业主要存在"三多三少"：一是兔肉产量多，绿色兔肉产品少；二是制种供种场户多，商品生产的少；三是出售活兔或白条兔肉的多，加工名牌或适销对路的兔肉加工成品少。我国加入世贸组织后，兔肉出口量和创汇金额的减少，原因就在于

"绿色壁垒"。兔肉中抗生素残留超标不仅影响兔肉出口，而且也直接危害人类健康。2006 年 1 月欧盟已决定全面禁止在饲料中使用抗生素作为促生长添加剂。因此，我国的肉兔养殖必须转变观念，不断提高绿色意识，从建场选址开始，到日常兔的饲料采集和饲养管理都要讲究卫生和营养，确保兔肉质量。

3.4　×××省肉兔养殖现状和发展趋势

20××年全省家兔存栏 308.8 万只，出栏 494.64 万只，兔肉产量 7352 吨，分别比上年增长 10.55％、2.69％和 2.47％。全省11 个市，种兔市场平稳，每组（1∶3）价格 300～400 元，肉兔行情略有上扬，每千克收购价 6.4～7.6 元。

目前____省肉兔生产还是以小规模、大范围，千家万户齐上阵为主要形式，饲养品种混杂，生产规模一般在 5～20 只（基础母兔），年生产商品兔 100～400 只，经济效益 1700～7000 元。规模较大的养兔场（区）数量较少，生产肉兔占到全省总出栏量的 5％左右，主要饲养新西兰白、加利福尼亚、德国大白、伊普吕、布列塔尼亚、獭兔等品种。

根据家兔生产特点和消费市场需求，大力发展养兔业空间大、前景好。理由主要是：①符合我国产业政策和国情。20 世纪 90 年代党中央国务院就提出要加快农业产业化进程，在农业上的战略调整就是要大力发展草食家畜，实施退耕还林还草、保护生态环境的宏伟工程，家兔被列为重点发展产业之一。家兔是一种典型的节粮型小动物，不与人争粮，不与农业争地，可缓解我国人多耕地少、劳动力过剩的矛盾，对生态环境不会造成任何威胁，是一项适应性强、范围广泛的大众化产业。②家兔生产投入少、见效快、效益高，是加快农村经济发展，解决农民脱贫致富的有效途径。据估算，一个 200 只基础母兔的养兔场，年出栏商品兔 3000 只，纯收入可达 3 万～5 万元。③兔肉品质符合居民消费要求。随着社会经济的快速发展和人民生活水平的不断提高，人们的膳食结构和质量也在发生变化，对畜产品质量将会提出更高要求，一些高脂肪食品越来越被厌弃，而对高蛋白食品的需求与日俱增。④兔肉加工龙头企业带动养兔基地发展，回收商品兔，形成完整的产业链。目前，省内有两个较大型的兔肉加工企业，年屠宰家兔在 700 万只以上，完全可以满足需求。

3.5 项目产品市场分析

××兔肉具有很高的营养价值，其特点为高蛋白、低脂肪、低胆固醇，容易消化吸收，鲜兔肉含蛋白质 20.0%，比鸡肉高2.4%，比牛肉高 3.6%，比羊肉高 4.5%，比猪肉高 5.3%，人体必需的赖氨酸含量为 9.6%，而猪肉仅含 3.7%，牛肉含 8.0%，鸡肉含 8.4%，色氨酸含量也高于其他多种肉类，这两种氨基酸是以大米、小麦为主食的人最易缺乏的。脂肪含量兔肉为 26.67%，猪肉为 61.10%，牛肉为 57.97%，羊肉为 54.62%，显然兔肉的脂肪含量比其他肉低得多。胆固醇含量每 100 克兔肉含 69 毫克，猪肉含 126 毫克，牛肉为 106 毫克，鸡肉为 70~90 毫克，尤其适合老人、儿童、年轻妇女和高血压、冠心病、肥胖症患者食用。儿童、少年长期食用可以提高智商。兔肉中烟酸含量较多，经常食用可使人体皮肤细腻白嫩，故在西欧、日本有"美容肉"之称。所以，人们将兔肉誉为"保健肉"、"长寿肉"并不过分。经济发达国家如法国、意大利、西班牙等人均年消费兔肉 3~5 千克，而我国年人均消费兔肉 216 克。世界卫生组织预测未来兔肉的消费量将占到全部肉类消费的 30%。21 世纪养兔生产将会发展更快。世界上很多国家认为，发展肉兔生产是解决人类高品质适销对路肉食品供应的一条捷径。有专家预言，兔肉是 21 世纪人类摄取动物性蛋白的重要来源之一。

在我国，人们解决温饱后对食物的构成提出了较高层次的要求，兔肉的品质正好迎合了人们崇尚绿色消费的理念。我国年产兔肉不足 50 万吨，出口不到 2 万吨，其余全部被国内居民消费。广东、福建一带的兔肉价格是猪肉的 2 倍。可见，随着人们对兔肉认识水平的进一步提高，其价格将会大大提升。我国畜禽肉的总产量每年在 7000 万吨以上，而兔肉所占比例尚不到 1%。如果按每人每年平均吃 1 只肉兔计算，我国市场每年就需要 13 亿只出栏兔子，是现有生产能力的 4 倍。同时，国内兔肉出口量的不断增加，生物制药对药用兔的不断需求，也将带动肉兔养殖的发展。国内举办连续三届兔肉节的宣传与市场拓展，使广大消费者对兔肉"三高三低"（即高蛋白、高矿物质、高消化率和低脂肪、低胆固醇、低能量）的特点有了全面了解。××兔肉的消费已得到国内消费者的普遍认可和广泛推崇，有些地区已形成××兔肉消费热潮，同时，国内13亿人口的消费群体是潜在的巨大消费市场。

国内××兔肉消费市场日趋旺盛，××兔肉消费量进一步加大。预计××兔肉价格将保持60元/千克左右，在近1～2年内兔肉价格变化不会太大。××兔价格相对稳定和出口数量的不断增加，将会带动××兔生产的稳健发展。因此，本项目生产××兔系列产品的市场前景较好。

本项目新建饲料加工厂生产的产品兔用饲料主要面向当地养兔户，饲料厂生产规模根据当地肉兔业发展规模建立，因此，饲料的市场有保证。

3.6 竞争优势分析

由于兔肉"三高三低"的特点，使××兔养殖同其他家畜相比有其自身的优势，常有"小兔子，大产业"的说法，养兔业的优势主要表现在以下几方面。

一是兔子是非耗粮型食草动物，肉食转化率大，据统计，1公顷（1公顷＝10000平方米）草地，兔子可转化蛋白质180千克，能量1768兆卡（1卡＝4.184焦）。而其他家畜一般只能转化蛋白质23～92千克，能量502兆卡，相当于其他家畜的3～5倍。

二是兔子繁殖力强，一只母兔年产仔兔50只，产肉率相当于母体的20倍以上，兔肉营养丰富，蛋白质含量高达21%，磷脂含量高于胆固醇25倍，被称为"健美肉"和"健脑肉"。兔的肝、胰、脑、血和睾丸是医药原料。兔皮色泽鲜艳，轻柔保暖，不易脱毛，华贵大方，是理想的服装原料。

三是养兔业投资小，成本低，周期短，见效快。

4 项目选址及建设条件

4.1 选址原则

4.1.1 种兔场和示范养殖场选址原则

① 兔场地势应选择坡度3‰～10‰的缓坡坡地，地下水位在1.5米以下，土质要坚实的向阳坡地，同时尽量不占用耕地。

② 兔场应位于居民区的下风方向，距离一般保持100米以上，既要考虑有利于卫生防疫，又要防止兔场有害气体和污水对居民区

的侵害。

③ 所选场址应有充足的水源，水质条件良好，以保证全场生活和生产用水之需。其次是兔场应设在供电方便的地方。

④ 避开主要交通公路、铁路干线和人流密集来往频繁的市场。一般选择距主要交通干线和市场 200 米、普通道路 100 米的地方。兔场设围墙与附近居民区、交通道路隔开。既利于场内外物资的运输方便，又利于安全生产。

⑤ 节约用地，节约投资，满足生产工艺要求。

4.1.2 屠宰加工厂选址原则

① 应选择在地势较高、干燥、水源充足、交通方便、电源稳定、便于排放废水的地区，须远离居民区、医院、学校、水源保护区和饮水取水口及其他公共场所，应避开畜禽饲养场，位于当地主风向的下风向、居民区的下游，以免污染居民区的环境。

② 水质应符合《生活饮用水卫生标准》(GB 5749—2006)，环境条件良好，无有害气体、粉尘以及其他污染源。

③ 所选地址应地势平坦并有一定的坡度，地下水位在 1.5 米以下，以保持场地的干燥和清洁。

4.2 项目建设地点选择

根据选址原则，本项目建设地点选择在×××县×××乡×××村。详见附图 1。

4.3 建设条件

4.3.1 自然条件

××××属温带季风气候，具有明显的大陆性季风气候特征，××××依山傍海，气候宜人，冬无严寒，夏无酷暑。年平均降水量为 651.9 毫米，年平均气温 11.8℃，年平均相对湿度 68%，年平均日照时数 2698.4 小时，太阳辐射总量年平均值 5224.4 兆焦/平方米，年平均风速内陆地区 3～4 米/秒，沿海地区 4～6 米/秒，全市平均无霜期 210 天。

4.3.2 建设条件

① 水、电供应条件：项目建设地点地下水资源量 1.0 亿立方米，河川基流量 0.97 亿立米。地下水资源丰富，且水质良好，符合人畜饮用水标准。项目新增变压器 4 台，总容量 600 千伏安，

能满足项目用电需求。

② 交通通信条件：项目区交通便利，电话、网络、均已开通，交通通信条件优越。

5　项目技术方案

5.1　项目组成

本项目由种兔场、商品兔场、饲料加工厂、肉兔屠宰及加工厂四部分组成。

5.2　生产规模及产品方案

项目建成后，企业年为基地养殖户提供种兔××××组，饲料××万吨，年屠宰加工肉兔×××万只，向社会提供冻兔肉××××吨，熟制品兔肉×××吨，兔皮×××万张，副产品×××万副，血粉××吨。详见附表1。

5.3　品种选择

本项目拟选择华誉××兔品种。

5.4　生产工艺流程

5.4.1　种兔场生产工艺流程

见图1。

图1　种兔场生产工艺流程

5.4.2　商品兔场生产工艺流程

见图2。

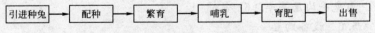

图2　商品兔场生产工艺流程

5.4.3　饲料厂生产工艺流程

见图3。

5.4.4　屠宰加工厂生产工艺流程

(1) 肉兔屠宰工艺流程　见图4。

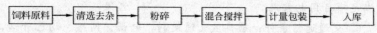

图 3　饲料厂生产工艺流程

图 4　肉兔屠宰工艺流程

（2）熟制品兔肉生产工艺流程　见图 5。

图 5　熟制品兔肉生产工艺流程

5.5　安全生产技术指标

5.5.1　种兔场、商品兔场生产技术指标

种兔利用年限：3 年。

公母种兔之比 1∶8。

每胎产仔 8～10 只。

成活率 90%。

5.5.2　饲料厂生产技术指标

原料损耗率≤2%。

包装规格：40 千克/袋。

5.5.3　屠宰加工厂生产技术指标

肉兔平均宰前活重≥2.5 千克。

肉兔平均屠宰率≥62%。

5.6　设备购置

项目需购置各类设备××××台（套、辆），其中种兔场×××台（套），商品兔场××××台（组），饲料厂 32 台（套），屠宰加工厂×××台（套）。详见附表2。

5.7　建筑工程

总面积××××平方米，其中种兔场××××平方米，商品兔场××××平方米，饲料厂××××平方米，屠宰加工厂××××平方米。

详见附表3。

5.8 总平面布局

项目总平面布局本着满足卫生防疫与生产工艺要求，合理分区的原则进行总平面布局。总平面布局详见附图2。

5.9 物料消耗及供应

消耗的主要原材料为饲料原料、幼兔、包装材料等。项目年消耗饲料原料31500吨，这些原料可从本县采购。年消耗肉兔500万只，项目建设商品兔场和肉兔养殖基地，兔场年提供肉兔100万只左右，基地养殖户提供400万只左右，基本可满足需求。项目年耗水约2.15万吨；耗电144万度。项目场区内配有完善的供水、供电设施，可保证供水供电。项目耗煤840吨，可从附近煤矿拉运。

6 环境保护

6.1 周围环境对本项目产生的污染

本项目建设地点地势较高，干燥，水源充足，交通方便，远离居民区和工矿企业，无有害气体、灰沙及其他污染源，周围环境不会对本项目造成污染。

6.2 本项目对周围环境产生的污染

6.2.1 主要污染源及污染物

本项目在生产过程中可能产生的污染物及污染源主要有。

① 污水：生产污水主要来自屠宰、副产品处理用水，屠宰等设备、地面冲洗用水及生活污水，冲洗污水中含有大量的以固态或溶解状态形式存在的蛋白质、脂肪等有机物质。

② 噪声：主要由屠宰加工设备、饲料加工设备、冷库锅炉等机器设备产生。

③ 废物：主要是兔排出的粪便、屠宰加工中产生的边角废弃物、锅炉生产出的废渣。

④ 烟尘：锅炉生产过程中产生的烟气。

6.2.2 综合治理措施

肉兔屠宰厂生产废水处理流程见图6。

① 污水 采用高效节能和简便易行的工艺方法，力求污水处理达

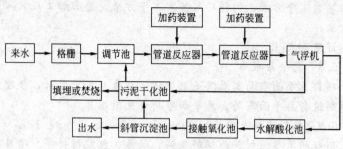

图 6　废水处理流程

到能耗低、投资省、对环境不产生二次污染。主要处理工艺分为预处理、水解酸化或厌氧、接触氧化，另外还有出水消毒和污泥处理。

②噪声：设备采用基础减震、敷设吸音材料、局部单独封闭等方式降低噪声。

③污物：兔粪每日运至指定堆放地点，定期拉运农田施肥。屠宰废弃物经粗处理后用做饲料的原料，炉渣可用于建筑材料或铺路。

④烟尘：购置锅炉成套设备中应含有除尘设备多管旋风除尘器，对烟气进行处理，经除尘后烟尘浓度小于国家规定的排放标准。

⑤绿化：在厂内设置绿化带，厂区车间四周、道路两旁种植绿色植物，形成绿化隔离带，防止交叉污染。

7　节能

本项目消耗的一次能源主要是锅炉用煤，二次能源主要有水、电、汽等。由于锅炉消耗的一次能源和二次能源分别摊在水、电、汽中，因此蒸汽不重复计算。

经测算，本项目年总耗××××千克标准煤。各子项目能源消耗估算见表2。

表 2　能源消耗估算表

序号	名称	年耗量	折算系数	折算标煤	能耗数
1	水	××××吨	0.11 千克标煤/吨	××××	×％
2	电	××××度	0.40 千克标煤/度	××××	××％
3	煤	××××千克	0.71 千克标煤/千克	××××	××％
	合计			××××	

本项目设计中考虑的主要节能措施包括：一是生产设备、锅炉等采用国家有关部门推荐的节能产品；二是生产过程中冷库、锅炉用水采用循环水以节约水资源；三是照明灯具采用节能灯具；四是加强对职工节能教育与宣传，使职工牢固树立节能意识，降低兔肉产品生产与加工过程中的能量损耗。

8 组织机构与人力资源配置

8.1 组织机构设置

项目实施后，×××兔养殖公司拟按照现代化企业的制度运行，实行总经理负责制，自主经营，自负盈亏。根据生产经营需要现设置四厂五部，其机构设置图见下图。

（图略）

8.2 人力资源配置

8.2.1 人力资源配置的依据

① 国家有关的劳动法律、法规及规章。

② 项目建设规模。

③ 生产运营复杂程度与自动化水平。

④ 人员素质。

⑤ 组织机构设置与生产管理制度。

⑥ 国内同类企业的情况。

8.2.2 人力资源配置方法

本项目按岗位计算定员，按组织机构职责范围，业务分工计算管理人员的人数。

8.2.3 人力资源配置

根据配置依据和配置方法，项目实施后劳动定员×××人，其中公司总部××人，种兔场××人、商品兔场×××人、饲料加工厂××人、屠宰加工厂×××人。

8.3 人员来源及培训

项目实施后需新增管理人员从社会上招聘具有大专以上学历和管理经验的人员，生产技术人员从科研单位和大专院校招聘具有本科以上学历的专业技术人才，生产工人择优招聘当地青年。

9 项目管理

9.1 项目组织管理

项目管理机构的设置遵循"务实"、"高效"、"精干"的原则，成立项目部。项目部负责项目的计划、财务、物资等宏观管理。建立健全项目监管制度，严格按计划执行，按工程进度安排资金。按基本建设管理程序，负责对建设工程进行检查、定期向有关部门汇报项目的实施进展情况。

项目管理办公室负责项目的具体实施，明确目标责任和严格奖惩制度，实行建设项目法人终身制。

9.2 项目工程质量管理

项目单位要严格执行建设程序，按国家规定履行报批手续，严格把好建设前期工程质量关。单项工程实行招、投标制严禁中标单位签订合同后进行转包，严禁搞设计、施工、监理"一条龙"作业。实行工程监理制，由具备相应资质条件的监理单位进行监理。实行合同管理制，明确质量要求，严格按合同办事。材料设备要严格进行质量检验，不合格不得交付使用。

根据国务院办公厅关于加强基础设施工程质量管理的通知，建立工程质量领导责任制、项目法人责任制、参建单位工程质量领导人责任制、工程质量终身负责制，以确保工程质量。实行竣工验收制度，未经检验或验收不合格不得交付使用。发生工程质量事故，应追究当事人的行政和法律责任。

9.3 项目财务管理

本项目建设资金实行专款专用，专户贮存，专人管理，严禁挤占挪用。加强对建设项目的执法监督，充分发挥审计及投资和资金管理部门的监督作用，以确保项目进行及效益的正常发挥。

10 招标

10.1 招标范围

本项目土建工程和设备均进行招标。

10.2 招标组织形式

本项目招标内容均委托当地有资质的招标公司组织招标。

10.3 招标方式

本项目拟采用公开招标的方式进行招标。

11 项目建议实施进度

项目计划建设期1年。项目建议实施进度见表3。

表3　项目建议实施进度表

序号	项目进度	1	2	3	4	5	6	7	8	9	10	11	12
1	项目前期准备	—	—	—									
2	土建工程			—	—	—	—	—	—				
3	设备招标采购及安装							—	—	—			
4	人员招聘及培训									—	—		
5	试生产及竣工验收												—

12　投资估算与资金筹措

12.1　投资估算

12.1.1　固定资产投资总额估算

① 建筑工程参照＿＿＿省现行的建筑安装工程概算编制办法及有关规定和目前当地同类建筑的实际照价估算，设备按合同价格和供应商报供估算，安装费用按实际需要估算，其他费用按《建设工程其他费用暂行标准》估算，基本预备费按工程费用和其他费用之和的×％估算，涨价预备费根据国家有关规定涨价指数为零，项目固定资产投资估算为××××万元。

② 固定资产投资方向调节税。根据《中华人民共和国固定资产投资方向调节税暂行条例》规定，暂停征收。

③ 建设期利息，固定资产投资借款按年利率×％计，建设期利息估算为××万元。估算固定资产投资总额为××××万元。详见附表4。

12.1.2　流动资金估算

采用详细估算法估算流动资金，估算正常年需流动资金为××××万元，铺底流动资金按流动资金的30％计，铺底流动资金为×××万元。项目流动资金估算分别见附表5。

12.1.3　总投资估算

总投资＝固定资产投资总额＋铺底流动资金＋建设期利息＝××××万元

12.2　资金筹措与投资使用计划

项目总投资××××万元，计划从三个渠道筹措：一是申请国家投资××××万元；二是申请银行贷款××××万元；三是企业自筹×××万元。

项目建设期1年,使用投资××××万元,其中用于固定资产投资××××万元,支付建设期利息××万元;第2年投产,使用铺底流动资金×××万元。投资使用计划与资金筹措见附表6。

13　财务评价

13.1　财务评价说明

13.1.1　计算期的确定,项目建设期1年,主要设备折旧年限14年,计算期确定为15年。

13.1.2　财务评价依据国家计划委员会、建设部1993年4月发布的《建设项目经济评价方法与参数》(第二版)有关规定进行分析评价。

13.1.3　财务效益与费用计算按国家新财税制度规定执行。

13.1.4　主要投入物价格与产出物价格以目前市场价格为依据,预测到建设期末。详见附表7。

13.2　销售收入和销售税金及附加估算

项目正常年销售收入为××××万元,依据国家有关规定,屠宰加工厂增值税率为17%,城市维护建设税按增值税的5%计,教育费附加按增值税的3%计,价格调控基金按增值税的1.5%计,河道工程维护管理费按增值税的1%计,销售税金及附加估算为×××万元。销售税金及附加见表8。

13.3　总成本费用估算

估算正常年项目总成本费用为××××万元,其中经营成本为××××万元。

总成本费用估算详见附表9。

总成本费用估算说明如下。

① 原材料消耗:根据同类企业和本企业实际消耗定额确定。

② 燃料动力消耗:按生产、生活实际需要量估算,项目原材料及燃料动力消耗见附表10。

③ 工资按××元/(人·月)计,福利费按工资的14%计,养老保险按工资的20%计。

④ 财产保险费:按固定资产原值的1‰计。

⑤ 修理费:房屋建筑物、设备维修分别按其原值的2%、

3%计。

　　⑥ 土地租赁费：按每年××万元计。

　　⑦ 固定资产折旧和无形及递延资产摊销估算。

　　a. 固定资产投资中，土地租用费进入无形资产原值，建设单位管理费、勘察设计费、职工培训费及联合试运转费进入递延资产原值，种畜不提折旧，其余全部进入固定资产原值。项目固定资产采用平均年限法分类折旧，残值率取5%，房屋建筑物折旧年限30年，设备折旧年限15年，种兔折旧年限4年。固定资产折旧见附表11。

　　b. 无形及递延资产按10年平均摊销，无形及递延资产摊销估算见附表12。

　　⑧ 利息支出：为固定资产借款利息和流动资金借款利息之和，固定资产借款利息按年利率5.85%计，流动资金借款利息按年利率5.58%计。

　　⑨ 销售费用：按销售收入的5%估算。

　　⑩ 管理费用：按销售收入的3%计。

13.4　利润总额及分配

　　项目正常年利润总额为×××万元，所得税按利润总额的33%计取，年缴纳所得税×××万元，税后利润×××万元，盈余公积金按税后利润的15%计提，年提盈余公积金为××万元。利润总额及分配见附表13。

13.5　财务盈利能力分析

　　根据损益表计算的项目投资利润率为19.8%。

　　根据现金流量表（全部投资）见附表14的计算指标可知，财务内部收益率所得税前23.99%，所得税后18.09%，均大于行业基准收益率，财务净现值（ic＝12%）所得税前×××万元，所得税后×××万元，均大于零。投资回收期所得税前5.48年，所得税后6.6年。表明本项目从动态上考虑在财务上是可行的。

13.6　清偿能力分析

　　由借款还本付息表（附表15）可以看出，本项目偿还借款的资金来源有未分配利润、摊销费、折旧费及自有资金。本项目借款偿还期4.0年，可满足贷款机构的偿还条件。

从资金来源与运用表（附表 16）可以看出项目计算期内均能收支平衡，并且从投产开始的第 4 年起就即有盈余资金。

从资产负债表（附表 17）计算指标中可以看出，项目资产负债率从 3 年起小于 50%，流动比率从 6 年起大于 200%，速动比率从 5 年起大于 100%。表以本项目资可抵债，而且偿还短期贷款的能力较强。

13.7　不确定性分析

13.7.1　盈亏平衡分析

BEP＝固定成本÷（销售收入－销售税金及附加－可变成本）×100%

根据公式计算可得项目盈亏平衡点为 64.4%，即销售收入达到 6124 万元时，即可保本。盈亏平衡分析示意图见图 7。

（图略）

13.7.2　财务敏感性分析

考虑到项目运行过程中一些因素的变化，选择销售收入，经营成本、固定资产投资三个主要因素分别进行±5% 的单因素变化对税前财务内部收益率影响的敏感性分析。分析结果详见表 4。

表 4　财务敏感性分析表

项　　目	基本方案	产品价格		原材料价格		固定资产投资	
		+5%	-5%	+5%	-5%	+5%	-5%
财务内部收益率/%	23.99	36.26	11.72	13.22	34.49	23.05	24.99
较基本方案增减/%		+12.27	-12.27	-10.07	+10.5	-0.94	+1

从表 4 中可以看出总项目与各个项目财务内部收益率均对产品价格变化反应最敏感，对原材料价格变化的反应次之，对固定资产投资变化反应最不敏感。

根据表 4 的内部收益率各数据，绘制财务敏感性分析图见图 8。

（图略）

14　社会效益

本项目以市场需求为导向，以提高经济效益为中心，建设××兔养殖、饲料加工及××兔屠宰加工项目，对促进全省畜牧业结构调整，改善人们膳食结构，提高人民生活质量具有十分重要的意义。

项目实施后，企业年获纯利润×××万元，财政新增税收×××万元。

项目实施后，年屠宰加工××兔200万只，以每户饲养200只左右计，项目共带动10000～20000户从事××兔饲养。以每只××兔利润15元计，肉兔养殖户户均增收18000元，人均增收9000元。项目户共增收2623万元。

为了使养殖合作者得到更可靠的保障，本公司采用提供原××兔并保价回收的养殖模式经营。××兔每组1公2母900元，回收时不分公母16元/千克。对于每一位养殖户我们都会签订合同，合同期为3年。

具体效益分析（以10组兔子为例）

一年里一只种兔所吃的饲料成本为144元，10组就是30×144元；10组兔有20只母兔年产7窝，平均产胎成活8只，回收时每500克8元，体重平均每只2.5千克，繁殖的××兔每只需要饲料费16.5元，××兔每年防疫费每只1元，10组兔子需投资9000元，笼具2000元，则我们看下面的这个公式。

利润＝回收兔时所得的款－兔所吃的饲料费－饲料成本－防疫费

获利润＝（20×8×7×2.5×16）－（20×8×7×16.5）－30×144－30×1＝21970（元）

公司会给每一位客户签3年的合同，也就是说您获得的总利润为21970×3－11000（总投资）＝54910元）

屠宰加工属劳动密集型产业，本项目实施后，企业新增就业岗位400个，可解决400名农村富余劳动力的就业问题，为政府分忧，对维护当地稳定将起到一定的作用。

综上所述，通过本项目的实施，不仅可为企业增效、农民增收提供有效途径，还可促进当地乃至全省畜牧产业化的发展，同时带动种植业和其他相关产业的发展。本项目建设具有良好的社会效益和经济效益。

15 结论

项目建设符合国家产业政策，对促进当地产业结构调整，增加农民收入，具有十分重要的意义。

项目建设规模适中，投资结构合理，产品具有广阔的市场前景。

项目财务内部收益率均大于行业基准收益率，财务净现值大于零，投资回收期短，并且具有一定的抗风险能力。

综合上述分析，项目社会效益巨大、生态效益显著、经济效益良好，项目可行。

附表（略）

附图（略）

第二节　怎样搞好兔场建设

一、确定养殖经营模式

养兔的经营模式很多，有企业集团养兔模式、规模化养兔场模式、养兔专业合作社模式、种兔场模式、养兔小区模式、公司＋农户养兔模式、养兔专业户模式等，这些养殖经营模式是各地养殖经营者在生产实践中摸索、借鉴和总结得来的，每一种模式都有其适合的区域，由于我国幅员广阔，各地的养殖条件不同，兔的种类很多，养兔产业发展也不均衡，在这个地区最好的养殖经营模式，在另一个地区可能行不通，所以不可生搬硬套，投资者要认真研究每种经营模式的特点，然后根据投资者所在地区的养殖经营环境，选择适合自身的养殖经营模式。

二、确定养殖方法

兔饲养方法分为笼养、放养、地窝养兔、山洞养兔、仿生养野兔等，是伴随兔养殖业发展逐渐形成的，投资者在确定采用哪种养殖方法的时候要结合自身资金实力，养殖技术掌握情况，投资所在地自然环境条件，当地养殖状况、市场需求等情况综合判断。通常肉用兔对养殖的方法要求较少，繁殖母兔和公兔适合的方法也很多。而毛用兔和皮用兔因为兔皮和兔毛需要保护，散养或大群饲养容易损伤皮或污染毛，从而导致皮或毛的质量下降，直接影响养兔的效益，所以断奶后的肉用兔和毛用兔适合单只笼养。

新投资的规模化养兔场宜采用笼养方法，因为这种养兔方法可以经济利用土地，节省空间，便于管理，尤其是毛用兔更为适宜，可防止被毛污染，有利于提高兔毛品质。笼养是养兔发达国家和地区普遍采用的养兔方法，也是规模化、集约化养兔的主要方式。但是笼养一次性投资大。由于单位面积内饲养的兔数量增加，管理跟不上容易出现兔舍环境质量下降的情况，从而导致兔患疾病，需要养殖者加强环境调控。

地窝养殖方法适合用于肉用兔、皮用兔、毛用兔等各种母兔繁殖仔兔采用，符合母兔产仔时的生物习性，经过实践效果较好，有条件的投资者可以优先考虑这种养殖方法。

而山洞养殖方法主要是看当地有没有可以利用的山洞，如果有这种条件，可以优先考虑采用。

对于有可利用的适合放养养兔的场地，适合对养兔接触不多的投资者，资金又太充裕，可以采取放养的办法养殖肉兔或者母兔繁殖时期，因为这种办法饲养技术相比其他办法容易一些。

由于野兔采用笼养的方法不容易成功，只有采取尽量模仿野兔在野外的生存环境的方法，才适合野兔生存，如果当地野兔市场需求量大，又有适合放养的场地，可以采取仿生方法养殖野兔。

三、确定养兔生产工艺流程

目前，对于养兔的生产工艺流程没有统一的标准，只有养殖场根据兔生理阶段和实际生产中的要求，以及采用的饲养管理办法来确定。以最大限度地发挥兔的繁殖潜力，提高生产率，产生更大的效益为目的。通常适合于规模化笼养兔，对于放养方式养兔和野兔养殖，由于受管理条件的限制，还达不到完全实现人工繁育控制，尤其是频密繁殖、同期发情等控制办法。

兔场工艺流程图如下。

空怀母兔→妊娠母兔→哺乳母兔→仔兔(出生～断奶)→幼兔→(断奶～3月龄)

↑ ←———————————————青年兔(3～7月龄)→ 上市

兔场的主要工艺参数见表3-1。

表 3-1 兔场的主要工艺参数

项目	参数	项目	参数
性成熟月龄	公兔 4~5 月龄 母兔 3~4 月龄	初配月龄	公兔 8~9 月龄 母兔 7~8 月龄
适配月龄	7~8 月龄	年生产胎次	4~6 胎
发情周期	4~5 天	每胎产仔数	6~8 只
发情持续时间	2 天	仔兔初生重	50~60 克
妊娠期	30~32 天	幼兔成活率	70%~80%
情期受胎率	55%~65%	成年兔体重	大型兔 6 千克 中型兔 4~5 千克 小型兔 2.5~3 千克
总受胎率	80%~85%		
泌乳期	30~45 天		
种兔利用年限	3~5 年	毛用兔剪毛量	0.5~0.9 千克 毛长 8~10 厘米
自然交配公母兔比例	1:(8~10)		

　　根据兔的生长和繁殖规律,母兔空怀(休产期)时间的长短视繁殖密度而定,如年产 4 胎,每胎休产期为 25 天左右;如年产 5 胎,每胎休产期为 7 天左右;如年产 6 胎,就没有休产期,母兔在哺乳仔兔期间就要配种,即通常说的血配(产仔后 1~2 天内配种)或半频密繁殖(产仔后 12~15 天内配种)。

　　断奶仔兔如果目的是育肥出栏的商品兔,通常在断奶后,有两种育肥方式。第一种方式是直线育肥。也称为"一条龙"育肥或快速育肥。选取配套系或优良杂交组合配种,采用营养均衡的全价颗粒饲料、配套的笼养设备和全进全出的饲养管理办法。使育肥兔 70~80 天即可达到出栏上市的体重。第二种方式是阶段育肥,这种方式是目前我们普遍采用的育肥方式,也称为传统育肥方法。本方式将育肥期分为 3 个阶段,实行全程笼养:第一阶段时间为 1 个月左右,断奶后的幼兔实行分群饲养,以精饲料为主,青粗饲料为辅,自由采食;第二阶段时间也是 1 个月左右,以青粗饲料为主,精饲料为辅,以拉大骨架为饲养目的;第三阶段时间为 1 个月左右,以精饲料为主,青粗饲料为辅,快速催肥。通过这样育肥,2.5~3 个月体重达到 2~2.5 千克时即可出栏上市。与非条件交叉的,4 个月左右也能出栏。

四、兔场面积的确定

兔场占地面积要根据饲养种兔的类型，饲养规模、饲养管理方式和集约化程度等因素而定。包括兔舍、饲料贮藏加工间、兽医室、消毒室、办公室、人员宿舍、食堂、道路及绿化等面积。

兔舍面积的确定要依据以下三个方面的要求确定。

① 养殖方式：养殖方式决定兔舍的类型，兔舍的类型决定兔舍需要的面积。比如规模化兔场因为配套辅助设施的增加比小规模家庭养殖户需要的面积大。自繁自养需要的兔舍面积比只成批育肥、产毛、产皮需要的面积就多。采取笼养的饲养方式，占地面积就少一些，放养方式需要的面积就大一些。

② 兔的种类：种兔需要单笼饲养，占地面积相对于育肥肉兔可以几只在一个笼内饲养就要多一些。獭兔和长毛兔由于皮和毛需要保护，也同样需要单笼饲养，

③ 生产工艺流程：采用全进全出生产管理方式，需要成批周转，兔舍还需要有一定的空置消毒时间，需要的兔舍面积就大一些。采用频密繁殖，因为产仔胎数增加，仔兔饲养数量比不实行频密繁殖多，同样需要较多的兔舍。

根据以上三个方面的要求，在确定兔场面积是要通盘考虑养兔生产实际情况，在尽量节约使用土地的前提下，既能满足当前养兔场的需要，又要为以后的发展留有一定的余地。

通常实行规模化养殖的养兔场，占地面积按照每只基础母兔及其仔兔占 0.8～1.0 平方米的建筑面积计算，兔场建筑系数为 15%。如饲养 500 只基础母兔的兔场需占地 2700 平方米左右。

实行放养养殖方式的兔场，按照每亩（667 平方米）60～80 只计算，仿生养殖野兔单位面积饲养兔的数量要少一些，养殖家兔可以适当增加单位面积兔的饲养数量。如饲养 300 只野兔需要 5000 平方米左右的场地。饲养 300 只家兔需要的面积 3750 平方米左右的面积。

五、场址的选择和规划

场址的选择、建筑的布局、兔舍的设计和设备的选用是否合理，直接关系到规模化兔场工作效率的高低、经济效益的多少甚至

养殖的成败。兔场选址要根据兔的生物学特性，符合当地土地利用规划的要求，充分考虑兔场的周边环境、饲料条件和饲养管理制度等综合考虑，确定适宜的场址。

1. 场址的选择与建场条件

（1）地势、地形　地势高燥，地下水位2米以下；背风向阳，避开产生空气涡流的山坳和谷地；地面平坦或稍有坡度，坡度10%以下为宜，排水良好的地方；地形开阔、整齐和紧凑，不过于狭长和边角过多；可利用自然地形地物如林带、山岭、河川、沟河等作为场界和天然屏障。

地下水位低、低洼潮湿、排水不良的场地不利于家兔体温调节，并且有利于病原微生物的生长繁殖，特别是适合寄生虫（如螨虫、球虫等）的生存，因此要避开这样的地形。

如果选择坡度过大的山坡，要求能按梯田方式建设，否则也不适合建设兔场。

（2）土质　兔场用地土质渗水性较强，导热性较小，也就是既能保持干燥的环境，又有良好的保温性能，通常这样的土质属于沙壤土。兔场不能建在黄土或黏土的土质上，因为黄土的缺点是对流水的抵抗力弱，易受侵蚀，对兔的健康不利。黏土的缺点是粒细、孔隙小、保水性强，通气能力差；也就是雨水一多地面就泥泞，冬季还容易导致地面冻胀。

（3）水源　兔场必须要有充足的水源和水量，且水质好。生产和生活用水应清洁无异味，不含过多的杂质、细菌和寄生虫，不含腐败有毒物质，矿物质含量不应过多或不足。较理想的水源是自来水和卫生达标的深井水；江河湖泊中的流动活水，只要未受生活污水及工业废水的污染，净化和消毒处理后也可使用。

一般兔场的需水量比较大，如家兔饮水、兔舍笼具清洁卫生用水、种植饲料作物用水以及日常生活用水等，必须要有足够的水源。同时，水质状况如何，将直接影响家兔和人员的健康。因此，水源及水质应作为兔场场址选择优先考虑的一个重要因素。水量不足将直接限制家兔生产，而水质差，达不到应有的卫生标准，同样也是家兔生产的一大隐患。

种兔场和生产无公害兔产品的兔场，水质要符合 NY 5027—

2008《无公害食品 畜禽饮用水水质》的要求。

（4）社会联系 家兔生产过程中形成的有害气体及排泄物会对大气和地下水产生污染，因此兔场不宜建在人烟密集和繁华地带，而应选择相对隔离的地方，有天然屏障（如河塘、山坡等）作隔离则更好，但要求交通方便，尤其是大型兔场更是如此。大型兔场建成投产后，物流量比较大，如草、料等物资的运进，兔产品和粪肥的运出等，对外联系也比一般兔场多，若交通不便，则会给生产和工作带来困难，甚至会增加兔场的开支。兔场不能靠近公路、铁路、港口、车站、采石场等，也应远离屠宰场、牲畜市场、畜产品加工厂及有污染的工厂，符合《中华人民共和国动物防疫法》及相关法规的要求。

为了满足生物安全和防疫的需要，兔场距交通主干道应在 300 米以上，距一般道路 100 米以上，以便形成卫生缓冲带。兔场与居民区之间应有 500 米以上的间距，并且处在居民区的下风口，尽量避免兔场成为周围居民区的污染源。规模兔场，特别是集约化程度较高的兔场，用电设备比较多，对电力条件依赖性强，兔场所在地的电力供应应有保障。保障电力供应，靠近输电线路，同时自备电源。

参考资料 1：养殖用地申请书（范文）

养殖用地申请书

申请人：×××

住所地：×××省×××市×××乡（镇）×××村

法定代表人：×××

申请事项：申请人因建肉鸡养殖场需要，特此依法向×××县人民政府申请养殖用地 30 亩。

事实与理由：

申请人是已毕业的大学生，大学期间通过自学与实践掌握了一定的养殖知识与技能，形成了自己的养殖理论体系，并决定开办自己的养殖场，在政府的支持与引导下，通过自己坚持不懈的努力与奋斗，逐步扩大养殖规模，建立养殖小区，采取基地加农户、包回收的模式进行运作，从而实现养殖、销售一条龙服务，带动本村乃至本乡养殖业的发展，实现共同富裕。

同时带动本村村民一起走发家致富的道路。

特向×××县人民政府申请土地建立一座年出栏量为×××只的肉鸡养殖场，建设完毕后可以向本村村民提供工作岗位，提高部分村民的经济收入。

现根据《畜牧业法》、《中华人民共和国土地承包法》、《中华人民共和国土地管理法》及《中华人民共和国土地使用法》的有关规定提出如下申请：申请土地面积30亩，地址为×××县×××乡×××村×××地块。

以上申请，敬请批复！

此致

×××县人民政府

申请人：×××

法定代表人：×××

××××年××月××日

参考资料2：农村土地承包合同范本

农村土地承包合同（范本）

发包方：_____村民委员会（以下简称甲方）

承包方：_____（以下简称乙方）

为了农业科学技术的推广，改变传统陈旧的农业耕作形式，甲方将集体所有的农用耕地承包给乙方，用于农业科技的开发应用。根据《中华人民共和国土地管理法》、《中华人民共和国合同法》及相关法律、法规和政策规定，甲乙双方本着平等、自愿、有偿的原则，签订本合同，共同信守。

一、土地的面积、位置

甲方经村民会议同意并报乡人民政府批准，将位于_____乡_____村面积_____亩（具体面积、位置以合同附图为准）农用耕地承包给乙方使用。土地方位东起_____，西至_____，北至_____，南至_____。附图已经甲乙双方签字确认。

二、土地用途及承包形式

1. 土地用途为农业科技园艺开发、推广、培训、服务及农业种植和养殖。

2. 承包形式：个人承包经营。

三、土地的承包经营期限

该地承包经营期限为____年，自____年____月____日至____年____月____日止。

四、地上物的处置

该地上有一口深水井，在合同有效期内，由乙方无偿使用并加以维护；待合同期满或解除时，按使用的实际状况与所承包的土地一并归还甲方。

五、承包金及交付方式

1. 该土地的承包金为每亩每年人民币____元，承包金每年共计人民币____元。

2. 每年____月____日前，乙方向甲方全额交纳本年度的承包金。

六、甲乙双方的权利和义务

（一）甲方的权利和义务

1. 对土地开发利用进行监督，保证土地按照合同约定的用途合理利用。

2. 按照合同约定收取承包金；在合同有效期内，甲方不得提高承包金。

3. 保障乙方自主经营，不侵犯乙方的合法权益。

4. 协助乙方进行农业高新技术的开发、宣传、褒奖、应用。

5. 按照合同约定，保证水、电畅通，并无偿提供通往承包地的道路。

6. 按本村村民用电价格收取乙方电费。

7. 为乙方提供自来水，并给予乙方以甲方村民的同等待遇。

8. 在合同履行期内，甲方不得重复发包该地块。

（二）乙方的权利和义务

1. 按照合同约定的用途和期限，有权依法利用和经营所承包的土地。

2. 享有承包土地上的收益权和按照合同约定兴建、购置财产的所有权。

3. 享受国家规定的优惠政策。

4. 享有对公共设施的使用权。

5. 乙方可在承包的土地上建设与约定用途有关的生产、生活设施。

6. 乙方不得用取得承包经营权的土地抵偿债务。

7. 保护自然资源,搞好水土保持,合理利用土地。

七、合同的转包

1. 在本合同有效期内,乙方经过甲方同意,遵照自愿、互利的原则,可以将承包的土地全部或部分转包给第三方。

2. 转包时要签订转包合同,不得擅自改变原来承包合同的内容。

3. 本合同转包后,甲方与乙方之间仍应按原承包合同的约定行使权利和承担义务;乙方与第三方按转包合同的约定行使权利和承担义务。

八、合同的变更和解除

1. 本合同一经签订,即具有法律约束力,任何单位和个人不得随意变更或者解除。经甲乙双方协商一致签订书面协议方可变更或解除本合同。

2. 在合同履行期间,任何一方法定代表人或人员的变更,都不得因此而变更或解除本合同。

3. 本合同履行中,如因不可抗力致使本合同难以履行时,本合同可以变更或解除,双方互不承担责任。

4. 本合同履行期间,如遇国家建设征用该土地,甲方应支付乙方在承包土地上各种建筑设施的费用,并根据乙方承包经营的年限和开发利用的实际情况给予相应的补偿。

5. 如甲方重复发包该地块或擅自断电、断水、断路,致使乙方无法经营时,乙方有权解除本合同,其违约责任由甲方承担。

6. 本合同期满,如继续承包,乙方享有优先权,双方应于本合同期满前半年签订未来承包合同。

九、违约责任

1. 在合同履行期间,任何一方违反本合同的约定,视为违约。违约方应按土地利用的实际总投资额和合同未到期的承包金额的20%支付对方违约金,并赔偿对方因违约而造成的实际损失。

2. 乙方应当按照本合同约定的期限足额支付租金。如乙方逾期 30 日未支付租金，则甲方有权解除本合同。

3. 本合同转包后，因甲方的原因致使转包合同不能履行，给转包后的承包方造成损失的，甲方应承担相应的责任。

十、合同纠纷的解决办法

本合同履行中如发生纠纷，由争议双方协商解决；协商不成，双方同意向＿＿＿仲裁委员会申请仲裁。

十一、本合同经甲乙双方签章后生效。

十二、本合同未尽事宜，可由双方约定后作为补充协议，补充协议（经公证后）与本合同具有同等法律效力。

十三、本合同一式＿＿＿份，甲乙双方各＿＿＿份。

发包方（甲方）：（盖章）＿＿＿＿＿＿＿

承包方（乙方）：（签字）＿＿＿＿＿＿＿

签约日期：＿＿＿年＿＿＿月＿＿＿日

签约地点：＿＿＿＿＿＿＿＿＿＿＿＿＿

2. 兔场建筑

兔场的建筑包括兔舍和兔场配套设施建筑。

① 兔舍：兔舍的种类很多，要根据兔的品种、当地气候、经济状况等因地制宜的建设。

② 饲料贮藏室：要求密闭性能好，能防鼠害。室内地面要高出地平面 20 厘米，以保持室内干燥，饲料室的门要宽广，便于车辆进出。距离兔舍不可过远，便于输送饲料。

③ 人工授精室：要求干净、通风。设在兔舍旁边人员来往较少处，此室也可作为资料整理和药品存放室。

④ 剪毛室：凡是饲养长毛兔的兔场都要建剪毛室。室内光线充足，空气流动小，地面光滑，要安装门和窗，便于保管和存放兔毛。

⑤ 消毒池和隔离室：为了防止疾病传染，必须在兔场入口处设消毒池，进出人员、车辆经常消毒。较大型的兔场一定要建隔离兔舍，便于观察和治疗，可以防止疾病的传播。

⑥ 贮粪、尿池：兔粪和尿最好分开贮存，贮尿池应设在兔舍的围墙外面，池的周围用砖砌成圆形，表层再涂上水泥以防渗漏，池口应加盖。兔粪应运到固定地点堆积并压紧，进行高温发酵。贮

粪堆与兔舍距离至少 10 米。

贮粪堆和贮尿池是适宜蚊蝇滋生的场所,必须加强管理,常喷洒灭蝇药液,以保持环境卫生。

⑦ 办公室、食堂、职工宿舍和会议室等。

3. 养兔场规划

养兔场总体规划应符合生物安全的规定,按照兔的生理特点和生活习性,合理安排,周密布局,精心设计,使之有利于养好兔。要遵循生产区和生活区相隔离、病兔和健康相隔离,饲料原料、副产品、废弃物转运互不交叉的原则。要求建筑紧凑,同时考虑将来技术提高和改造的可能性。图 3-1 为规模化兔场。

图 3-1 规模化兔场

(1) 种兔场的分区 养兔场建筑设施必须明确分为生产区、管理区、隔离区三区,各区之间界限明显,联系方便。管理区占全场的上风和地势较高的地段,然后为生产区,隔离区建在下风和地势较低处。

生产区包括各种类型的兔舍和有关生产辅助设施;管理区包括工作人员的生活设施、办公设施及生产辅助设施(饲料间、车库和防疫消毒设施等);隔离区包括兽医室、病死兔处理间和粪尿处理设施。

各个功能区之间的间距大于 50 米，并用防疫隔离带或墙隔开。

（2）道路设置　养兔场与外界需有专用道路连通，场内主干道宽 5.5～6.0 米，支干道宽 2～3 米。场内道路分净道和污道，净道不能与污道通用或交叉，隔离区必须有单独的道路。道路应坚实，排水良好。

（3）工艺技术方案及设备选型

① 确定工艺技术方案和设备选型的原则：有利于卫生防疫，满足粪污减量化、无害化处理的技术要求和环保要求，有利于节水、节能，有利于提高劳动生产率，设备外观整齐、便于清洗消毒、安全卫生，有利于舍内环境控制、观察和管理兔群，优先选用性能可靠的定型产品，宜采用计算机辅助管理、现代化通信及自动监测等技术和配套设备。

② 兔场采用笼养的饲养方式，设置种兔舍、仔兔哺育舍、幼兔（育成）兔舍。

③ 种兔舍和幼兔（育成）兔舍采用自动饮水装置。

④ 人工上料，食槽喂料，设置或不设置草架。

⑤ 清粪采用人工或机械清粪。

（4）兔舍建筑

① 兔舍的建筑形式应根据当地自然气候条件，因地制宜采用适合本地气候特点的兔舍，实行"全进全出"制的宜采用密闭式兔舍。

② 兔舍内兔笼的排列可以用单列式（二层或三层重叠兔笼）、双列式（二层或三层重叠兔笼）和多列式（单层或两层兔笼）。

③ 兔舍朝向和排列：兔场朝向应以日照和当地的主导风向为依据，使兔舍长轴对准夏季主导风。我国大部分地区夏季盛行东南风，冬季多东北风或西北风。所以，兔舍朝向以南向较为适宜，这样冬季可获得较多的日照，夏季则能避免过多的日射。

兔舍之间平行等距离排列，兔舍间距不少于兔舍高度的 2 倍。

（5）兔场其他设施要求

① 饲料供应：饲料加工间和饲料库的配置应符合保证生产、加速周转和合理储备的原则。养兔场建设项目内配置的饲料加工间

应与建设规模相适应，并配以主、辅料库等必要的设施。

② 给水排水：供水设施选用无塔恒压供水装置或能保证供水压力为 1.5～2.0 千克/平方米的水塔进行供水。场区内应用地下暗管，雨雪采用明沟排放，两者不得混排。管理生活区的给水、排水按工业民用建筑有关规定执行。

③ 供暖、通风与降温：仔兔哺育舍应考虑供暖，种兔舍在夏季应因地制宜设置降温设施；兔舍一般采用自然通风方式，兔舍跨度大时采用机械通风。

④ 供电：电力负荷等级为三级。当地供电条件满足不了三级负荷时设置自备电源，自备电源的容量应满足全场计算用电负荷的二分之一。

⑤ 场内消防：兔场应有经济合理、安全可靠的消防措施，采用生产、生活和消防合一的给水设施。

(6) 卫生防疫

① 种兔场应有完整的防疫体系，各项防疫措施完整、配套、简洁和实用。

② 兔场周围有围墙，并有绿化隔离带，生产区入口设置车辆消毒设备和消毒间，进入生产区的人员车辆应严格消毒。

③ 饲料间设在生产区与管理区之间，场外饲料车严禁进入生产区。

④ 污水粪便处理区及病死兔无害化处理设施设在隔离区内，与生产区隔离，病兔尸体处理按《畜禽病害肉尸及其产品无害化处理规程》和《病害动物和病害动物产品生物安全处理规程》执行。

⑤ 开敞式或半开敞式兔舍设置防护网。防止飞禽和老鼠等进入兔舍内。

(7) 环境保护

① 新建大中型兔场要进行环境评估。确保种兔场不污染周围环境，周围环境也不污染兔场。

② 新建兔场的粪便和污水处理设施应与兔场的建设同步进行。

③ 种兔场粪便需及时进行无害化处理并加以合理利用，可采用沼气池、堆积发酵等处理方式，经无害化处理后，方可运出场外。

④ 种兔场污水必须经过以生物降解为主的处理，处理后排放时符合有关规定。

4. 建筑布局

兔场建筑布局是否合理，直接关系到劳动效率、生产成本和防疫卫生等，因此应全面考虑，合理安排。

（1）生产区 生产区是兔场的核心区，是总体布局中的主体，应慎重考虑。按主风向依次为种兔舍—幼兔舍—生产兔舍等。为便于通风，兔舍长轴应对准夏季主导风，使布局整齐紧凑，利用土地经济合理。生产区应有栏墙隔离，门口需设置消毒设备。

（2）管理区 管理区因与社会联系频繁，宜安排在兔场一角。管理区应与生产区有栏墙分隔，外来人员及车辆只能在管理区活动，不准进入生产区，以利于防疫卫生工作。

（3）生活区 包括职工宿舍和附属设施等，严禁与兔舍混建，但离生产区不宜过远，以利于工作方便。一般生活区应布局在上风向，继而安排管理区、生产区，粪便及尸体处理区应设置在下风向。

（4）隔离区 一般良种兔场都应设有隔离兔舍，新购入的种兔，以及病兔都要放进隔离兔舍饲养观察。隔离区应设在下风向，离健康兔舍较远。

（5）附属建筑 兔场的附属建筑有剪毛室、人工授精室、饲料贮藏及加工室等。根据兔场的饲养数量及经费、材料等条件，可以新建或利用旧房改建。

5. 兔舍设计的原则

养兔规模、饲养目的、生产方式、地域差别、资金投入等，由此而形成的结果（即兔舍设计与建筑形式）多种多样，但不管怎样，在兔舍设计与建筑时都必须遵循一些基本原则。

（1）最大限度地适应家兔的生物学特性 兔舍设计必须首先"以兔为本"，充分考虑家兔的生物学特性（尤其是生活习性）。家兔胆小怕惊，抗兽害能力差，喜欢干燥、怕热耐寒、怕潮湿。因此，在建筑上要有相应的防雨、防潮、防暑降温、防兽害及防严寒等措施。在确定兔舍朝向、结构及设计通风设施时就要注重防暑；兔场四周应尽可能种植防护林带，场内也应大量植树，一切空闲地均应种植作物、牧草或绿化草地。家兔喜啃硬物（啮齿行为），建造兔舍时，在笼门边框、产仔箱边缘等处凡是能被家兔啃咬到的地方，都要采取必要的加固措施或选用合适的、耐啃咬的材料。

（2）有利于提高劳动生产效率　兔舍既是家兔的生活环境，又是饲养人员对家兔日常管理和操作的工作环境。兔舍设计不合理，一方面会加大饲养人员的劳动强度，另一方面也会影响饲养人员的工作情绪，最终会影响劳动生产效率。因此，兔舍设计与建筑要便于饲养人员的日常管理和操作。这一点非常重要。举例来说，假如将多层式兔笼设计得过高或层数过多，对饲养人员来说，顶层操作肯定比较困难，既费时间，又给日常观察兔群状况带来不便，势必会影响工作效率和质量。

（3）满足家兔生产流程的需要　家兔的生产流程是由家兔的生产特点所决定的，它由许多环节组成，受多种因素影响。生产类型、饲养目的不同，生产流程也会有所不同。兔舍设计应满足相应的生产流程的需要，而不能违背生产流程进行盲目设计，要避免生产流程中各环节在设计上的脱节或不协调、不配套。如种兔场，以生产种兔为目的，就需要按种兔生产流程设计建造相应的种兔舍、测定兔舍、后备兔舍等；商品兔场，则需要设计建造种兔舍、育肥兔舍（或产毛兔舍，或商品皮兔舍）等。各种类型兔舍、兔笼的结构要合理，数量要配套。

（4）综合考虑多种因素，力求经济实用、科学合理　兔舍设计除了"以兔为本"，兼顾工作环境外，还必须考虑饲养规模、饲养目的、家兔品种、饲养水平、生产方式、卫生防疫、地理条件及经济承受能力等多种因素，因地制宜，全面权衡，不要忽视有关因素，一味地追求兔舍建筑的现代化，要讲究实效，注重整体的合理、协调，努力提高兔舍建筑的投入产出比。同时，兔舍设计还应结合生产经营者的发展规划和设想，为以后的长期发展留有余地。

6. 兔舍的样式与建筑要求

兔舍是养殖兔的场所，兔舍建设应根据兔子的生物学特性和饲养所在地的实际情况，在满足兔子的正常生长和繁殖需要的前提下，因地制宜地进行设计和规划。

遵从兔子生存习性而设计的兔舍及其内部设备才能为兔子的良

好生长提供优越的生活环境，充分发挥兔子自身的遗传潜能。

（1）兔舍样式 兔舍的建筑形式主要有封闭式兔舍、室外笼养兔舍、半开放式兔舍、带运动场式兔舍、靠山挖洞式兔舍、地窖式兔舍等。

① 封闭式兔舍：分为有窗式封闭兔舍和无窗式封闭兔舍。见图 3-2。

图 3-2 封闭式兔舍

a. 有窗式封闭兔舍：四周墙壁完整，上有屋顶（"人"字形屋顶、钟楼式屋顶或半钟楼式屋顶），南、北墙均设窗户和通风孔，东、西墙设有门和通道。舍的跨度一般不超过 8 米，舍内高度 2.5 米，窗户南侧朝阳面宜宽大，北侧相对小一点。根据兔舍跨度大小和舍内通风设施情况，可设单列、双列、四列或四列以上兔笼。这类兔舍的优点是通风良好，管理方便，有利于保温和隔热。多列式兔舍安装通风、供暖和给排水等设施后，可组织集约化生产，一年四季皆可配种繁殖，有利于提高兔舍的利用率和劳动生产率。缺点是兔舍内湿度较大，有害气体浓度较高，兔易感染呼吸道疾病。在没有通风设备和供电不稳定的情况下，不宜采用这类兔舍。此类型兔舍是目前我国进行养兔标准化生产的主流兔舍，更适用于北方笼养种兔和集约化的商品兔生产。

b. 无窗式封闭兔舍：这种兔舍四周有墙无窗，舍内的通风、温度、湿度和光照完全靠相应的设备由人工控制或自动调节，并能自动喂料、饮水和清除粪便。这类兔舍的优点是生产水平和劳动效率较高，能获得高而稳定的繁殖性能、增重速度和控制饲料的消耗量，并且有利于防止各种疾病的传播。缺点是一次性投资较大，运行费用较高。

无窗封闭式兔舍是一种现代化、工厂化养兔生产用舍，世界上少数养兔发达国家有所应用。国内主要应用于教学、科研及无特定病原（SPF）实验动物的生产，种兔饲养和集约化的商品肉兔生产。

②室外笼养兔舍：兔舍兔笼相连一体，既是兔舍又是兔笼，要求既达到兔舍建筑的一般要求又符合兔笼的设计要求。为适应露天的条件，基底要高，离地面至少30厘米（防潮防鼠），笼舍顶部防雨，前檐宜长，兔舍前后最好要有树木遮阳，夏季防晒，四季防雨雪。这种兔舍优点是结构简单，造价低廉，通风良好，管理方便，夏季易于散热，空气新鲜，有利于幼兔生长发育和防止疾病发生。特别适合于中、小型养兔场和专业户采用。适用于炎热地区饲养青年兔、幼兔和商品兔。有单列式和双列式两种。

a. 室外单列式兔舍：兔笼正面朝南，兔舍采用砖混结构，为单坡式屋顶，前高后低，屋檐前长后短，屋顶采用水泥预制板或波形水泥瓦，兔笼后壁用砖砌成，并留有出粪口承粪板为水泥预制板；见图3-3。这种兔舍造价低，通风条件好，光照充足；缺点是不易挡风挡雨，昼夜温差较大，冬季不利于母兔繁殖，易遭兽害。

图 3-3　室外单列式兔舍

b. 室外双列式兔舍：为两排兔笼面对面而列，两列兔笼的后壁就是兔舍的两面墙体，两列兔笼之间为工作走道，粪沟在兔舍的两面外侧，屋顶为双坡式（"人"字顶）或钟楼式。兔笼结构与室外单列式兔舍基本相同。与室外单列式兔舍相比，这种兔舍保暖性能较好，饲养人员可在室内操作，但缺少光照。见图3-4。

室外笼舍可以建在大树下或者在笼舍前边种上爬蔓的瓜类，以

图 3-4 室外双列式兔舍

便夏季遮阳光。冬季也可在前檐处挂帘防寒。

③ 半开放式兔舍：这种兔舍一般是南面朝阳的一面无墙，其余三面有墙，采用水泥预制或砖混结构。无墙部分夏季可安装纱窗防止蚊蝇，冬季天冷的时候用塑料布密封。舍内可用兔笼，也可以直接在地面养兔，此类兔舍结构简单、造价较低，具有通风良好、管理方便的优点。

④ 带运动场式兔舍：这种兔舍由两个部分组成，一部分在舍外，另一部分是人工挖的洞或者是一个房舍。既有供兔室外活动的场所，又有供兔在室内休息繁殖的地方。舍外部分用 60～80 厘米高的竹片、木板、铁丝网或者砖墙围成一个大的院。人工挖洞的选在冻土层较浅的山区，依山坡地形挖洞，洞深 1.5 米、宽 1 米、高 1 米，洞与洞相隔 30～50 厘米，每个洞口可安 1 个能启动的活动门，这种兔舍空气新鲜，阳光充足，而且家兔能很好运动，但必须重视必要的安全防疫设施和防止兽害。更适合母兔繁殖。

采用房舍的，在舍内用砖、竹片或木板隔成 6～9 平方米的隔栏，每个隔栏对应有一个宽 20 厘米、高 30 厘米的出入洞口与舍外场地相通，供兔自由出入，家兔出入洞口放置食槽、草架和饮水器。每个群养间可养幼兔 30～40 只，青年兔 20 只。这种兔舍的优点是饲养群大，节约人工和材料，容易管理，便于打扫卫生，空气新鲜，也能使家兔得到充分的运动。但兔舍面积利用率不高，不利于掌握定量喂食，不易控制疾病传播，而且容易发生殴斗。

⑤ 靠山挖洞式兔舍：选择向阳、干燥和土质坚硬的土山丘。将朝南的崖面，修整成垂直于地面的平面。待表面干燥后，紧靠崖

面地基砌起 40 厘米左右的高台,在此高台上,用砖、石砌 3 层兔笼。在兔笼的后壁(崖面)往里掏 1 个口小洞大的产仔葫芦洞,洞口直径为 10~15 厘米,洞深约 30 厘米,其洞向左或右下方倾斜。另外,在洞口设一活动挡板,以控制兔子进出洞。严冬季节,可在兔笼顶设置草帘保温。为防酷暑、烈日暴晒,可在兔舍前种植葡萄、丝瓜等藤蔓植物,或搭凉棚。该种兔舍集笼养、穴养二者之所长,四季均可繁殖,饲养效果优于其他兔舍,典型的因地制宜养兔方式,是我国北方山区和丘陵地带普遍采用的一种兔舍类型。

⑥ 地窖式兔舍

在冬季漫长、气候寒冷的北方农村,可选择地下水位低、背风向阳、干燥、含沙量小、土质坚硬的高岗地挖修地窖式兔舍。窖深必须超过冻土层,窖的直径一般为 70~100 厘米,窖与窖可相隔 2 米左右,窖口应高出地面 20 厘米,用砖和水泥固定后,再加上活动盖板。从窖底到地面须挖一宽 40 厘米左右的斜坡地沟,其坡度为 1∶1.5,然后用砖砌好,或用水泥管、瓦管通入,以避免家兔在通道内挖洞。在通道口上端建一高 1.6 米左右的小屋,南面有门,北面有窗,这是家兔吃食和活动的场所。在窖底的任一边再挖一深 40 厘米、宽 30 厘米、高 35 厘米的小洞,作为母兔的产仔窝。这种地窖式兔舍在最低气温达 -42℃ 的严冬可不用燃料和保温材料,造价很低,窖上窖下可通空气和见到阳光。窖底和产仔窝可保持 5℃ 以上的恒温,因而可进行冬季繁殖。春夏时节则应将家兔转移到地面饲养和繁殖。黑龙江省一些兔场的实践证明,窖养的各类家兔体质健壮,生长良好,产仔成活率达 85% 以上,发病率不到 3%。

如果兔群大而理想的高岗地小,可挖成长沟式双通道冬繁窖。长沟式窖坑上口宜用木材等物作篷盖来保温。这种窖具有通风透光和兔子能运动的条件,省工省料、占地面积小、管理方便。但窖内通风口多,温度较低,影响仔兔成活率。

⑦ 塑料大棚兔舍:塑料大棚兔舍(图 3-5)的搭建同种植蔬菜的塑料大棚在规格用材料上一样,棚内安装兔笼、供水线、照明等设施,大棚的顶部开若干个可控制开闭的通风口,以利于棚内有害气体的排出。在大棚的内部地面要铺水泥等硬覆盖,地面处理同封闭式兔舍一样,有排粪尿的沟。大棚夏季炎热时,可在棚上覆盖遮

阴网或棉毡等，同时也可将大棚底部塑料布掀起 1 米左右用来通风，但必须用铁丝网栏上，以防止老鼠等进入。

图 3-5 塑料大棚兔舍

⑧ 组装式兔舍：兔舍的墙壁、门、窗都是活动的，随天气变化组装，可移动。国外采用的较多。

（2）建舍要求 为了充分发挥兔的生产潜力，提高养兔的经济效益，建造兔舍时必须遵循下述基本要求。

① 地面：舍内地面要高于舍外地面 20～25 厘米，舍内走道两侧要有坡面，以免水及尿液滞留在走道上；兔舍地面应坚实、平整、防潮，易清扫消毒，干燥，不透水。目前，一般种兔舍多采用水泥地面。有些地区采用砖块地面，虽然造价较低，但缺点甚多，如易吸水、积粪尿，造成舍内湿度过大，消毒困难，故大型兔场不宜采用。

② 墙体：兔舍墙体应坚固、耐火、抗冻、耐水，结构简单和具备良好的保温与隔热性能。一般以砖砌墙为最理想，保温性较好，还可防兽害。

③ 门和窗：兔舍的窗主要用来采光和通风，一般要求兔舍窗户面积占地面积的 15%，射入角应不低于 25°～30°，窗台以离地面 0.5～1 米为宜。兔舍的门要结实，能保温，有利于出入，便于饲料车、粪车等的来往。兔舍的门窗都要有防兽、防蚊蝇的装备。如是封闭式兔舍，尤其是在南方或饲养量较大的情况下，应在窗户的下部另开设地窗，以利通风换气、散热。要求关闭方便，开启容易，最好能加设一幅纱门窗。

④ 舍顶：舍顶是兔舍的防护结构，用于防雨、防风、遮阳等，要求完全不漏水，有一定的坡度（除平顶及圆顶外）。舍顶形式最

常用的为双坡式，适于较大跨度的兔舍；钟楼式和半钟楼式舍顶有利于加强通风和采光，适于大跨度兔舍或温暖地区采用。兔舍屋顶形式较多，根据各地情况可自行选择，在南方炎热地区，不宜建造低矮的平顶式和拱式屋顶。在北方则不适宜建造钟楼式屋顶。兔舍屋顶的高低与保温隔热有关，一般在寒冷地区宜低一点，以 2.5 米为宜，便于保温。草棚屋顶，冬暖夏凉，透气性好，但耐用性差；小青瓦优于红砖瓦，尽量不用隔热性差的水泥瓦、玻纤瓦，如用则需加设隔热层。

⑤ 沟渠：兔舍要有良好的排水系统，这对保证兔舍内的清洁、干燥以及收集粪尿都是十分重要的。排水沟，主要用于排除兔粪、尿液和污水。要求不透水，表面平整光滑，便于清扫，有一定的斜度，便于粪尿液污水顺利流走，不在局部滞留。粪尿沟宜用水泥、砖石或瓷砖砌成，通常宽度为 25～35 厘米（对尾式加倍），坡度应小于 0.6°～0.9°或 1%～1.5%。若兔舍过长，出粪口可设置于兔舍中部或两端，以利于粪尿流畅和清扫。

⑥ 建筑材料：兔舍使用的建筑材料特别是兔笼及其笼具材料要坚固耐用，还要考虑防鼠害，墙壁、天花板不宜采用鼠易侵入躲藏的材料。要因地制宜，经济实用，尽量利用当地资源，造价低廉。北方多考虑选用具有保温性能的材料，南方选用具有隔热性能的材料。不能使用对兔有害的材料，如南方直接使用石棉瓦搭盖兔棚。因为石棉瓦含有大量玻璃纤维，经日晒、风吹、雨淋，玻璃纤维脱落随风飘扬，刺激兔子呼吸道感染，还会引起兔子气喘、咳嗽，严重时可使兔子患鼻炎、肺炎、角膜炎等多种疾病。

⑦ 通风：我国南方炎热地区多采用自然通风，北方寒冷地区在冬季采用机械强制通风。自然通风适用于小规模养兔场，机械通风适用于集约化程度较高的大型养兔场。

第三节　养兔需要哪些设备

一、兔笼

1. 兔笼的组成与设计要求

兔笼主要由笼壁、笼底板、承粪板和笼门等构成。兔笼要求造价低廉，经久耐用，便于操作管理，并符合家兔的生理要求。

（1）笼门 要求开关方便，关闭严密，一般多采用前开门。一般由两扇门组成，门框用木条钉制，门心安装铁丝网，有利于通风透光，方便观察兔的动态，在笼门左侧安装活动草架，右侧下端为活动食槽。也有的笼门全部由铁丝网焊接而成。使用金属网的较多。

（2）笼壁 兔笼的内壁必须光滑，以防钩脱兔毛和便于除垢消毒，注意所用材料要耐啃咬和通风透光。使用金属网、水泥预制板、瓷砖和红砖的较多。

兔笼的左右墙壁最好用砖砌或水泥预制板安装，以免相互殴斗，笼的后壁也可以用竹片、打眼铁皮、铁丝网制成，以利于通风。

（3）笼底板 平而不滑，易清理消毒，耐腐蚀，不吸水。笼底板应是活动的，可以随时安装、取出，由竹片、金属网、塑料等材料制作。目前普遍以毛竹条钉制的地板经济实用，竹条的长短要整齐，底板大小规格一致，便于取下洗刷消毒和轮换使用，每根竹条的宽度约 2.5 厘米，但是竹条之间的间隔可以钉成 2 种规格，一种是饲养成年兔，间隙为 1.2～1.5 厘米，粪便可以顺利漏下，一种是饲养幼兔，间隙 0.5～1.0 厘米。过宽易使兔足陷进缝隙而造成骨折。如用金属材料制作，为便于家兔行走，网眼不能太大，但又要让兔粪能够掉下，一般以 1.2～1.5 厘米见方为宜。

（4）承粪板 前伸 3～5 厘米，后延 5～10 厘米，前高后低式倾斜，倾斜角度为 10°～15°，以便于粪尿自动落入粪尿沟，便于清扫。水泥预制板做承粪板的，在多层兔笼中，即是下层兔笼的笼顶。承粪板一般使用水泥板或塑料板。

凡重叠式兔笼都必须装置承粪板，以防粪尿漏入下层笼内。承粪板一般多用水泥预制板，板厚 2.5 厘米。或者用石棉板，重量轻，价格也便宜。安装的角度应与水平面呈 15°的倾斜角，粪尿能自行滚落到粪沟，为了防止上层笼的粪尿漏在下层笼的笼壁上，承粪板应超出笼外一定长度，第二层兔笼承粪板的前沿应超出笼体 3 厘米，后沿超出 7 厘米，最上层承粪板的前沿超出 3 厘米，后沿超出笼体 10 厘米。最下层的粪尿可直接落在地面，但地面要光滑且投资养兔——你准备好了吗？

有坡度，以利粪尿流入粪沟。

（5）支架　可用角铁、槽冷铁，也可用竹棍、硬木制作。底层兔笼离地面一般30厘米左右。

2. 兔笼规格

一般以种兔体长为尺度，笼宽为体长的1.5～2倍，笼深为体长的1.1～1.3倍，笼高为体长的0.8～1.2倍。具体尺寸见表3-2，组装后重叠兔笼外形尺寸见表3-3。

表3-2　兔笼规格表　　　　　　　　　　　厘米

饲养方式	种兔类型	笼宽	笼深	笼高
室内笼养	大型	80～90	55～60	40
	中型	70～80	50～55	35～40
	小型	60～70	50	30～35
室外笼养	大型	90～100	55～60	45～50
	中型	80～90	50～55	40～45
	小型	70～80	50	35～40

表3-3　组装后重叠兔笼规格　　　　　　　厘米

名称	规格	尺寸
商品/育肥兔笼	3层4列12笼位	200×150×50
商品/育肥兔笼	4层4列16笼位	200×168×50
子母兔笼	3层4列12笼位	200×150×60
种兔笼	3层3列9笼位	180×150×60

3. 兔笼类型

（1）按制作材料划分　金属兔笼、水泥预制件兔笼、砖或瓷砖制兔笼、木制兔笼、竹制兔笼和塑料兔笼等，常见的有金属兔笼、水泥预制件兔笼、砖或瓷砖制兔笼等4种。

① 金属笼：金属笼（图3-6）是规模化兔场经常采用的兔笼，大多用冷拔钢丝镀锌制作，网丝直径多为2.3毫米，网孔一般为

168

图 3-6　金属兔笼

（20×150）毫米或（20×200）毫米。适宜于室内养兔使用。优点是组装方便、占用空间少，消毒方便。缺点：一是容易生锈，用不了几年就要淘汰，从长远看，成本较大；二是工具笼底是整体固定的，清洗拆卸不方便；三是兔脚接触面小，兔子接触金属很容易生脚皮炎，而一旦得脚皮炎则很难治愈。建议底网不用金属网，改为使用竹片制作的底网。

②　水泥预制件兔笼：我国南方各地多采用水泥预制件兔笼（图 3-7），这类兔笼的侧壁、后墙和承粪板都采用水泥预制件组装成，配以竹片笼底板和金属或木制笼门。主要优点是耐腐蚀，耐啃咬，适于多种消毒方法，坚固耐用，造价低廉。缺点是通风、隔热性能较差，移动困难。

图 3-7　水泥预制件兔笼

③　砖、石制兔笼：采用砖、石、水泥或石灰砌成，是我国南方各地室外养兔普遍采用的一种，起到了笼、舍结合的作用，一般建造 2～3 层。主要优点是取材方便，造价低廉，耐腐蚀，耐啃咬，

防兽害,保温、隔热性较好。缺点是通风性能差,不易彻底消毒。见图 3-8。

图 3-8 砖、石制兔笼

④ 瓷砖制兔笼:采用瓷砖制成,目前山东省采用此种比较多,一般建造 2~3 层。主要优点是瓷砖兔笼易洗刷、不吸水、无污染,能保持笼内干燥、无粪尿气味,不滋生有害菌,有利于减少獭兔呼吸道疾病的传播;耐腐蚀,耐啃咬,防兽害;厚度仅 1 厘米,节省占用空间;比水泥兔笼重量轻 1 倍以上,安装劳动强度小,安装快。见图 3-9。

图 3-9 瓷砖制兔笼

(2) 按兔笼层数划分 单层兔笼、双层兔笼和多层兔笼。其中国外使用单层兔笼较多,单层兔笼不能经济利用地面,四层兔笼太高,不便于操作,以二层或三层笼为适宜,第三层笼的高度也要适中,以方便捉兔为准,总高度不能超过 2 米。第一层笼底距离地面不可过低,至少 25 厘米。笼的深度要方便捉兔,以 60 厘米为宜。兔笼高度以高兔笼为好,这样有利于兔体的生长发育,但总高度不超过 2 米,若建三层兔笼,每层笼高不得超过 40 厘米。若建 2 层兔笼，每层高度可达 50~60 厘米。

（3）按兔笼组装排列方式划分 平列式兔笼、重叠式兔笼和阶梯式兔笼（包括半阶梯式兔笼和全阶梯式兔笼）。

阶梯式兔笼在兔舍中排成阶梯形。先用角铁、槽冷板、水泥预制件、木料等材料做成阶梯形的支撑架，兔笼就放在每层支撑架上。笼的前壁开门，料槽、饮水器等均安在前壁上，在品字形笼架下挖排粪沟，每层笼内的兔粪、尿直接漏到排粪沟内。沟底呈 W形，兔笼一般用金属网和竹笼底等材料做成活动式。这种兔笼的主要优点是通风、采光好，易于观察，耐啃咬，有利于保持笼内清洁、干燥，充分利用地面面积，管理方便，节省人力；其缺点是造价高，金属笼易生锈。

① 平列式兔笼：兔笼均为单层，一般为竹木或镀锌冷拔钢丝制成，又可分单列活动式和双列活动式两种。主要优点是有利于饲养管理和通风换气，环境舒适，有害气体浓度较低。缺点是饲养密度较低，仅适用于饲养繁殖母兔。见图 3-10。

图 3-10 平列式兔笼

② 重叠式兔笼：这类兔笼在长毛兔生产中使用广泛，多采用水泥预制件或砖结构组建而成，一般上下叠放 2~4 层笼体，层间设承粪板。主要优点是通风采光良好，占地面积小。缺点是清扫粪便困难，有害气体浓度较高。见图 3-11。

③ 阶梯式兔笼：这类兔笼一般由镀锌冷拔钢丝焊接而成，在组装排列时，上下层笼体完全错开，不设承粪板，粪尿直接落在粪沟内。主要优点是饲养密度较大，通风透光良好。缺点是占地面积

图 3-11 重叠式兔笼

较大，手工清扫粪便困难，适于机械清粪兔场应用。见图 3-12。

(a)

(b)

图 3-12 阶梯式兔笼

二、饲喂设备

1. 料槽又称食槽或饲料槽

目前常用的有竹制、陶制、铁皮制及塑料制等多种形式。料槽要求坚固、耐啃咬，易清洗消毒，方便实用，造价低廉等优点。目前大型机械化兔场多采用自动喂料器，中小型兔场及家庭养兔可按饲养方式而定，采用陶制料槽或多用转动式料槽。一般料槽长 35 厘米、高 6 厘米、宽 10 厘米、底宽 16 厘米。

（1）陶制食槽 呈圆形，直径 12～14 厘米，高 10 厘米。陶制食槽价格便宜，但容易破损，最好每次喂料后即将食盆取出。见图 3-13。

（2）竹制食槽 将粗毛竹劈成两半，两端钉上木板，除去中央

图 3-13　陶制食槽

的竹节即成简易食槽，长度根据需要可长可短，就地取材，经济实用。在山区还可利用石头、水泥制成圆形或长方形食槽，不会被兔踩翻。

（3）金属食槽　用镀锌铁皮制成，呈半圆形，槽口的大小应便于兔头出入食槽并吃到饲料，槽的高度以兔的前肢不能踏入槽内为宜，槽长一般长 15～20 厘米、宽 10 厘米、高 10 厘米。金属制的食槽容易被踩翻，需固定在笼壁上，易拆卸且安装，右侧以挂钩固定，左侧用风钩搭牢，喂食时不需打开笼门，且不易损坏。加工金属食槽时要在槽口留有 0.5 厘米宽的卷边，可防饲料被扒到槽外。见图 3-14。

图 3-14　金属食槽

2. 草架

用草架喂草可以节省喂草时间，又可以减少草的浪费。草架一般呈"V"字形，采用活动式草架，可固定在一个活动轴上，往外翻可添草，往里推可阻挡仔兔从草架空间落出来。装上草架可以保持笼内清洁卫生，草架一般都用镀锌铁丝焊制而成，内侧缝隙宜宽

4～6厘米，便于兔子食草，外侧缝隙要窄，为1～1.5厘米，或用钢丝网代替，以防小兔钻出笼外。但工厂化养兔，由于饲喂全价颗粒饲料，一般不设有草架。

三、饮水设备

常用的饮水器形式有多种。一般小规模兔场或家庭养兔多用瓷碗或陶瓷水钵。优点是清洗、消毒比较方便，经济实用。缺点是每次换水要开启笼门，易被粪尿污染和推翻容器。笼养兔可用盛水玻璃瓶倒置固定在笼壁上，瓶口上接一橡皮管，通过笼前网伸入笼内，利用高度差将水从瓶内压出，使兔自由饮用。

大型兔场一般常用乳头式或鸭嘴式自动饮水器，由减压水箱、控制阀、水管及饮水乳头等组成。当兔触动饮水乳头时，其乳头受压力影响而使内部弹簧回缩。水即从缝隙流出。优点是能防止饮水污染，又节约用水。缺点是投资费用高，要求水质干净，容易堵塞和滴漏。见图3-15。

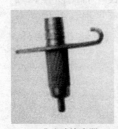  

(a) 乳头式饮水器　　(b) 鸭嘴式饮水器　　(c) 减压水箱

图 3-15　饮水设备

四、产仔箱

产仔箱又叫巢箱，是母兔用来产仔、哺乳的设备，是育仔的重要设施。一般多采用木板或金属网片、硬质塑料等制成。木板要刨光滑，没有钉、刺暴露。箱口钉以厚竹片，以防被兔咬坏。木箱的大小，以母兔能伏在箱内哺乳即可。箱的底部不要太光滑，否则易使仔兔形成八字腿。分为平放式和外挂式两种。见图3-16。

（1）平放式产仔箱　国内目前各地常用的产仔箱有两种式样，

(a) 外挂式产仔箱　　　　(b) 平放式产仔箱　　　　(c) 产仔箱应用实例

图 3-16　产仔箱

一种是用 1～1.5 厘米的厚木板钉成 40 厘米×26 厘米×13 厘米的长方形敞开平口产仔箱,箱底有粗糙锯纹,并留有间隙或小孔,以防仔兔滑倒和利于尿液的排除。另一种为 35 厘米×30 厘米×28 厘米的月牙形缺口产仔箱,产仔、哺乳时可横侧向以增加箱内面积,平时则以竖立向以防仔兔爬出箱外。

还可以用稻草编扎成的草窝作为产箱,顶部加盖,留有出气孔,既保暖又安全。使用这种产箱,母、仔必须分群管理,母兔喂奶后立即送回原笼。

(2) 外挂式产仔箱　用木板、纤维板或硬质塑料制成,悬挂在笼门上,产仔箱上方加盖一块活动盖板。在与兔笼接触的一侧留有一个 (18×18) 厘米的方形洞口,供母兔进入巢箱,并装有活动闸门,洞口下缘与笼底板相平,距离箱底有 7 厘米,此法的优点是被遗落到笼底板上的仔兔仍能爬到产箱内。这类产仔箱具有不占笼内面积、管理方便的特点。

五、饲料加工设备

饲料加工设备包括粉碎机和颗粒饲料机等。

1. 粉碎机

饲料粉碎机主要用于粉碎各种饲料和各种粗饲料,饲料粉碎的目的是增加饲料表面积和调整粒度。增加表面积提高了适口性,且在消化道内易与消化液接触,有利于提高消化率,更好吸收饲料营养成分。调整粒度一方面减少了畜禽咀嚼对耗用的能量,另一方面使输送、贮存、混合及制粒更为方便,效率和质量更好。

一般的畜禽料通常采用普通的锤片式粉碎机、对辊式粉碎机和爪式粉碎机（图 3-17）。选型时首先应考虑所购进的粉碎机是粉碎何种原料用的。

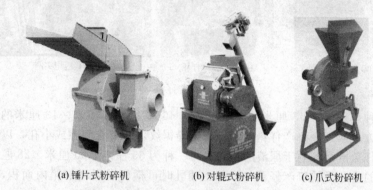

(a) 锤片式粉碎机　　　(b) 对辊式粉碎机　　　(c) 爪式粉碎机

图 3-17　粉碎机

粉碎谷物饲料为主的，可选择顶部进料的锤片式粉碎机；粉碎糠麸谷麦类饲料为主的，可选择爪式粉碎机；若是要求通用性好，如以粉碎谷物为主，兼顾饼谷和秸秆，可选择切向进料锤片式粉碎机；粉碎贝壳等矿物饲料，可选用贝壳无筛式粉碎机；如用作预混合饲料的前处理，要求产品粉碎的粒度很细又可根据需要进行调节的，应选用特种无筛式粉碎机等。

（1）对辊式粉碎机　是一种利用一对作相对旋转的圆柱体磨辊来锯切、研磨饲料的机械，具有生产率高、功率低、调节方便等优点，多用于小麦制粉业。在饲料加工行业，一般用于二次粉碎作业的第一道工序。

（2）锤片式粉碎机　是一种利用高速旋转的锤片来击碎饲料的机械。它具有结构简单、通用性强、生产率高和使用安全等特点。

（3）爪式粉碎机　是一种利用高速旋转的齿爪来击碎饲料的机械。其特点是体积小，重量轻，工作转速高，产品粒度细，对加工物料的适应性广。但其不足之处是功率消耗大、噪声高、单机粉碎产量小。

2. 饲料颗粒机

饲料颗粒机（图 3-18），是将已混粉状饲料经挤压一次成型为圆柱形颗粒饲料，在造粒过程中不需要加热、加水，不需烘干，经自然升温达 70～80℃，可使淀粉糊化，蛋白质凝固变性，颗粒内部熟化深透，表面光滑，硬度高，不易霉烂，变质，可长期贮存。提高了畜禽的适口性和消化吸收功能，缩短畜禽的育肥期。

图 3-18　小型颗粒饲料机

六、人工授精设备

兔用人工授精设备包括采精器、输精枪、显微镜等设备。

1. 兔用人工授精采精器

兔用人工授精采精器（图 3-19）包括假阴道和透明集精器两部分。集精器与假阴道连通，假阴道由圆筒外壳、乳胶或橡胶套型内胎和橡胶集精套组成，套型内胎为一端细，另一端粗，橡胶集精套设有内口，套型内胎细端固定在圆筒外壳的一端，套型内胎粗端穿过集精套内口并反套固定在集精套上。

图 3-19　采精器

透明集精器为带刻度的离心管，集精器开口端插装在集精套内口上。使用时，假阴道内注入一定量的热水（38～39.5℃），套型内胎一部分在假阴道口处形成近似三角形、四边形或圆筒的形状，一部分在热水中形成了一定长度和宽度的峡部及一定长度和宽度的壶腹部，近似于漏斗的形状，更好地模拟了兔阴道的内环境，便于使用。

2. 输精枪

兔人工授精输精枪（图 3-20）是用于将人工采集的公兔精液输入到发情母兔阴道内的器具。包括枪头、精液瓶和连续注射装置。可实现定量注射。

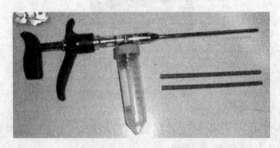

图 3-20　输精枪

3. 显微镜

显微镜（图 3-21）用于检查采集的公兔精液质量的器材。主要检查精子的密度、畸形率和活力。

图 3-21　显微镜

七、编号工具

为了方便种兔记录及选种、选配等，对种兔及实验兔进行编号。常用的编号工具有耳号钳和耳标。

1. 耳号钳

耳号钳（图 3-22）包括钳子一把，耳刺一副，专用字钉咬合棉刺垫一块，把手弹簧一个，号码钉一副（4 份 0～9 字码钉，A～Z 英文字母钉，4 个空白字码钉）以及刺号墨水（红色、黑色和蓝色）。

图 3-22　耳号钳

2. 耳标

耳标（图 3-23）是动物标识之一，用于证明牲畜身份，承载牲畜个体信息的标志，加施于牲畜耳部。

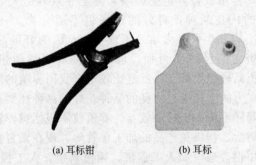

(a) 耳标钳　　　　　　(b) 耳标

图 3-23　耳标钳及耳标

耳标由主标和辅标两部分组成。主标由主标耳标面、耳标颈、耳标头组成。主标耳标面的背面与耳标颈相连，使用时耳标头穿透牲畜耳部、嵌入辅标、固定耳标，耳标颈留在穿孔内。耳标面登载编码信息。由铝质或塑料制成，还要用专用的耳号钳方能安装。

第四节　兔 的 引 进

一、怎样引进种兔

种兔质量决定兔场的未来，因此，引种至关重要。

1. 兔品种的确定

种兔的引进要根据市场需求、品种来源难易程度、投资者经济实力、养殖技术掌握、当地养兔状况综合决定。比如，现在肉兔销售很好，越来越多的人愿意吃兔肉，兔肉产品需求很大，肉兔就是可以优先考虑的品种。近几年，国内外市场对獭兔的需求量逐年增加，行情不断上涨，养獭兔不愁销路，养殖效益好，养殖獭兔也是不错的选择。品种来源容不容易主要是指能不能购买到、到哪里能买到真正的优良品种，有的时候会出现公认的好品种多少钱买不到的情况。目前在种兔交易市场中，一些不法商贩利用养殖户发财心切、不懂养殖技术和丧失警惕的机会，采取"炒种"、"倒种"等手段，有的养兔场也以炒兔种为主，萝卜快了不洗泥，以次充好、以假充真坑骗不懂行的投资者，贩卖劣质兔种，上当的人很多，坑害了不少养殖户。如果引进不到货真价实的好品种，养殖效益肯定受影响，甚至导致养兔失败。如果购买不到纯正的优良品种，再好的市场也不适合你。一分钱一分货，在引种上想花小钱办大事是不现实的，因为好的品种本身价值就高，投资者的经济实力强，可以直接从国外引进优良的品种，比如肉兔品种伊拉配套系就是比较适合我国养殖的好品种。或者从国内有实力的公司引进优良的品种。好的品种还要有好的养殖技术，否则同样不能取得好的效益。养殖技术包括饲养管理、饲料营养、疾病防治、初级兔产品的加工保管等，现在繁育技术在规模化养兔上应用很普遍，如人工催情、频密繁殖、人工授精等技术，可以成倍提高养兔的效益，作为规模化养兔场必须掌握这些技术。当地如果养兔产业很发达，已经形成养兔优势区域，有固定的养殖品种，比如大多数都养獭兔，那么这个地区从兔种、饲料、兔病防治药物和疫苗、兔皮收购加工等都有很好的保障，投资者就要选择这样的品种饲养，而不能与大多数养殖场不同步，自己养殖长毛兔或肉兔。

2. 考察供种场

确定了引进什么品种之后，就要了解哪些公司、种兔场、养兔场（户）能提供这些品种，要对这些供种的场户有深入的考察。

首先是到周围养兔场（户）中了解，看这些养殖场（户）的种兔来源、生产性能及健康状况，从哪里引进的种兔，在饲养过程中有什么问题，这些最直接的信息非常有参考价值，实践是检验真理的唯一标准，只有经过大家认可的好品种，才值得引进。还可以向有关部门咨询，养殖户到外地引种，应该首先到当地畜牧局、工商局、动物防疫站等部门咨询，了解养殖场的资质、技术力量、管理水平、信誉度等真实底细，再决定是否引种。

然后根据养殖场（户）的反应和有关部门了解到情况，到大家都认可的信誉较好的供种场去考察，考察该场的饲养管理水平，可以了解到种兔生产是否正规，一定要看这个兔场的种兔群，一看种兔群是否健康；听是否有咳嗽的，看是否有鼻子和眼睛不干净的，看消化道及粪便是否正常，看是否有痒螨、耳螨、皮肤真菌病等；二看种母兔是否正在正常产仔，有无产仔的母兔，有无仔兔、幼兔，如果没有或者很少，那这个单位就是倒种的；三看产仔母兔和仔兔是否健康正常。

还要看三证，即营业执照、种畜禽生产经营许可证和动检证。看是否有工商局注册的营业执照，如有此证，证明在工商局已经备案。看是否有省动检局批准颁发的"种畜禽生产经营许可证"，如果有此证，证明该单位有权生产经营种兔。如果没有此证，说明该单位没有资格生产和销售种兔，它销售种兔的这种行为是违法的。看是否有当地畜牧动检部门颁发的"动检证"。

最后还要看系谱档案、防疫制度是否齐全可靠，兔舍管理是否有序，这是种兔场良性运行的保证。一个脏乱差的环境是不能生产出合格产品的。还要了解该场发没发生过毛癣病、呼吸道疾病。坚决不能从发生过这些疾病的兔场引种。

千万不要到打一枪换一个地方的所谓"獭兔培训中心"、"獭兔引种速成班"、"獭兔良种培育总场"等地方学习和引种。

最好到有《种畜禽生产许可证》、有信誉保证、有良好的售后服务、有固定的养殖场、有一定养殖规模和有签订产品回收法律公证的"六有"单位引良种,谨防受骗。

3. 引种季节

家兔怕热,且应激反应严重。所以,引种季节一般以气温在20～25℃的时候比较合适。因此,在春秋季引种为宜。春季天气转暖,光照增多,草木萌发,此时种兔繁殖率高,仔兔成活率也高。秋季引种,经过一个冬季的饲养,对当地的气候条件和饲养方式有所适应,到了翌年春季就可配种繁殖,投入生产,有利于提高引种后的经济效益和社会效益。切忌在夏季引种,冬季气候寒冷,以少引种为好。特别是刚断奶的仔兔,由于饲养管理条件的突然改变,又受炎热或寒冷环境的刺激,极易发生疾病甚至死亡,带来不必要的经济损失。

4. 引种数量

引种的数量多少要根据引种的目的和现有的条件确定。一是兔舍的条件,兔舍能饲养多少只种兔、多少只仔兔、多少只商品兔等,都是根据兔舍的面积固定的,所以,要知道本场能容纳多少只兔子,才能知道要引进多少只种兔;二是种兔的公母比例,采用自然交配或人工辅助交配与采用人工授精技术配种,所需要的公兔数量相差很大。采用自然交配或人工辅助交配公母兔比例为1∶(8～10),而采用人工授精公母兔比例为1∶(80～100),饲养管理水平高更多。所以,对于新建场的,公兔比例可适当加大,已经走上正轨的规模化养兔场(户),公母兔比例可以完全按照标准执行,这样可减少很多开支,效益却能增加很多。

另外,很多人建议对以前没有养殖过兔的新养殖户,第一次引进种兔的时候,数量要少,引进几组就行。主要是从新养殖者对养兔的技术和经验掌握方面考虑的,这样的建议也可以作参考。但是,无论是新养殖者还是养殖过的人,要想养好兔,都必须掌握兔的养殖技术,否则进多少都没有成功的把握。因此,要在掌握养兔技术以后才能引进种兔,边养殖边实践摸索不是十分科学的做法。

5. 引种年龄

种兔年龄与生产性能、繁殖性能均有密切关系,一般种兔的使用年限只有3～4年,老兔种兔的生产价值低,没有引种价值。此外,30日龄内未断奶的仔兔因适应性和抗病性较差,引种时也需注意。青年兔对环境条件有较强的适应能力，引种成功率高，利用年限长，种用价值高，能获得较高的经济效益。因此，引种应以3～5月龄的青年兔或者体重在1.5千克以上的青年兔为好。

二、如何选择良种长毛兔

良种长毛兔的选择，从生产性能和体型外貌特征两个大的方面选择。

1. 从生产性能看

应选具有产毛量高、体型要大、适应性强、抗病力强、繁殖力高、遗传性能稳定等优良特性的公、母兔。选择长毛兔良种需要满足以下要求。

（1）产毛量高　饲养长毛兔的主要目的就是要获得量多质优的兔毛。因此，产毛量高是第一要素。从具体指标上测定兔毛产量和质量的主要依据是兔毛产量、密度、长度、均匀度和毛被结构等。

① 产毛量：是长毛兔最主要的经济性状，一般以年产毛量进行评定。德国统一以6～9月龄的产毛量乘以4作为年产毛量，这样就简化了选择的手续和缩短了选择的时间。一般来讲年产毛量至少要达到平均数以上才能作为良种选留。

② 兔毛密度：主要以覆盖皮肤的程度来衡量，完全覆盖而不露皮肤者为最密。

③ 兔毛长度：以毛丛自然长度来衡量，剪毛时通常要求毛长5厘米以上。

④ 兔毛均匀度：主要指兔体各部位的绒毛应稠密一致，不能腹部毛密而短，背部毛稀而长。

⑤ 毛被结构：主要指毛纤维的3种类型（细毛、粗毛、两型毛）应组成比例适当，无缠结现象，如无粗毛或粗毛比例太少则属"病态毛"，容易缠结降级。

就我国目前饲养的长毛兔品系来看，德系兔是产毛量最高、毛质最好的良种兔之一。该兔的最大特点是被毛密度大，有毛丛结构，细毛含量达95％左右，块毛率为1％；法系长毛兔的最大特点是毛质粗硬，粗毛含量较高，通常可达15％左右。

近年来，江浙地区培育的高产优质长毛兔，特别是镇海种兔场选育的巨型高产长毛兔，可谓目前国内生产性能最佳的良种长毛兔。

（2）体型要大　长毛兔的体型大小与产毛量有着密切的关系。据测定，其相关系数 $\gamma = 0.568$，存在着体型越大、产毛量越高的正相关。从目前国内外长毛兔的育种动向来看，20 世纪 80 年代之前，种兔的体型都较小，一般体重 3 千克、年产毛量 500 克以上者就可称作良种兔。但目前，凡体重低于 4 千克、年产毛量在 1000 克以下者均称不上良种兔。45 日龄的仔兔，体重应在 0.75 千克以上，低于这个标准的仔兔则不要购买。凡选留作种用者，其体重和体尺均要求在全群平均数以上。

但也要注意，有的售种兔户为了迎合人们选择个体大的这种心理，采取杂交方式和特殊饲养方法，育成体个较大的毛兔，并以此为门面误导购兔者选购他们的种兔。这样的长毛兔杂交个体虽然体格较大，但是它的遗传性能较差，后代分化严重，衰退快，种用价值不高。

（3）适应性强　优良种兔不但应具有较大的体型和良好的生产性能，而且对外界环境要有较强的适应能力，对饲料营养有较高的利用转化能力。就我国目前饲养数量较多的长毛兔品系来看，普遍反映德系兔较难饲养，对饲料条件要求较高，耐粗性和耐热性较差，公兔有夏季不育现象；法系兔则适应性较强，耐粗性较好，饲料利用转化率较高；镇海种兔场培育的良种兔，系选用国外良种与本地长毛兔经多年高代杂交选育而成。据山东、安徽、江苏、福建、江西、河南、河北、上海等地引种饲养的场、户反映，对各地环境条件均有较好的适应能力。

选购的时候要在当地养兔户中多了解，哪些品种的种兔适应性强。

（4）繁殖力高　种兔繁殖力的高低与经营者的经济收益有着密切关系，要提高一个兔场的兔群质量，优良种兔必须能提供大量的仔兔，以不断更新低产种兔群。繁殖性能主要是指受胎率、产仔数、初生窝重、断奶窝重和仔兔成活率。繁殖性能好的品种受胎率应在 85% 以上；母兔的平均窝产仔数应在 6 只以上；断奶兔的成活率应在 80% 以上等。

（5）遗传性稳定　优良种兔不仅要求其本身有良好的生产性能，而且还要将本身的高产性能稳定地遗传给后代。表示遗传性能的具体指标就是遗传力。从育种角度讲，凡遗传力高的性状，个体选择的效果较好，表型选择的准确性也愈大。就长毛兔的主要经济性状而言，年产毛量和仔兔断奶成活率的遗传力较高，生长速度和饲料利用率的遗传力中等，产仔数的遗传力较低。因此，选择种兔的时候首先要选择那些年产毛量高和断奶成活率高的种兔后代，其次看生长速度和饲料利用率，最后再看产仔数。

2. 从体貌和健康状况看

外貌要求头毛丰盛，脚毛奔放，耳毛浓密，飘出耳外，背部、腹部长满绒毛的"五毛俱全"的外形。体质结实，骨骼正常，一般体长约为体宽 3 倍，健康良好，脊椎、骨柱不易分辨，周身绒毛紧贴而有光泽，被毛密度大、绒毛不缠结；眼睛圆瞪明亮、有神，行动敏捷，耳有血色；腹部无瘤肿和腮毛，肛门及阴部干燥洁净，粪成团粒；抓住种兔颈背皮毛，感觉应挣扎有力，放在地上急于逃走。

公兔具有头方、耳大、腮帮宽、两眼明亮有神、颈粗、胸前宽而后深长（心肺发育好）、臀腰宽广平直、臀圆、肌肉丰满、腹肌厚、富弹性、离地高。整个体躯前后一致，呈蛇形。四肢粗壮，站立姿势端正，行动敏捷，食欲旺盛，性欲强，胆大，不怕人，时常用下颌磨蹭兔笼。手触摸其臀部，则护尾而转圈，甚至咬人，或跃起作环形撒尿。公兔的遗传性可以传给大量的后代，所以选留的公兔要雄性强，阴茎略向体后勾曲，阴囊能随外界气温的升高而松弛、下降、收缩，睾丸大，外观饱满，附睾充盛，左右阴囊内睾丸大小一致、对称。

母兔具有头型清秀，面颊小，眼大明亮，皮薄而富弹性，皮下多脂肪，耳较公兔薄而血管更清晰。胸前窄而后深阔（心肺发育好），臀腰结实，臀圆大（骨盆大，有利孕产），腹紧凑，整个体躯后大于前，呈锥形（凡发现母兔腹部松弛而悬垂或驼背，或腹部鼓突似纺锤，或腹干瘪上缩者，均应淘汰）站姿端正，行动灵活，性情温驯，食欲旺盛。乳头对称，偶数，一般以 3～6 对为宜。

三、如何选择良种獭兔

獭兔贵在其毛、皮、肉兼有。我们提到皮用兔，主要是以獭兔为代表的。其选种重点和评定标准就以此为中心。具体选种标准要求如下。

1. 皮毛品质

獭兔被毛和皮板质量决定着獭兔的商品价值。因此皮毛品质应作为獭兔选种的重中之重。在国外，獭兔鉴定评分标准，被毛品质已占40%～50%，可见其重要地位。

獭兔最基本特征是表现在毛皮上，可用"短、细、密、平、美、牢"概括其毛皮特征。所谓"短"就是毛纤维短，根据毛纤维长短，国外把家兔分为三大类：一是毛长3～4厘米的叫标准毛品种，绝大多数皮肉兔都属于种；二是毛长超过4厘米的叫长毛品种，包括安哥拉兔和狐兔；三是毛长不足3厘米的叫短毛品种，獭兔属于这一类。我国群众有时把普通的皮肉兔称为短毛兔，这是和长毛兔相对比较而言，实际指的是标准毛品种。真正的短毛兔唯一的品种是獭兔，理想毛长为1.6厘米（1.3～2.2厘米）。"细"就是指绒毛纤维横切面直径小，粗毛量少，不突出毛被，并富有弹性。"密"就是指皮肤单位面积内着生的绒毛根数多，毛纤维直立，手感特别丰满。"平"就是毛纤维长短均匀，整齐划一，表面看起来十分平整。"美"就是毛色众多，色泽光润，绚烂多彩，显得特别优美。"牢"就是说毛纤维与皮板的附着牢固，用手拔，不易脱落。

选种时要求种兔被毛丰满、厚实并平顺，毛纤维细而直立，并富有弹性，韧性好，有油性，枪毛含量少且不超出绒毛面，腹毛密度与背毛密度差距不大。绒毛长度在1.3～2.2厘米，以1.6厘米为最佳，短毛极少，甚至没有。手指伸入臀部被毛，手感紧密厚实，绒毛超出手指，说明密度、长度良好；或口吹被毛，形成旋涡中心露皮不超过4平方毫米，说明密度良好。

2. 毛色

毛色是评定皮毛商品价值的重要依据。目前獭兔的色型有20

多种，其中大多数是杂交后经选育而成的，有的毛色由于选育时间短，群体内数量少，遗传性不稳定，极易出现分离现象。在众多毛色中，以白色、海狸、八点黑、黑色、红色等獭兔的毛色相对较为稳定。不论何种色型都要求毛色纯正、色泽光亮，忌杂毛和杂色斑点。具有该品系特定的色型要求，最忌毛色混杂，即在一张皮上混有异色或异色毛。白色獭兔应该全身毛色洁白，无杂毛和杂色斑点，相应的眼睛颜色为粉红色，脚爪为白色，否则为非纯种。从商品角度考虑应多选养白色和八点黑色獭兔，这是因为这两种色型的獭兔饲养数量较多，利于提纯复壮，避免近亲繁殖，遗传性能稳定，不会出现杂色后代，白色可以染制模拟成人们所喜欢的各种颜色。

3. 体型

獭兔体型中等，结构匀称，头宽大，耳中等大，竖立呈 V 形，眼大而圆，腰部肌肉丰满，臀部发达，成年母兔 3.5～4.3 千克，公兔 3.6～4.8 千克，体长 38～42 厘米，胸围 27～32 厘米。凡头部狭长、鼻部尖细、耳过大或过薄、竖立无力或出现下垂现象，眼无神、迟钝、有眼屎，眼球颜色与标准色型不一致者，均属严重缺陷，不宜留做种用。

从商品角度考虑，体型要求向大型化发展，目的在于增加皮张面积和提高产肉力。皮张面积大，则可利用面积大，商品价值高。在国外，由于向大型化选择，将体型大小的评分鉴定标准，由过去占 5％提高到 35％。因此我们在选种时要注意选留体型大的个体，一般要求成年兔在良好的饲养管理条件下体重达到或超过 4 千克。但是种兔体重越大得脚皮炎的概率越高，所以在选留大体型个体时，还要注意脚毛是否丰厚。同时，不能忽视对其他性状的选择，尤其对毛皮质量的选择，不能顾此失彼。

4. 体质

只有种兔体格健壮、体质结实、四肢强壮有力，肌肉发达，前后肢毛色与体身主要部位基本一致。生长发育良好，才能表现出正常的生产性能和较高的种用价值。具体要求是：眼睛明亮，肩宽广且与体躯结合良好，腰部肥壮，臀部发达，四肢强壮有力，各部位发育匀称，行动灵活，抗病力强。外生殖器若有炎症，肛门附近有粪尿污染，爪、鼻、耳内有疥癣者，不应留做种。

5. 繁殖性能

种兔的繁殖性能决定着育成商品兔的数量，影响着养兔的效益，因此必须重视种兔的繁殖性能。公兔表现雄性强，性机能旺盛，要求睾丸对称，隐睾或单睾均不能留作种用。性情活泼，反应敏感，无恶癖。母兔要求母性好，哺育能力强，泌乳力、产仔和育活率高，要有发育良好的乳头 4 对以上，无食仔、咬斗等恶癖。

6. 遗传能力

选种是为了产生优秀的后代，提高后代的品质。一个优秀种兔，应当体现在它能把本身的优良品质和良好的特征特性，稳定地遗传给后代。这样的种兔才是好种兔。选种时可以结合市场需求、经济效益和自己的具体条件对所养的獭兔进行全面的评价与选择，逐步提高所养獭兔的质量，要求种兔有系谱档案，个体间无亲缘关系。引入同一品种的公兔，应从不同品系中挑选，以获得较高的经济效益。

选择工作是一项长期不间断的工作，选种重点和评定标准，也要适应生产需要。就一个兔场而言，要根据本场兔群具体情况，分清主次，有计划有目的地进行，最终实现全部达到选种标准要求。

四、如何选择良种肉用兔

选肉兔品种时，应选择生活力旺盛、抵抗力强、适应性广、生长发育快、产肉高、饲料转化率高、前期生长快和屠宰率高的品种，这样的品种经济效益突出，具有良好的发展前程。

1. 符合品种特性要求

肉兔的品种很多，有肉用型，也有皮肉兼用型，主要品种有比利时兔、新西兰兔、日本大耳兔、中国白兔、德国花巨兔、哈白兔、伊拉配套系等。这些优良品种肉兔的品种特性十分突出。

比如白色的新西兰兔被毛纯白，眼球呈粉红色，头宽圆而粗短，耳朵短小直立，颈肩结合良好，后躯发达，肋腰丰满，四肢健壮有力，脚毛丰厚，全身结构匀称，具有肉用品种的典型特征，在良好的饲养管理条件下，8 周龄体重可达到 1.8 千克，10 周龄体重可达 2.3 千克，成年体重 4.5～5.4 千克；加利福尼亚兔体躯被毛白色，耳、鼻端、四肢下部和尾部为黑褐色，俗称"八点黑"。眼睛红色，颈粗短，耳小直立，体型中等，前躯及后躯发育良好，肌肉丰满。绒毛丰厚，皮肤紧凑，秀丽美观。"八点黑"是该品种的典型特征，其颜色的浓淡程度有以下规律：出生后为白色，1月龄色浅，3月龄特征明显，老龄兔逐渐变淡；冬季色深，夏季色浅，春秋换毛季节出现沙环或沙斑；营养良好色深，营养不良色浅；室内饲养色深，长期室外饲养，日光经常照射变浅；在寒冷的北部地区色深，气温较高的南部省市变浅；有些个体色深，有的个体则浅，而且均可遗传给后代，2月龄重1.8～2千克，成年母兔体重3.5～4.5千克，公兔3.5～4千克；比利时兔被毛为深褐、赤褐或浅褐色，体躯下部毛色灰白色，尾内侧呈黑色，外侧灰白色，眼睛黑色。两耳宽大直立，稍向两侧倾斜。头粗大，颊部突出，脑门宽圆，鼻梁隆起。体躯较长，四肢粗壮，后躯发育良好，幼兔6周龄，体重可达1.2～1.3千克；3月龄，体重2.8～3.2千克。成年体重：公兔5.5～6.0千克，母兔6.0～6.5千克，最高可达7～9千克。

在选择的时候，这些品种特性是判断该品种是否纯正的最主要依据。

2. 适应性好

对拟引进的种兔，特别是引进的以前没有饲养过的品种，要注意该品种的原饲养地的自然资源和环境条件，并与当地条件相比较，两者差异越小，引种成功率越高。因为已形成的品种具有遗传的保守性，风土驯化是长时间而有限的。例如，将高寒地区培育的大型肉兔引到低温多雨的、气候炎热的南方，则肉兔会出现皮肤病、繁殖障碍，进而体重下降等现象。因此，就地、就近引种为首选原则，为防止近亲，再行少量异地引种。

3. 健康状况良好

健康种兔眼睑红润，眼睛明亮有神。眼角干净，无分泌物。体型适中，结构匀称，肌肉丰满，臀部发达。若眼无神，眼睑苍白、黄染、发绀、潮红，眼角有眼屎附着，均为病态。

健康种兔口腔各部黏膜颜色正常、牙齿闭合良好。口角干净，无口液流出。耳朵直立，转动灵活，耳穴干净，无癣痂和污物。

健康兔鼻孔干净、呼吸正常。凡流鼻涕、呼吸困难、打喷嚏的都为患病兔。无稀便沾污。

健康兔肛门外部干净。沿直肠轻轻外挤,可排出 12 粒正常粪球。若为稀便,可能患消化道病症;若无粪球,触摸腹部有坚硬的小球状物,为便秘。轻按阴部,辨别公母,阴部应清洁,无水肿、溃疡、结痂和脓性分泌物。

发育正常的种兔用手抚摸腰部脊椎骨,无明显颗粒状凸出,用手抓起颈背部皮肤,兔子挣扎有力,说明体质健壮,膘情理想,是最适宜的种兔体况。否则,用手抚摸脊椎骨,没有或者有算盘珠状的颗粒凸出,手抓颈背部,皮肤松弛,挣扎无力,都不适合作为种兔使用。

如果发现兔耳朵频频抖动,肢爪不断搔抓,可能患有耳癣;若四肢不敢着地或轮换着地,可能患脚癣或皮炎;后肢爬行,可能腰折。

种兔还要求无残疾、无畸齿、皮肤完整等。

4. 良好的繁殖性能

种公兔一定挑选体质健壮、眼睛大而有神、体膘适中、臀部丰满、四肢有力、躯体各部分匀称、性欲旺盛,生殖器官正常发育,精液品质良好的,睾丸应匀称、富有弹性、干净、无水肿和溃疡。那些单睾、隐睾和睾丸大小不一的均不能选作种用。

种母兔选择要重点考查其繁殖性能和母性。母兔要求母性好,体格健壮,乳房发育发育匀称、饱满的,乳头数应在 8 只左右,低于 8 只乳头不成对的不宜种用。如果连续 7 次拒绝交配,或交配后连续空怀 2~3 次,连续 4 胎产活仔数均低于 4 只的母兔应淘汰,泌乳力不高、母性不好甚至有食仔癖的母兔不能留作种用。应选受胎率高、产仔多、泌乳力高、仔兔成活率高、母性好的母兔作种用。

5. 系谱资料齐全

购买种兔一定要到正规有种苗经营许可证单位购种。种兔的资料完整、可靠、系谱清楚,并编有清晰耳号,不然将会影响购种繁殖数量和质量。同时要注意选择青壮年兔做种兔。

五、外购种兔注意事项

外购种兔要做好种兔个体选择、引种资料、运输准备、运输途中、到场以后几个环节的工作，从运输的安全和生物安全方面做好种兔引种工作，确保选得好、运得稳、养得活。具体要做好以下三个方面的工作。

1. 选购环节

（1）索要引种资料 买种兔一定要向供种单位索要"三证一票一证明"：购买种兔后，应当向供种单位索要"三证一票一证明"，即种畜禽生产经营许可证复印件、种兔合格证、系谱证明、种兔发货票、动检证明（供运输时使用）；供种单位有义务向你提供"三票一证一证明"。还要有免疫记录或免疫档案。

（2）挑选种兔 严格挑选种兔。购种兔时应派有经验的人，对所购品种的体型、外貌、体质健康状况等每一只都要认真检查，还要检查种兔的鼻子、眼睛、四腿、生殖器官、乳房、皮毛、耳朵等。防止购进大龄兔、弱兔、病兔、残兔。尽可能注意母兔的乳头数目（少于 8 个不能作种用）及公兔睾丸的发育情况（单睾、隐睾不行）。为避免近交，一是要索要原有种兔的系谱资料；二是可在没有血缘关系的几个点或场引种。新购种兔，应要求供种单位事先进行疫苗预防注射和驱虫。

2. 运输环节

兔子胆小、怕冻、怕热、抵抗力差。长途运输时因应激反应、长途劳顿等许多外界因素的影响，会导致种兔食欲减退、适应能力和抵抗力降低。因此，在长途运输时做好管护工作十分重要。

（1）兔笼的准备 运输种兔的笼要坚固、抗压、通风良好，还要考虑寒冷天气的防寒保温。兔笼应叠放整齐、牢固，防止倒塌。炎热夏季可夜间走，减少闷热、防中暑。用前彻底消毒，笼底放些防震的垫物。上下层笼之间最好用塑料布隔开，以免上层种兔粪尿污染下层种兔。每笼装兔不能拥挤，防止相互踏伤或踩死，笼内有1/4 的活动余地，公、母兔要分开。装种兔前要用甲醛与高锰酸钾将兔舍、笼具和运输车进行严格消毒。

（2）准备食物和药物 做好运输途中喂兔的饲料，要求挑选干净、无污染和新鲜、无霉变腐烂的，应以多汁青料为主。可以选择胡萝卜、蒸熟的窝头、大头菜、胡萝卜、青蒿、树叶（杨树叶、柳树叶、榆树叶、桦树叶）等。

运输前还要备好常用的药品和器械，如碘酊、龙胆紫、抗生素以及注射器、体温计等途中要经常观察种兔的健康状况，一旦发现病兔，应及时进行治疗。

（3）运输工具　可以使用火车、飞机或者汽车运输，运输工具的选择要依据运输距离和运输条件而定，出于种兔防疫和安全的考虑，最好是用专车运输。若是混载，飞机和火车比汽车稳，相对比汽车安全，但在办理运输手续方面，飞机和火车比汽车麻烦。但是飞机适合长距离运输，时间短。在道路好、距离近的条件下，建议用汽车运输较好。还要准备好遮风挡雨以及保温的物品。

（4）运输途中　运输过程要有专人押运。运输时间在24～48小时内，要在装运前喂饱、吃好、饮足水。长时间运输，运输中不要缺水，途中可适当喂点胡萝卜或蒸熟的窝窝头，切忌喂得过饱。禁止喂给菠菜、水白菜和马铃薯等，以防发生腹泻。

汽车行驶速度要根据道路状况决定，尽量保持平稳安全，防止车内笼具颠覆或挤压造成不良后果。每隔3～4小时要检查一次，发现异常兔子应及时隔离，细心处理。运输当中还要特别注意防风避雨，预防受凉感冒。

3. 到场以后

种兔运到兔场后，饲养管理的最初阶段主要任务是消除应激反应，使兔达到健康状态。

（1）分笼　种兔运到目的地后应立即卸车，及时将种兔取出放在已经过消毒的兔笼内，最好1笼1兔，若兔笼不够，母兔1笼2只，公兔必须1笼1兔，并让兔安静休息30分钟到1小时。

（2）饮水　先让种兔安静休息1～2小时，再给予充足清洁的温开水，水中要加防应激反应的药物，如在饮水中放入葡萄糖、食盐、红糖、口服补液盐、电解多维、磺胺脒等，连续使用1～3天，较好地消除应激反应。若有的兔不愿喝水，应予灌服，每兔20～30毫升。

（3）喂料　逐步加喂精饲料，管理措施和饲料成分尽量与种兔原产地一致，最好使用新引进种兔以前吃过的同样兔料为好，让其有个适应过程，以后逐渐改变，直至转为正常饲养。

种兔第 1 次饮水后 1 小时左右选喂水分少的青饲料，再过 3～5 小时喂精饲料。头 3 天每天 3 次精料，每次量控制在正常量的 1/3，中间加喂青饲料。经 3～5 天的稳定后，精料每次增加到正常量的 1/2，仍穿插加喂青饲料。精饲料要逐步添加，直到兔子排出的粪便颗粒大小均匀、软硬适度，才可以把精饲料的量加到正常量，并在 2 次精饲料之间喂青饲料。

（4）隔离观察 如果家里已有兔子，新引进的种兔要隔离饲养半个月左右，确认无病方可与原兔群合养。避免兔子在运输过程中或其他途径带来的疾病，感染本场其他兔子。

（5）防疫 在新引种兔进场 5～7 天内，即消除兔的应激反应的同时，逐个检查兔的体质，发现疾病及时治疗处理。要对兔群重点进行兔瘟、巴氏杆菌和波氏杆菌等疫苗注射以及兔球虫病预防，使新引进的种兔达到完全健康和良好的免疫状态。

（6）加强管理 兔舍应保持通风向阳、干燥卫生，笼具、食槽及饲养场地应定期消毒。反之兔舍通风差，种兔缺乏光照，会导致性功能紊乱而不孕。

第五节 饲　料

一、养兔常用的饲料原料

1. 青绿、多汁饲料

按饲料分类原则，这类饲料主要指天然水分含量高 60% 的青绿多汁饲料。青绿多汁饲料以富含叶绿素而得名，种类繁多，有天然草地或人工栽培的牧草，如黑麦草、紫花苜蓿、紫云英、草木樨、沙打旺草、白三叶草、苕子、籽粒苋、串叶松香草、五芒雀麦和鲁梅克斯草等；叶菜类饲料，如苦荬菜、聚合草、甘草、牛皮菜、蕹菜、大白菜和小白菜；青饲作物，如常用的有玉米、高粱、谷子、大麦、燕麦、荞麦、大豆等。藤蔓类，其中不少属于农副产品，如甘薯蔓、南瓜藤等；水生饲料，如绿萍、水浮莲、水葫芦、水花生等；树叶类饲料，多数树叶均可作为兔的饲料，常用的有紫穗槐叶、槐树叶、洋槐叶、榆树叶、松针、果树叶、桑树叶、茶树叶等，药用植物，如五味子和枸杞叶等；根茎、瓜果类饲料，如胡萝卜、木薯、甘薯、甘蓝、芜菁、甜菜、萝卜、佛手瓜和南瓜等。不同种类的青绿饲料间营养特性差别很大，同一类青绿饲料在不同生长阶段，其营养价值也有很大的不同。

青绿饲料具有以下特点：一是含水量高，适口性好。鲜嫩的青饲料水分含量一般比较高，陆生植物牧草的水分含量为 75%～90%。而水生植物约为 95%。二是维生素含量丰富。青饲料是家畜维生素营养的主要来源。三是蛋白质含量较高。禾本科牧草和蔬菜类饲料的粗蛋白质量一般可达到 1.5%～3%，豆科青饲料略高，为 3.2%～4.4%。四是粗纤维含量较低。青饲料含粗纤维较少，木质素低，无氮浸出物较高。青饲料干物质中粗纤维不超过 30%，叶菜类不超过 15%，无氮浸出物在 40%～50%。五是钙、磷比例适宜。青饲料中矿物质占鲜重的 1.5%～2.5%，是矿物质营养的较好来源。六是青饲料是一种营养相对平衡的饲料，是反刍动物的重要能量来源，青饲料与由它调制的干草可以长期单独组成草食动物日粮，并能维持较高的生产水平，为养兔基本饲料，且较经济。七是容积大，消化能含量较低，限制了其潜在的其他方面的营养优势，但是，优良的青饲料仍可与一些中等能量饲料相比拟。

总之，青绿饲料幼嫩多汁，适口性好，消化率高，还具有轻泻、保健作用，是肉兔的主要饲料。

（1）黑麦草　禾本科，黑麦草属，一年生或多年生草本。黑麦草（图 3-24）高 0.3～1 米，叶坚韧、深绿色，小穗长在"之"字形花轴上。是重要的栽培牧草和绿肥作物。本属约有 10 种，我国

图 3-24　黑麦草

有 7 种，其中多年生黑麦草和多花黑麦草是具有经济价值的栽培牧草。现新西兰、澳大利亚、美国和英国广泛栽培用作牛羊的饲草。

黑麦草含粗蛋白 4.93%，粗脂肪 1.06%，无氮浸出物 4.57%，钙 0.075%，磷 0.07%。其中粗蛋白、粗脂肪比本地杂草含量高出 3 倍。在春、秋季生长繁茂，草质柔嫩多汁，适口性好，是羊的好饲料。供草期为每年 10 月至次年 5 月，夏天不能生长。

黑麦草的利用如下。

① 放牧利用：黑麦草生长快、分蘖多、能耐牧，是优质的牧用牧草，也是禾本科牧草中可消化物质产量最高的牧草之一。常以单播或与多种牧草作物如紫云英、白三叶、红三叶、苕子等混播。

② 青刈舍饲：黑麦草营养价值高，富含蛋白质、矿物质和维生素，其中干草粗蛋白含量高达 25% 以上，且叶多质嫩，适口性好，可直接喂兔。

③ 调制干草和干草粉：黑麦草属于细茎草类，干燥失水快，可调制成优良的绿色干草和干草粉。一般可在开花期选择连续 3 天以上的晴天刈割，割下就地摊成薄层晾晒，晒至含水量在 14% 以下时堆成垛。也可制成草粉、草块、草饼等，供冬春喂饲，或作商品饲料，或与精料混配利用。

（2）紫花苜蓿　紫花苜蓿（图 3-25）别名紫苜蓿、苜蓿、苜蓿花，是豆科蝶形花亚科苜蓿属，多年生草本植物。根系发达，主根入土深达数米至数十米；根颈密生许多茎芽，显露于地面或埋入表土中，颈蘖枝条多达十余条至上百条。茎秆斜上或直立，光滑，

图 3-25　紫花苜蓿

略呈方形，高 100～150 厘米，分枝很多。叶为羽状三出复叶，小叶长圆形或卵圆形，先端有锯齿，中叶略大。总状花序簇生，每簇有小花 20～30 朵，蝶形花有短柄，雄蕊 10 枚，1 离 9 合，组成联合雄蕊管，有弹性；雌蕊 1 个。荚果螺旋形，2～4 回，表面光滑，有不甚明显的脉纹，幼嫩时淡绿色，成熟后呈黑褐色，不开裂，每荚含种子 2～9 粒。种子肾形，黄色或淡黄褐色，表面有光泽，陈旧种子色暗；千粒重 1.5～2.3 克，每千克有 30 万～50 万粒。有"牧草之王"的称号，是当今世界种植面积最大、分布国家最广的优良栽培牧草。

　　紫花苜蓿产草量高，紫花苜蓿的产草量因生长年限和自然条件不同而变化范围很大，播后 2～5 年的每亩鲜草产量一般在 2000～4000 千克，干草产量 500～800 千克。在水热条件较好的地区每亩可产干草 733～800 千克；干旱低温的地区，每亩产干草 400～730 千克；荒漠绿洲的灌区，每亩产干草 800～1000 千克；利用年限长，寿命可达 30 年之久，田间栽培利用年限多达 7～10 年。但在进入高产期后其产量随年龄的增加而下降；再生性强，刈割后能很快恢复生机，一般一年可刈割 2～4 次，多者可刈割 5～6 次；适口性强，茎叶柔嫩鲜美，不论青饲、青贮、调制青干草、加工草粉、用于配合饲料或混合饲料，各类畜禽都最喜食，是养兔业首选青饲料；营养丰富，苜蓿干物质中粗蛋白质 18.6%，粗脂肪 2.4%，粗纤维 35.7%，无氮浸出物 34.4%，粗灰粉 8.9%。茎叶中含有丰富的蛋白质、矿物质、多种维生素及胡萝卜素，特别是叶片中含量更高。紫花苜蓿鲜嫩状态时，叶片重量占全株的 50% 左右，叶片中粗蛋白质含量比茎秆高 1～1.5 倍，粗纤维含量比茎秆少一半以上。苜蓿干草喂畜禽可以替代部分粮食，据美国研究，按能量计算其替代率为 1.6：1，即 1.6 千克苜蓿干草相当于 1 千克粮食的能量。苜蓿富含蛋白质，如按能量和蛋白质综合效能，苜蓿的代粮率可达 1.2：1。

　　调制干草的方法很多，主要有自然干燥法、人工干燥法等。自然干燥法制得的苜蓿干草的营养价值和晾晒时间关系很大，其中粗蛋白质、粗灰分、钙的含量和消化率随晾晒天数的增加而减少，粗纤维含量随晾晒天数延长而增加。米脂（1994 年）对苜蓿干物质化率与其化学成分关系的统计分析的结果表明，提高苜蓿消化利用率的关键是控制苜蓿纤维木质化程度和减少粗蛋白质损失。由此看来适时收割和减少运输和干燥过程的叶片损失非常重要，因为苜蓿叶片的蛋白质含量占整体株的 80% 以上。

人工干燥法主要有 3 种形式。第一种方法是常温通风干燥，利用高速风力，将半干苜蓿所含水分迅速风干。第二种方法是低温烘干法。采用 50~70℃ 或 120~150℃ 温度将苜蓿水分烘干。第三种方法是高温快速干燥法。利用高温气流（可达 1100℃）将苜蓿在数分钟甚至数秒钟内，使水分含量降到 10%~12%，利用高温干燥后，主要是制取高质量的草粉、草块或颗粒饲料，作为畜禽蛋白质和维生素补充料，便于运输、保存和饲料工业上的应用。

紫花苜蓿叶蛋白（ALP）是将适时收割的苜蓿粉碎，压榨、凝固、析出和干燥而形成的蛋白质浓缩物。一般粗蛋白 50%~60%，粗纤维 0.5%~2%，消化能 12.5~13.5 兆焦/千克，代谢能为 12.4~12.9 兆焦/千克，并含有丰富的维生素、矿物质等。

（3）紫云英 紫云英（图 3-26）又称红花草、翘摇，豆科黄芪属，一年生或越年生草本植物，是重要的绿肥、饲料兼用作物。按生育期和成熟期可分早、中、晚 3 个类型。主根肥大，侧根发达。茎直立或匍匐，羽状复叶，总状花序近伞形，荚果细长而微弯。性喜温暖湿润条件。有一定耐寒能力，全生育期间要求足够的水分，土壤水分低于 12% 时开始死苗。对土壤要求不严，以 pH 5.5~7.5 的沙质和黏质壤土较为适宜。耐盐性差，不宜在盐碱地上种植。异花传粉，杂交率较高。分布于中国的长江地区，生长于海拔 400~3000 米的地区，多生长在溪边、山坡及潮湿处，农村家

图 3-26 紫云英

庭的农田里常有种植。

紫云英养分含量和饲料价值均较高。紫云英植株中氮（N）、磷（P）、钾（K）的含量因生育期、组织器官、土壤及施肥的不同而异。一般花蕾期和初花期养分含量高于盛花期和结荚期（表3-4）。随着生育期的变化，鲜草产量增加，氮、磷、钾养分总量亦相应增加。紫云英各组织器官的养分平均含量（以干物质计）为氮（N）2.18%～5.50%，五氧化二磷（P_2O_5）0.56%～1.42%，氧化钾（K_2O）2.83%～4.30%，氧化钙（CaO）0.60%～1.86%，氧化镁（MgO）0.40%～0.93%。其中以叶和花中的氮、磷含量较高，茎秆中钾的含量较高。紫云英含有较多的蛋白质、脂肪、胡萝卜素及维生素 C 等营养，且纤维素、半纤维素、木质素较低，是一种优良牧草。

表 3-4　紫云英不同生育期养分含量

生育期	鲜草/%			干草/%			鲜草产量 氧化钾/(千克/公顷)
	氮	五氧化二磷	氧化钾	氮	五氧化二磷	氧化钾	
花蕾期	0.41	0.16	0.37	3.70	1.35	3.35	16140
初花期	0.41	0.12	0.36	3.69	1.11	3.24	18810
盛花期	0.31	0.16	0.30	2.81	1.44	2.71	32115
结荚期	0.30	0.14	0.32	2.71	1.28	2.88	26580

紫云英的利用有：用作绿肥和饲料，并可入药。紫云英作饲料，多用以喂猪，为优等饲料，牛、羊、马、兔等喜食，鸡及鹅少量采食。紫云英茎、叶柔嫩多汁，叶量丰富，富含营养物质，是上等的优质牧草。可青饲，也可调制干草、干草粉或青贮料。

（4）草木樨　草木樨（图 3-27）是豆科草木樨属，为一年生或二年生草本植物。我国生产上常用的种类为二年生白花草木樨，主要在东北、华北、西北等地区栽培。多与玉米、小麦间种或复种，也可在经济林木行间或山坡丘陵地种植，保持水土。草木樨养分含量高，不仅是优良的绿肥，也是重要的饲料。但其植株含香豆素，直接作饲料，牲畜常需经过一段适应时间。黄、白花草木樨在蓓蕾开花时有毒，不可以喂兔。

图 3-27 草木樨

草木樨茎直立，有芳香气味。叶为三出羽状复叶，顶生小叶有断柄，小叶披针形至椭圆形，边缘具锯齿。总状花序，腋生。一年生或二年生草木樨在苗期的生长习性非常相似，但一年生草木樨是在一年内完成生长发育周期，故地上部生长旺盛而根系不发达；二年生草木樨，第一年为营养生长期，以根部贮存营养物质，以根颈上形成的越冬芽呈"休眠"状态越冬。第二年主要是生殖生长期，由越冬芽发出许多分枝，并开花结实。

目前，我国栽培利用的草木樨多为二年生，尤其是白花草木樨已成为北方地区最主要的绿肥牧草作物。

（5）沙打旺 沙打旺（图 3-28）又名直立黄芪、斜茎黄芪、麻豆秧等，豆科黄芪属短寿命多年生草本植物。可与粮食作物轮作或在林果行间及坡地上种植，是一种绿肥、饲草和水土保持兼用型草种。20 世纪中期中国开始栽培。主要的优良品种有辽宁早熟沙打旺、大名沙打旺和山西沙打旺等。主根粗壮，入土深 2～4 米，根系幅度可达 1.5～4 米，着生大量根瘤。植株高 2 米左右，丛生，

图 3-28 沙打旺

主茎不明显，由基部生出多数分枝。奇数羽状复叶，小叶 7～25
片，长卵形。总状花序，着花 17～79 朵，紫红色或蓝色。荚果三
棱柱形，有种子 9～11 粒，黑褐色、肾形，千粒重 1.5～1.8 克。
沙打旺抗逆性强，适应性广，具有抗旱、抗寒、抗风沙、耐瘠薄等
特性，且较耐盐碱，但不耐涝。野生种主要分布在苏联西伯利亚和
美洲北部，以及中国的东北、西北、华北和西南地区。

　　从各地多点试验及分析证明，沙打旺粗蛋白质含量在风干草中
为 14%～17%，略低于紫苜蓿，幼嫩植株中粗蛋白质含量高于老
化的植株。初花期的粗蛋白质含量为 12.29%，仅低于苗期
（13.36%），而高于营养期（11.2%）、现蕾期（10.31%）、盛花期
（12.30%）和霜后落叶期（4.51%），霜后落叶期的粗蛋白质急剧
下降，仅为盛花茎期前的三分之一至二分之一。在不同生长年限
中，氨基酸总含量以第一年最高，达 13% 以上，二至七年的植株
中，变化幅度为 8.0%～9.6%，接近草木樨含量（9.8%），而低
于紫苜蓿。紫苜蓿第二年初花期氨基酸总量为 12.22%。生长一年
的沙打旺，从苗期到盛花期，植株中 8 种必需氨基酸含量变化于
2.7%～3.6%，平均为 2.38%，略低于紫苜蓿（3.05%）。因此沙
打旺是干旱地区的一种好饲草，但其适口性和营养价值低于紫苜
蓿。沙打旺的有机物质消化率和消化能也低于紫苜蓿。

　　（6）白三叶草　白三叶草（图 3-29）又名白三叶、白花三叶
草、白车轴草、白三草、车轴草、荷兰翅摇，豆目科三叶草属，多
年生草本植物；茎匍匐，无毛，茎长 30～60 厘米。掌状复叶有 3
小叶，小叶倒卵形或倒心形，长 1.2～2.5 厘米，宽 1～2 厘米，栽
培的叶长可达 5 厘米，宽达 3.8 厘米，顶端圆或微凹，基部宽楔

图 3-29　白三叶草

形，边缘有细齿，表面无毛，背面微有毛；托叶椭圆形，顶端尖，抱茎。花序头状，有长总花梗，高于叶；萼筒状，萼齿三角形，较萼筒短；花冠白色或淡红色，旗瓣椭圆形。荚果倒卵状椭圆形，有3～4 种子；种子细小，近圆形，黄褐色。花期 5 月，果期 8～9月。16 世纪后期荷兰首先栽培，广泛分布于温带及亚热带高海拔地区。我国云南、贵州、四川、湖南、湖北、新疆等地都有野生分布，长江以南各省有大面积栽培。

白三叶草的营养：开花前，鲜草含粗蛋白质 5.1%，粗脂肪0.6%，粗纤维 2.8%，无氮浸出物 9.2%，灰分 2.1%。产量虽不如红三叶，但富含各种维生素，适口性好，营养价值也较高，是一种含高蛋白质和多种维生素牧草。

白三叶草再生性好，耐践踏，属刈割与放牧兼用型牧草。每年可刈割 3～4 次，每 667 平方米鲜草产量为 2.5～3.0 吨，产种子10～15 千克。

(7) 苕子　豆科野豌豆属一年生或越年生蔓生草本，一种重要的绿肥和饲草作物。苕子（图 3-30）主要分布在东西两半球的温带地区，全世界约有 200 多种，中国有近 30 种，多为野生，从平原到海拔 2000 米的地区均有分布。

图 3-30　苕子

用作绿肥饲草栽培的主要有下述 3 种。

① 毛叶苕子：又名长柔毛野豌豆。原产欧洲，前苏联、匈牙利等栽培较多。20 世纪 40 年代中国先从美国引入，50 年代初期，又从前苏联和东欧国家引进一些品种。主要在江苏、河南、山东、安徽、湖北、四川、云南、贵州以及西北各省种植。根系发达，密

布于 30 厘米深的耕层内。茎四棱形,长 1～2 米,可达 3 米以上,密被长柔毛。偶数羽状复叶,小叶 8～10 对,长椭圆形。总状花序腋生,小花 20～30 朵,蓝紫色,着生于花轴的一侧。荚果矩圆形,内含 2～5 粒种子。圆形,黑或褐色,千粒重 20～25 克。能耐-20℃ 以下的低温,4℃ 左右即可出苗,20℃ 左右生长最快,在 30℃ 以上的高温下生长受阻。喜中性沙壤土。

② 光叶苕子:与毛叶苕子属同种,是具半冬性的稀毛生态型。茎被疏毛。花紫红色。抗寒性较差,在黄河以北越冬困难,比毛叶苕子成熟早,多在长江流域以南种植。

③ 蓝花苕子:又名广布野豌豆。原产中国西南地区,主要分布在云南、贵州、四川、广西、湖南、湖北、江西等地,以及长江以南其他地区。速生早发,茎中空,蔓生,无毛。花蓝紫色,荚果光滑。种子灰黑色,千粒重 15～20 克。耐旱、耐瘠薄,但不耐寒,通常在 0℃ 左右即易遭冻害。以土壤 pH 6.0～6.5 时生长最好。

各种苕子的养分含量相似,鲜草一般含水分 80% 左右,氮 0.45%～0.65%,磷酸 0.08%～0.13%,氧化钾 0.25%～0.43%。盛花期制成的干草,约含粗蛋白 21%,粗脂肪 4%,粗纤维 26%,无氮浸出物 31%,灰分 10%,饲料价值较高。

(8) 籽粒苋 籽粒苋(图 3-31,又名千穗谷)是苋科苋属一年生优质牧草。籽粒苋原产于热带的中美洲和南美洲,现已广泛传播于其他热带、温带和亚热带地区。我国东自东海之滨,西至新疆塔城,北自哈尔滨,南抵长江流域,除少数地区如内蒙古的锡林郭

图 3-31　籽粒苋

勒盟、青海的海西自治州种子不能成熟外，其他地区均可种植，并且长势良好。

籽粒苋株高 250～350 厘米，茎秆直立，茎红色或绿色，有钝棱，粗 3～5 厘米，单叶，互生，倒卵形或卵状椭圆形。圆锥状根系，主根不发达，侧根发达，根系庞大，多集中于 10～30 厘米的土层内。籽粒苋为短日照植物，喜温暖湿润气候，生育期要求有足够的光照。对土壤要求不高，但消耗肥力多，不耐阴，不耐旱。中等肥力地块亩产鲜草 5～7 吨，适口性好，营养价值高，鲜草中粗蛋白含量可达 2%～4%，因此有人把籽粒苋称为"蛋白草"。

籽粒苋分枝再生能力强，适于多次刈割，刈割后由腋芽发出新生枝条，迅速生长并再次开花结果。

(9) 串叶松香草 串叶松香草（图 3-32，别名松香草）又名法国香槟草、菊花草。为北美洲独有的一属植物。1979 年从朝鲜引入我国。近年来在我国各省栽培，分布比较集中的有广西、江西、陕西、山西、吉林、黑龙江、新疆、甘肃等省。

图 3-32　串叶松香草

串叶松香草为菊科多年生宿根草本植物。因其茎上对生叶片的基部相连呈杯状，茎从两叶中间贯穿而出，故名串叶松香草。

串叶松香草鲜草产量和粗蛋白质含量高，适应性强，栽培当年亩产 1000～3000 千克。据分析测定，含水量为 85.85%。营养成分（占干物质%）：粗蛋白 26.78%，粗脂肪 3.51%，粗纤维 26.27%，粗灰分 12.87%，无氮浸出物 30.57%。每千克鲜草可消化能 418 千卡（1 千卡＝4.184 千焦），可消化蛋白质 33.2 克。鲜草可喂牛、羊、兔，经青贮可饲养猪、禽；干草粉可制作配合饲料。各地的饲养试验表明：串叶松香草因有特异的松香味，各种家畜、家禽、鱼类,经过较短时期饲喂习惯后,适口性良好,饲喂的增重效果理想。因之各地都竞相开展试验,进行引种栽培和饲喂畜禽。但需要指出的是,串叶松香草的毒性问题应引起重视。串叶松香草的根、茎中的苷类物质含量较多,苷类大多具有苦味;根和花中生物碱含量较多。生物碱对神经系统有明显的生理作用,大剂量能引起抑制作用。叶中含有鞣质,花中含有黄酮类。据国外文献,串叶松香草中含有松香草素、二萜和多糖;含有8种皂苷,称为松香苷,属三萜类化合物。说明串叶松香草喂量多会引起猪积累性毒物中毒。

(10)无芒雀麦　无芒雀麦(图3-33)别称禾萱草、无芒草、光雀麦。禾本科,原产于欧洲,其野生种分布于亚洲、欧洲和北美洲的温带地区,多分布于山坡、道旁、河岸。我国东北、华北、西北等地都有野生种。在内蒙古高原多生于草甸、林缘、山间谷地、河边及路旁草地。在草坪中可以成为建群种或优势种。该草现已成为欧洲、亚洲干旱、寒冷地区的重要栽培牧草。我国东北1923年开始引种栽种,新中国成立后各地普遍进行种植,是北方地区一种很有栽培价值的禾本科牧草。原产于欧洲,我国东北、华北、西北等地都有野生种。

图3-33　无芒雀麦

由于根茎发达,再生性强,一般每年割1~2次制作干草,再生草作放牧用,利用率较高。由于具短的地下茎,易结成草皮,放牧时耐践踏,所以又是优良的放牧型牧草。

无芒雀麦营养价值高,适口性好,为各类家畜所喜食,是广大农牧民广为种植的牧草品种之一,可用来青饲、调制干草和放牧,被誉为"禾草饲料之王"。无芒雀麦分蘖期粗蛋白质最高达20.4%，抽穗后下降至10%左右。从总产量上看以抽穗期利用较好，此时干物质中含粗蛋白质16.0%，粗脂肪6.3%，粗纤维30.0%，无氮浸出物40.7%，粗灰分7.0%；成熟期干物质中，粗蛋白质9.02%，粗脂肪2.26%，粗纤维36.34%，无氮浸出物44.57%，粗灰分7.81%，钙0.70%，磷0.16%，可消化粗蛋白质74克/千克，消化能9.74兆焦/千克，代谢能7.99兆焦/千克。干草粗蛋白含量达18.35%～19.44%，干草率27.69%，干叶率59.22%。

（11）鲁梅克斯草　鲁梅克斯草（图3-34）又名为鲁梅克斯K-1杂交酸模（简称"鲁梅克斯"），是由乌克力于1990年育成的高产营养经济价值的蔬菜、饲养兼用多效能植树物。1995年引入我国，先后在十多个省市区多点试种和大面积示范成功，并获得全国第十一届发明展览会"金奖"，被国家自然科学基金委员会认定为"新型高蛋白植物"、通过国家食物与营养咨询委员会和国家蔬菜工程技术研究中心主持的"新型蔬菜鲁梅克斯K-1杂交酸模营养评价与菜肴鉴定会"专家鉴定，经全国牧草品种审定命名并注册登记（登记号为183）。中国发明家协会副会长曹培生等50多名科技界政协委员联名提出了《关于植物新品种鲁梅克斯K-1产业化工程》的议案，呼吁国家应加大对鲁梅克斯绿色产业的支持力度，引起强烈反响，中央电视台、科技日报和农民日报等全国上百家报刊、电视台均作了详细报道，向全国宣传推广。

图3-34　鲁梅克斯草

鲁梅克斯属蓼科酸模属多年生宿根植物，具有下列特点。

① 耐盐碱：在含盐量 0.07％～1.02％、pH 值 8～10 的盐碱地及干旱的风沙地中均能正常生长，而大多数作物在土壤含盐量超过 0.3％就不能正常生长。它的抗盐碱特性对充分开发利用和改造我国 5.2 亿亩盐碱地具有广阔的应用前景。

② 抗旱耐寒：鲁梅克斯在年降雨量为 130 毫米的地区仍能生长，可有效抵御因降雨少造成的热风干旱天气，并能在我国北方安全越冬并结籽。

③ 产草高：由于鲁梅克斯生长力强，北方春夏秋三季、南方一年四季可随割随长，亩产鲜草盐碱荒地 10 吨左右，中等肥力田地达 20 吨以上。

④ 营养丰富：鲁梅克斯质地细软，切碎后柔软多汁、微甜香、适口性好，猪、牛、羊、兔、鸡、鸭等各种畜禽及鱼类均喜食，其粗蛋白含量为 30％～40％，相当于大豆的蛋白含量，是玉米的 4 倍，谷子的 3.4 倍，小麦、苜蓿的 1.1 倍，还含有 18 种氨基酸和丰富的 β-胡萝卜素、维生素 C 及多种矿物质。

⑤ 利用效益：作蔬菜食品，可制作出数百鲜、干腌家庭特色菜肴、饮品、面点。作为饲料广泛用于养殖各种畜禽及鱼类，效果均优于其他牧草，综合效益显示饲养成本降低 10％～15％，经济效益提高 30％～50％。鲁梅克斯利用生长期长。一次种植可连续收割利用 10～15 年。

鲁梅克斯的引种成功被有关部门和专家誉为"21 世纪的富国民产业工程"、"绿色黄金产业"。它的推广应用对开发利用盐碱地、荒地，发展节粮型养殖业，解决我国 21 世纪的粮食问题和农民脱贫致富闯出一条新路。

（12）苦荬菜　苦荬菜（图 3-35）别名苦菜、兔儿菜、兔仔菜、小金英、鹅仔菜、燕儿尾、陶来音-伊达日阿（蒙古族名）、胭脂麻、白花败酱、苦猪菜、苦斋、苦斋婆、苦斋麻。山苦荬分布于中国北部、东部、南部及西南部，福建省为盛产地，前苏联、朝鲜、日本、越南也有。

苦荬菜为菊科一年生或越年生草本植物，它的适应性较强，广泛分布于海拔 500～4000 米的山坡草地乃至平原的路边，农田或荒地上，是一种耐寒抗热、对土壤要求不严、产量高、品质好、鲜嫩

5.9%，粗纤维10.1%。另外，它还含有大量的尿囊素和维生素B₁₂，可预防和治疗畜禽肠炎，牲畜食后不拉稀。一次种植可连续利用20多年。经与苜蓿、串叶松香草等二十余种牧草栽植和饲喂比较，聚合草具有独特的两大经济特点。①产草量高，再生能力强。春、夏、秋三季可随割随长，一个生长季北方可刈割3～4次，南方可刈割4～6次。一般每茬亩鲜草产量0.4万～0.5万千克，是中国各类牧草中高产的优质牧草品种。②适口性好，消化率高。聚合草枝叶青嫩多汁，气味芳香，质地细软。青草经切碎或打浆后散发出清淡的黄瓜香味，猪、牛、羊、兔、鸡、鸭、鹅、鸵鸟、草食性鱼均喜食，并可显著促进畜禽的生长发育。

聚合草的饲用部分是叶和茎枝，每年可割4～5次，栽植当年可割取1～2次。利用目的不同刈割时期也有差异，用作青饲料，聚合草现蕾至开花期产量高，营养丰富，为收获适期。用作青贮或调制干草，应在干物质含量较高的盛花期刈割。收获过晚，茎叶变黄，茎秆变老，产量和品质均下降。也影响聚合草的生长和下一次刈割的产量，并减少刈割次数。收割过早产量低，养分含量少，总干物质产量低，而且根部积累的营养物质少，影响其再生能力。割青还应按饲喂对象而定，牛、羊、猪宜割老，鸡、鸭、鹅、兔、鸵鸟宜割嫩。聚合草的收割留茬高度对生长发育和产量影响较大，贴地割虽然产量高，但返青慢，后几茬产量低。留茬过高，损失浪费严重，一般留茬高5～6厘米。最后一次收割应在停止生长前30天完成，以便有足够的再生期，积累充足的养分，利于越冬芽形成良好，安全越冬。

注意事项：聚合草的生物碱含量虽然较高，但主要集中在根部，茎叶含量较少，少量饲喂不影响家畜健康，相反还具有止泻的药用价值。但是当聚合草喂量超过日粮的25%以上时，对家畜有毒害作用。不同家畜对聚合草的毒性反应不同，猪和鸡相对忍耐能力强一些，特别是猪；而草食家畜相对差一些。所以聚合草饲喂时要适当地控制喂量，同时与其他青饲料混合饲喂效果好一些。

（14）牛皮菜　牛皮菜（图3-37）别名根达菜、厚皮菜、光菜、观达菜、田菜、莙荙菜、猪婆菜，潮汕人称厚合菜。它的正名叫莙菜或莙达菜，为藜科甜菜属中的变种，二年生草本植物，以幼

图 3-37　牛皮菜

苗或叶片作蔬菜用。牛皮菜原产欧洲地中海沿岸，依叶柄颜色不同，分白梗、青梗和红梗 3 类。近年来，我国从英国引进了红梗牛皮菜，有菜用、饲用和观赏等多种用途。

　　牛皮菜一般用作青饲料，它的叶中含粗蛋白 20.21％、粗脂肪 3.8％、粗纤维 7.4％，含水 15.61％，柔嫩多汁，适口性好，除喂兔外，还可喂牛、猪、鸭、鹅等，也可打浆喂鱼。牛皮菜多在中国南方栽培，为肉质茎叶，生长较快，性质寒利，故民间多用作猪饲料。

　　牛皮菜是我国北方夏淡季节的常见食用叶菜，鲜嫩多汁，适口性好。菜叶片富含还原糖、粗蛋白、纤维素以及维生素 C、钾、钙、铁等微量元素，具有清热解毒、行瘀止血的功效。

　　（15）蕹菜　蕹菜（图 3-38）又名空心菜，旋花科番薯属一年

图 3-38　蕹菜

生或多年生草本。以绿叶和嫩茎供食用。原产中国热带地区，广泛分布于东南亚。现我国华南、华中、华东和西南各地普遍栽培，是夏秋季的重要蔬菜。

在空心菜的嫩梢中，钙含量比番茄高 12 倍多，并含有较多的胡萝卜素。水上空心菜是利用水面栽培的空心菜，吸收水中营养，其生长过程无需施肥用，同时可以改善水质，绿化水源。

空心菜中粗纤维的含量较丰富，这种食用纤维是由纤维素、半纤维素、木质素、胶浆及果胶等组成，具有促进肠蠕动、通便解毒的作用。空心菜是碱性食物，食后可降低肠道的酸度，预防肠道内的菌群失调，对防癌有益。空心菜中的叶绿素有"绿色精灵"之称，可洁齿、防龋、除口臭、健美皮肤，堪称美容佳品。空心菜性凉，菜汁对金黄色葡萄球菌、链球菌等有抑制作用，可预防感染。

（16）甘薯 甘薯（图 3-39）又名山芋、红芋、番薯、红薯、白薯、白芋、地瓜、红苕等，因地区不同而有不同的名称。旋花科，一年生或多年生蔓生草本，是重要的蔬菜来源，块根可作粮食、饲料和工业原料，作用广泛。

图 3-39　甘薯

甘薯按用途进行分类如下。

一是淀粉加工型，主要是高淀粉含量的品种，如徐薯 18、徐 22、梅营一号等。

二是食用型，主要有苏薯 8 号，北京 553，广薯紫 1 号等。

三是兼用型，既可加工又可食用的，如豫薯 12 号，广薯 87。

四是菜用型，主要是食用红薯的茎叶，如福薯 7-6，广菜 2 号，台农 71 等。

五是色素加工用，主要是紫薯，如济薯 18。

六是饮料型，这类甘薯含糖高，主要用于饮料加工用。

七是饲料加工型，这类甘薯茎蔓生长旺。

甘薯的营养成分如胡萝卜素、维生素 B_1、维生素 B_2、维生素 C 和铁、钙等矿物质的含量都高于大米和小麦粉。根、茎、叶可加工成青饲料或发酵饲料，营养成分比一般饲料高 3～4 倍；也可用鲜薯、茎叶、薯干配合其他农副产品制成混合饲料。薯块含水分高且淀粉多，粗纤维少，是很好的能量饲料，但粗蛋白含量低，钙少，富含钾盐。适口性好，特别对育肥期、泌乳期的肉兔有促进消化、积累脂肪、增加泌乳的功能，也是肉兔冬季不可缺少的饲料及胡萝卜素的重要来源，但贮存不当会发芽、腐烂出现黑斑。在兔饲粮中的添加量可达到 30%。

（17）木薯　木薯（图 3-40）别称木番薯、树薯，起源于热带美洲，广泛栽培于热带和部分亚热带地区，中国于 19 世纪 20 年代引种栽培，现已广泛分布于华南地区，广东和广西的栽培面积最大，福建和台湾次之，云南、贵州、四川、湖南、江西等省亦有少量栽培。

图 3-40　木薯

木薯主要有两种：苦木薯（专门用作生产木薯粉）和甜木薯（食用方法类似马铃薯）。木薯是世界三大薯类之一，广泛栽培于热带和亚热带地区。在我国南亚热带地区，木薯是仅次于水稻、甘薯、甘蔗和玉米的第五大作物。它在作物布局、饲料生产、工业应用等方面具有重要作用，已成为广泛种植的主要的加工淀粉和饲料作物。

木薯为大戟科植物木薯的块根，木薯块根呈圆锥形、圆柱形或纺锤形，肉质，富含淀粉。木薯粉品质优良，可供食用，或工业上制作酒精、果糖、葡萄糖等。木薯的各部位均含氰苷，有毒，食多可中毒，削皮或切成片浸在水中1～2天或切片晒干放在无盖锅内煮沸3～4小时。兔饲料中木薯干用量不能超过10%。由于鲜薯易腐烂变质，一般在收获后尽快加工成淀粉、干片、干薯粒等。

（18）马铃薯　马铃薯（图3-41）别名土芋、土豆、洋山芋、馍馍蛋等。茄科植物。多年生草本，但作一年生或一年两季栽培。地下块茎呈圆形、卵形、椭圆形等，有芽眼，皮红、黄、白或紫色。中国马铃薯的主产区是西南山区、西北、内蒙古和东北地区。

图3-41　马铃薯

马铃薯具有很高的营养价值和药用价值，是抗衰老的食物。一般新鲜薯中所含成分：淀粉9%～20%，蛋白质1.5%～2.3%，脂肪0.1%～1.1%，粗纤维0.6%～0.8%。100克马铃薯中所含的营养成分：热量66～113焦，钙11～60毫克，磷15～68毫克，铁0.4～4.8毫克，维生素B_1 0.03～0.07毫克，维生素B_2 0.03～0.11毫克，烟酸0.4～1.1毫克。除此以外，马铃薯块茎还含有禾谷类粮食所没有的胡萝卜素和维生素C。

块茎主要成分是淀粉，粗蛋白含量高于甘薯，其中非蛋白氮很多，含有一定量的龙葵碱，有极严重的毒性，集中在发芽处，发芽马铃薯芽眼部分变紫也会使有毒物质积累，容易发生中毒事件，贮存时如果暴露在光线下，会变绿，同时有毒物质会增加。但一般经过170℃的高温烹调，有毒物质就会分解。食用时要特别注意，应去芽并煮熟后喂较好，煮熟可提高适口性和消化率，生喂不仅消化率低，还会影响生长。但蒸煮的水不能喂兔。

（19）南瓜　南瓜（图3-42）是葫芦科南瓜属的植物。因产地不同，叫法各异，又名麦瓜、番瓜、倭瓜、金冬瓜，台湾话称为金瓜，原产于北美洲。南瓜在中国各地都有栽种。嫩果味甘适口，是

图 3-42 南瓜

夏秋季节的瓜菜之一。南瓜含有淀粉、蛋白质、胡萝卜素、B 族维生素、维生素 C 和钙、磷等成分。其营养丰富，可作饲料或杂粮。是喂兔的优质高产饲料，南瓜中无氮浸出物含量高，其中多为淀粉和糖类，还有丰富的胡萝卜素，各类兔都可以喂，特别适用于繁殖和泌乳母兔。南瓜应充分成熟后收获，过早收获，含水量大，干物质少，适口性差，不耐贮藏。

（20）饲用甜菜 饲用甜菜（图 3-43）为二年生草本。具粗大的块根。在我国南北各地均有栽培。东北、华北、西北等地种植较多，广东、湖北、湖南、江苏、四川等省也有栽培。

图 3-43 饲用甜菜

饲用甜菜是秋、冬、春三季很有价值的多汁饲料，它含有较高的糖分、矿物盐类以及维生素等营养物质，其粗纤维含量低，易消化，是猪、鸡、奶牛的优良多汁饲料。饲用甜菜的块根和茎叶打碎或切丝后可用来直接饲喂家畜，它的适口性好，营养价值丰富，是饲喂猪、牛、羊等各种动物的极好饲料。据中国农科院有关专家分析，饲用甜菜干物质中粗蛋白含量达 13.39%，粗脂肪为 0.89%，粗纤维为 12.46%，无氮浸出物 63.4%，灰分 9.79%。叶片子物质中，粗蛋白含量达 20.3%，粗脂肪为 2.9%，粗纤维为 10.5%，无氮浸出物 60.85%，灰分 5.8%。在块根干物质中，消化率达 80% 以上。在丹麦的饲喂试验中，用饲用甜菜加上 3 千克的精料饲喂奶牛，可使一头成年奶牛产奶 20 千克/天，其中乳脂率提高 14%。在家畜饲料中添加饲用甜菜，可明显增加家畜的采食量。

饲用甜菜的利用可以切碎生喂或熟喂，也可以打浆生喂，叶可青饲和青贮。饲用甜菜中含有较多的硝酸钾，甜菜在生热发酵或腐烂时，硝酸钾会发生还原作用，变成亚硝酸盐，使家畜组织缺氧，呼吸中枢发生麻痹、窒息而死。在各种家畜中，猪对其较敏感，往往因吃了煮后经过较长时间（2～3 天）保存的甜菜而造成死亡。为了防止中毒，喂量不宜过多，如需煮后再喂，最好当天煮当天喂。

（21）胡萝卜　胡萝卜（图 3-44）又称甘荀，俗称红萝卜，亦称丁香萝卜或金笋，是伞形科胡萝卜属二年生草本植物。以肉质根作蔬菜食用。原产于亚洲西南部，阿富汗为最早演化中心，栽培历史在 2000 年以上。

图 3-44　胡萝卜

胡萝卜供食用的部分是肥嫩的肉质直根。胡萝卜的品种很多，按色泽可分为红、黄、白、紫等数种，我国栽培最多的是红、黄两种。

胡萝卜是很好的多汁饲料，兔喜爱采食。胡萝卜含有丰富的胡萝卜素，每千克含 400～500 毫克，这些胡萝卜素可在兔体内转化为维生素 A。肉质根中含糖 10%、粗蛋白 2%、粗纤维 1.8%、粗脂肪 0.4%；适口性好，消化率高。这些特性对于提高种兔的繁殖力及幼兔的生长具有良好效果，是冬春季节肉兔缺乏青绿饲料来源时主要维生素补充料。

(22) 树叶类饲料 兔子是草食小动物，需要采食一定量的纤维性食物。我国地域辽阔，林业资源丰富，大量的树叶、嫩枝以及果渣等，经过适当处理可以作为家兔很好的饲料和饲料添加剂。重视开发利用林业资源，对于发展我国养兔业具有重要意义。

凡是无毒的树叶和嫩枝，只要无臭、无味，家兔不拒食的均可作为饲料，如刺槐叶、松针、杨树叶、榆树叶、桑叶、柳树叶等。树叶中含有纤维素、糖、脂肪、蛋白质、氨基酸及维生素、矿物质等多种营养成分，根据兔子的不同生长阶段在日粮中添加合适的比例，能够节约精料，提高家兔的生产性能。鲜嫩树叶的营养价值较高，其次是落叶，枯黄叶较差。新鲜树叶可以直接饲喂，也可青贮后使用，使兔常年吃到青饲料。落叶和枯黄叶若经微生物发酵（微贮），能够提高其营养价值。

① 刺槐叶：刺槐（图 3-45）又称洋槐。新鲜刺槐叶含干物质28.8%，总能 5.33 兆焦/千克，粗蛋白 7.8%，粗纤维 4.2%，钙0.29%，磷 0.03%，富含多种维生素和微量元素，其营养价值不亚于豆科牧草。刺槐叶以鲜用为好，也可以制成刺槐叶粉。

图 3-45 刺槐

刺槐叶用作饲料具有如下优点：a. 营养价值高。b. 利用时间长。刺槐树从 4 月发芽长叶到 12 月份枯萎落叶，整整七八个月时间。c. 含有适量的粗纤维，很适应家兔消化道的生理特点，可维持消化道的正常蠕动，促进营养物质的消化吸收，还能预防家兔消化道疾病。d. 刺槐叶不与地面接触，不易被寄生虫及虫卵污染。e. 对促进仔幼兔生长发育、提高成活率效果很好。刺槐叶的饲喂要注意合理搭配，不应长期单独使用，需搭配精料和其他青绿饲料。

② 松针：松针（图 3-46）加工成松针粉便于贮藏、运输和使用，如能在加工中除去松针中的松香磷脂和单宁，则适口性更好。现在全国已建成松针粉厂 200 多个。松针粉的土法加工也很简便，将采集到的松针及嫩枝洗净、晒干、粉碎即可。松针粉色绿，有清香味，含有丰富的营养物质。松针粉含蛋白质 $7\%\sim12\%$，有赖氨酸、门冬氨酸等 18 种氨基酸，氨基酸总量达 $5.5\%\sim8.1\%$；含粗脂肪 $7\%\sim12\%$、粗纤维 $24\%\sim26\%$、无氮浸出物约 37%。松针粉中所含的微量元素铁、锰、钴等高于草本和豆科植物干茎叶。松针粉还含有多种维生素，其中维生素 C 和胡萝卜素的含量最为突出。

图 3-46 松针

同时，松针粉还含有植物杀菌素，具有防病抗病功效。在家兔口粮中添加松针叶粉，可以明显促进家兔生长，提高毛兔产毛量，增加母兔产仔数和提高仔兔成活率。同时，松针及松针粉还能防治家兔疾病。用鲜松针加水煮沸 1 小时，取松针汁喂兔，每天 1 次，连喂 3 天，可预防和治疗家兔感冒。

（23）野青草 野青草是我国目前广大农村养兔的主要饲料，种类也特别繁多。人们多选在幼嫩生长阶段用作兔的饲料，其营养价值较高。应用较多的有禾本科、豆科等多种野草，且各有特色，如禾本科野草种类多，有毒的极少，适口性强，富含糖类。据分析 130 种禾本科草的平均成分，鲜草蛋白质含量 $2\%\sim38\%$，无氮浸出物含量 $15\%\sim12\%$；干草蛋白质含量 $8\%\sim18\%$，无氮浸出物含量 $43\%\sim46\%$。虽然粗纤维含量较高（约为 30%），对其营养价值有一定影响，但由于适口性较好（特别是生长早期），可以提高采食量，因而仍不失为优良的牧草。它们的粗蛋白中还往往含有较多的精氨酸和赖氨酸，这对于生长兔来说是十分重要的。

豆科野草由于根瘤菌的作用，可从空气中摄取游离态氮素，构成本身有机质，故营养价值较高，茎叶富含蛋白质（15％～20％）、钙及多种维生素；粗纤维含量少，适口性强，易消化，是良好的养兔饲料。

2. 粗饲料

粗饲料是指天然水分含量在45％以下、干物质中粗纤维含量在18％以上的一类饲料。粗饲料主要包括青干草、秸秆、荚壳、干树叶及其他农副产品。其特点是含水量低、粗纤维含量高、可消化物质少、适口性差、消化率低，但来源广、数量大、价格低，是兔饲料中不可缺少的原料之一，一般在日粮中所占的比例为30％左右。其中，青干草因气味芳香、适口性好，宜作为家庭养兔的主要粗饲料；如果饲喂荚壳类，最好粉碎后与其他精料混合制成颗粒料饲喂。

（1）青干草　由青绿饲料经日晒或人工干燥除去大量水分而制成。其营养价值受植物种类组成、收割期和调制方法的影响。包括禾本科、豆科及其他科青干草。青干草蛋白质品种较完善，胡萝卜素和维生素D含量丰富，是肉兔最基本最主要的饲料。

（2）秸秆　是农作物籽实收获以后所剩余的茎秆和残存的叶片，包括玉米秸、麦秸、稻草、高粱秸、谷草和豆秸等。这类饲料的粗纤维含量高，可达30％～45％。其中，木质素比例大，一般为6.5％～12％，有效价值低，蛋白质含量低且品质差，钙、磷含量低且利用率低，适口性差，营养价值低，消化率也低。

（3）荚壳类　是农作物籽实脱壳后的副产品，包括谷壳、稻壳、高粱壳、花生壳、豆荚等。除了稻壳和花生壳外，荚壳的营养成分高于秸秆。除了稻壳和花生壳外，荚壳的营养成分高于秸秆。豆荚的营养价值比其他荚壳高，尤其是粗蛋白质含量高。禾谷类荚壳中，谷壳含蛋白质和无氮浸出物较多，粗纤维较低，营养价值仅次于豆荚。

3. 能量饲料

能量饲料指饲料绝干物质中粗纤维含量低于18％、粗蛋白低于 20％的饲料。一般每千克饲料干物质含消化能在 10.45 兆焦/千克以上的饲料均属能量饲料。这类饲料的基本特点是无氮浸出物含量丰富，可以被兔利用的能值高。含粗脂肪 7.5％左右，且主要为不饱和脂肪酸。蛋白质中赖氨酸和蛋氨酸含量少。含钙不足，一般低于 0.1％，含磷较多，可达 0.3％～0.45％，但多为植酸磷，不易被消化吸收。缺乏胡萝卜素，但 B 族维生素比较丰富。这类饲料适口性好，消化利用率高，在兔饲养中占有极其重要的地位。包括谷实类、糠麸类、淀粉质块根块茎类、糟渣类等。

（1）谷实类饲料　主要有玉米、小麦、大麦、高粱、燕麦、稻谷等。玉米含能最高，适口性好，但蛋白质含量低且品质差，缺乏赖氨酸、蛋氨酸和色氨酸等必需氨基酸。小麦作为能量饲料的价值低于玉米，但高于大麦、燕麦，与高粱相近，但粗蛋白质含量高出玉米含量的 60％，各种限制性氨基酸也比玉米高。大麦的粗纤维含量在能量饲料中是比较高的，约为 6.9％，但其粗蛋白含量也较高，约为 11％，且蛋白质的品质较好，赖氨酸含量高达 0.52％。高粱的营养成分近似玉米，但因高粱中含有单宁，适口性不如玉米，饲喂多易引起便秘。

① 玉米：玉米是最重要的能量饲料，与其他谷物饲料相比，玉米粗蛋白质水平低，但能量值最高。以干物质计，玉米中淀粉含量可达 70％。玉米蛋白质含量为 7.8％～9.4％，缺少赖氨酸、蛋氨酸、色氨酸等必需氨基酸。可溶性无氮浸出物含量较高，其消化率可达 90％以上，是禾本科籽实中含量最高的饲料。钙含量 0.02％，磷含量 0.27％，与其他谷物饲料相似，玉米钙少磷多。黄色玉米多含胡萝卜素，白色玉米则很少。各品种的玉米含维生素 D 都少，含维生素 B_1 多，维生素 B_2 少，粉碎玉米在水分高于 14％时易发霉变产生黄曲霉毒素，对家兔敏感，在饲喂时应注意。

② 大麦：大麦分皮大麦和裸大麦两种。皮大麦即成熟时籽粒仍带壳的大麦，也就是普通大麦。根据籽粒在穗上的排列方式，又分为二棱大麦和六棱大麦。前者麦粒较大，多产自欧、美、澳洲等地。我国多为六棱大麦，主要供酿酒用，饲用效果也很好；裸大麦也叫青稞，成熟时皮易脱落，多供食用，营养价值较高，但产量低。主要产自东南亚和我国青藏高原、云南、贵州和四川山地。

粗蛋白质含量高于玉米，为 11%～13%，粗蛋白含量在谷类籽实中是比较高的，略高于玉米，也高于其他谷实饲料（荞麦除外）。氨基酸组成与玉米相似，氨基酸中除亮氨酸（0.87%）和蛋氨酸（0.14%）外，均较玉米为多，但利用率低于玉米。虽然大麦赖氨酸消化率（73%）低于玉米（82%），但由于大麦赖氨酸含量（0.44%）接近玉米的 2 倍，其可消化赖氨酸总量仍高于玉米。脂肪含量 2%，为玉米的一半，但饱和脂肪酸含量较高。大麦的无氮浸出物的含量也比较高（77.5% 左右），但由于大麦籽实外面包裹一层质地坚硬的颖壳，种皮的粗纤维含量较高（整粒大麦为5.6%），为玉米的 2 倍左右，所以有效能值较低，一定程度上影响了大麦的营养价值。淀粉和糖类含量较玉米少。热能较低，代谢能仅为玉米的 89%。大麦矿物质中钾和磷含量丰富，其中磷的 63%为植酸磷。其次还含有镁、钙及少量铁、铜、锰、锌等。大麦富含B 族维生素，包括维生素 B_1、维生素 B_2 和泛酸。虽然烟酸含量也较高，但利用率只有 10%。脂溶性维生素 A、维生素 D、维生素 K含量较低，少量的维生素 E 存在于大麦胚芽中。

大麦中含有一定量的抗营养因子，影响适口性和蛋白质消化率。大麦易被麦角菌感染致病，产生多种有毒的生物碱，如麦角胺、麦角胱氨酸等，轻者引起适口性下降，严重者发生中毒。

③ 高粱：高粱籽粒中蛋白质含量 9%～11%，其中约有0.28% 的赖氨酸，0.11% 的蛋氨酸，0.18% 的胱氨酸，0.10% 的色氨酸，0.37% 的精氨酸，0.24% 的组氨酸，1.42% 的亮氨酸，0.56% 的异亮氨酸，0.48% 的苯丙氨酸，0.30% 的苏氨酸，0.58%的缬氨酸。高粱籽粒中亮氨酸和缬氨酸的含量略高于玉米，而精氨酸的含量又略低于玉米。其他各种氨基酸的含量与玉米大致相等。高粱糠中粗蛋白质含量达 10% 左右，在鲜高粱酒糟中为 9.3%，在鲜高粱醋渣中是 8.5% 左右。

高粱和其他谷实类一样，不仅蛋白质含量低，同时所有必需氨基酸含量都不能满足畜禽的营养需要。总磷含量中约有一半以上是植酸磷，同时还含有 0.2%～0.5% 的单宁，两者都属于抗营养因子，前者阻碍矿物质、微量元素的吸收利用，而后者则影响蛋白质、氨基酸及能量的利用效率。

高粱的营养价值受品种影响大，其饲喂价值一般为玉米的90%～95%。高粱在日粮中使用量的多少与单宁含量高低有关。含量高的用量不能超过10%，含量低的使用量可达到70%。高单宁高粱不宜在幼龄动物饲养中使用，以免造成养分消化率的下降。

　　去掉高粱中的单宁可采用水浸或煮沸处理、氢氧化钠处理、氨化处理等，也可通过饲料中添加蛋氨酸或胆碱等含甲基的化合物来中和其不利影响。使用高单宁高粱时，可通过添加蛋氨酸、赖氨酸、胆碱等来克服单宁的不利影响。

　　④ 燕麦：燕麦分为皮燕麦和裸燕麦两种，是营养价值很高的饲料作物，可用作能量饲料、青干草和青贮饲料。

　　燕麦壳比例高，一般占籽实总重的24%～30%。因此，燕麦壳粗纤维含量高，可达11%或更高，去壳后粗纤维含量仅为2%。燕麦淀粉含量仅为玉米淀粉含量的1/3～1/2，在谷实类中最低，总可消化羊粪为66%～72%；粗脂肪含量在3.75%～5.5%，能值较低。燕麦粗蛋白质含量为11%～13%。燕麦籽实和干草中钾的含量比其他谷物或干草低。因为壳重较大，所以燕麦的钙比其他谷物略高，约占干物质的0.1%，而磷占0.33%。其他矿物质与一般麦类比较接近。

　　燕麦因壳厚、粗纤维含量高，适宜饲喂兔。

　　⑤ 小麦：小麦是人类最重要的粮食作物之一，全世界1/3以上的人口以它为主食。美国、中国、前苏联是小麦的主要产地，小麦在我国各地均有大面积种植，是主要粮食作物之一。

　　小麦籽粒中主要养分含量：粗脂肪1.7%，粗蛋白13.9%，粗纤维1.9%，无氮浸出物67.6%，钙0.17%，磷0.41%。总的消化养分和代谢能均与玉米相似。与其他谷物相比，粗蛋白含量高。在麦类中，春小麦的蛋白质水平最高，而冬小麦略低。小麦钙少磷多。

　　(2) 糠麸类饲料　米糠、脱脂米糠、小麦麸和大麦麸等为谷实类饲料的加工副产品。米糠和脱脂米糠均富含B族维生素和锰、磷。米糠因其含油脂较多保存时易氧化酸败，腐败米糠易造成家兔下泻。脱脂米糠是米糠被浸提了油脂后的粕，与米糠相比，不易腐败变质。麦麸富含B族维生素及维生素E，麦麸中含有较高的纤维素及一定量的镁盐，具有轻泻作用，质地蓬松，适口性好，有利于通便，是妊娠后期母兔和哺乳母兔的好饲料。但由于其吸水性强，大量干饲易引起家兔便秘。

① 米糠：米糠俗称"油糠"、"青糠"、"全脂米糠"、"皮糠"、"精糠"等，系糙米加工过程中脱除的果皮层、种皮层及胚芽等混合物，亦混有少量稻壳、碎米等。50 千克稻谷可得到 3 千克左右米糠。

米糠的营养价值受稻米精制加工程度的影响，精制程度越高，则米糠中混入的胚乳就越多，其营养价值也就越高。米糠中蛋白质含量高，为 14％，比大米（粗蛋白为 9.2％）高得多。氨基酸平衡情况较好，其中赖氨酸、色氨酸和苏氨酸含量高于玉米，但与动物需要相比仍然偏低。粗纤维含量不高，故有效能值较高。脂肪含量 12％以上，其中主要是不饱和脂肪酸，易氧化酸败。B 族维生素及维生素 E 含量高，是维生素 B_2 的良好来源，在糠麸饲料中仅次于麦麸。且含有肌醇，但维生素 A、维生素 D、维生素 C 含量少。矿物质含量丰富，钙少（0.08％）磷多（1.6％），钙磷比例不平衡，磷主要是植酸磷，利用率不高。此外，米糠中锌、铁、锰、钾、镁、硅含量较高。米糠中含有胰蛋白酶抑制因子。给单胃动物大量饲喂米糠，可引起蛋白质消化障碍和雏鸡胰腺肥大。加热处理可使米糠中胰蛋白酶抑制因子失活。此外，不饱和脂肪酸含量较高，容易氧化变质，不耐贮存。

② 脱脂米糠：脱脂米糠也叫糠饼和米糠粕，是米糠先经过榨油机榨油，得到糠饼（其中仍然含有 5％左右的残油），如果工艺更先进的，还要进行有机溶剂浸油处理，使糠饼中残油含量降低到 1％，则得到米糠粕，大大提高了米糠的保存性，同时，在加工过程中，由于高温的工艺，使其中的胰蛋白酶抑制因子灭活，所以，比起全脂米糠（即米糠或油糠），脱脂米糠大量喂养动物时，并不会引起腹泻和蛋白质消化不良等现象。不过，由于脱脂米糠含粗纤维相对较高，大量喂脱脂米糠的结果，反而引起动物便秘（粗纤维大量吸附水分的结果），与全脂米糠引起腹泻正好相反。喂脱脂米糠需要注意粗纤维的影响，同时，还要注意植酸磷对磷的消化吸收的影响。

脱脂米糠的营养成分如下：水分 10%、粗蛋白质 15%～18%、粗脂肪 5%、粗纤维 9%、无氮浸出物 49%、粗灰分 7%、钙 0.07%、磷 1.28%。脱脂米糠在饲料中的应用量应该比全脂米糠的大一些，因为它去除了胰蛋白酶抑制因子和脂肪。

③ 小麦麸和次粉：小麦是人们的主食之一，所以很少用整个小麦粒作为饲料。作为饲料的一般是小麦加工副产品——小麦麸和次粉，二者均是面粉厂用小麦加工面粉时得到的副产品。小麦麸俗称麸皮，成分可因小麦面粉的加工要求不同而不同，一般由种皮、糊粉层、部分胚芽及少量胚乳组成，其中胚乳的变化最大。在精面生产过程中，大约只有 85% 左右的胚乳进入面粉，其余部分进入麦麸，这种麦麸的营养价值很高。在粗面生产过程中，胚乳基本全部进入面粉，甚至少量的糊粉层物质也进入面粉，这样生产的麦麸营养价值就低得多。一般生产精面粉时，麦麸约占小麦总量的 30%，生产粗面粉时，麦麸约占小麦总量的 20%。次粉由糊粉层、胚乳和少量细麸皮组成，是磨制精粉后除去小麦麸、胚及合格面粉以外的部分。小麦加工过程可得 23%～25% 小麦麸、3%～5% 次粉和 0.7%～1% 胚芽。小麦麸和次粉数量大，是我国畜禽常用的饲料原料。

麦麸和次粉的粗蛋白质含量高，为 12.5%～17%，这一数值比整粒小麦含量还高，而且质量较好。与玉米和小麦籽粒相比，小麦麸和次粉的氨基酸组成较平衡，其中赖氨酸、色氨酸和苏氨酸含量均较高，特别是赖氨酸含量（0.67%）较高。由于小麦种皮中粗纤维含量较高，使麦麸中粗纤维的含量也较高（8.5%～12%），这对麦麸的能量价值稍有影响，有效能值较低，可用来调节饲料的养分浓度。脂肪含量约 4%，其中不饱和脂肪酸含量高，易氧化酸败。B 族维生素及维生素 E 含量高，维生素 B_1 含量达 8.9 毫克/千克，维生素 B_2 达 3.5 毫克/千克，这足以满足生长育肥猪的需要。但维生素 A、维生素 D 含量少。矿物质含量丰富，但钙（0.13%）磷（1.18%）比例极不平衡，钙：磷为 1：8 以上，磷多属植酸磷，约占 75%，但含植酸酶，因此用这些饲料时要注意补钙。小麦麸的质地疏松，含有适量的硫酸盐类，有轻泻作用，可防止便秘。

4. 蛋白质饲料

蛋白质饲料也是精饲料的一种。所谓蛋白质饲料是指饲料干物质中粗蛋白质含量大于或等于 20%，消化能含量超过 10.45 兆焦/千克，且粗纤维含量低于 18% 的饲料，根据其来源和属性不一样，主要包括植物性蛋白质饲料、动物性蛋白质饲料、单细胞蛋白质饲料和非蛋白氮饲料。与能量饲料相比，蛋白质饲料的蛋白质含量高且品质优良，在能量价值方面则差别不大或者略偏高。

（1）植物性蛋白质饲料　主要包括豆科籽实、饼粕类和某些加工副产品。其中豆科籽实即用作饲料使用，也作为食品；饼粕类饲料是动物最主要的蛋白质饲料资源；常用的加工副产品主要有糟渣类和玉米蛋白粉等。

① 豆类籽实：豆类籽实有两类，一类是高脂肪、高蛋白质的油料籽实，如大豆、花生等，一般不直接用作饲料；另一类是高糖类、高蛋白的豆类，如豌豆、蚕豆等。豆类籽实中粗蛋白质含量较谷实类丰富，一般为 20%～40%，且赖氨酸和蛋氨酸的含量较高，品质好，优于其他植物性饲料。除大豆外，脂肪含 2% 左右，消化能偏高。矿物质与维生素含量与谷实类大致相似，维生素 B_1 和维生素 B_2 的含量稍高于谷实类，钙含量稍高一些，钙磷比例不适宜。生的豆类籽实含有一些不良物质，如大豆中含有抗胰蛋白酶、尿素酶、产生甲状腺肿的物质、皂素与血凝素等。这些物质降低了适口性并影响家兔对饲料中蛋白质的使用及正常的生产性能，使用时应经过适当的热处理。

② 饼（粕）类：是豆类籽实及饲料作物籽实制油后的副产品，压榨法制油后的副产品称为油饼。溶剂浸提法制油后的豆产品为油粕。常用的饼粕有大豆饼（粕）、花生饼（粕）、棉籽（仁）饼（粕）、菜籽饼（粕）、胡麻饼、向日葵饼、芝麻饼等。

a. 大豆饼（粕）：大豆饼（粕）是我国目前最常用的蛋白质饲料。其消化能和代谢能高于其籽实，氮的利用效率较高。粗蛋白质含量为 42%～47%，蛋白质品质较好，尤其是赖氨酸含量是饼（粕）类饲料中最高，且与精氨酸比例适宜。其蛋氨酸含量不足，低于菜籽饼（粕）和葵花仁饼（粕），高于棉仁饼（粕）和花生饼（粕）。因此，在以大豆饼（粕）为主要蛋白饲料配合饲料中要添加蛋氨酸。与其他饼（粕）相比，异亮氨酸含量高，且与亮氨酸比例适当。色氨酸、苏氨酸含量也较高。这些均可弥补玉米的不足，因而以大豆饼（粕）与玉米为主搭配组成的饲料效果较好。大豆饼（粕）中含有生大豆中的抗营养因子，在制油过程中，如加热适当，可使其受到不同程度的破坏。如加热不足，得到的饼（粕）为生的，不能直接喂兔。如加热过度，抗营养因子受到破坏，营养物质特别是必需氨基酸的利用率也会降低。因此，在使用大豆饼（粕）时，要注意检测其生熟程度。一般可从颜色上判定，加热适当的应为黄褐色、有香味，加热不足或未加热的颜色较浅或灰白色，没有香味或有鱼腥味，加热过度的呈暗褐色。豆饼、豆粕在兔日粮中推荐用量为 15%～20%。

　　b. 棉籽饼（粕）：棉籽饼（粕）是棉籽制油后的副产品，其营养价值因加工方法的不同差异较大。棉籽脱壳后制油形成的饼（粕）为棉仁饼（粕），粗蛋白质为 41%～44%，蛋白质品质差，粗纤维含量低，能值与豆饼相近似。不去壳的棉籽饼（粕）含蛋白质 22% 左右，粗纤维含量高，为 11%～20%。带有一部分棉籽壳的为棉仁（籽）饼（粕），蛋白质含量为 34%～36%。棉仁饼赖氨酸和蛋氨酸含量低，精氨酸含量较高，硒含量低。因此，在配合饲料中使用棉仁饼时应注意添加赖氨酸，最好与精氨酸含量低、蛋氨酸及硒含量较高的菜籽饼配合使用，这样既可缓解赖氨酸、精氨酸的颉颃作用，又可减少赖氨酸、蛋氨酸及硒酸盐的添加量。棉籽仁中含有大量色素、腺体及对家兔有害的棉酚。棉酚在制油过程中大部分与氨基酸结合为结合棉酚及环丙烯脂肪酸，对家兔无害，但氨基酸利用率随之降低。一部分游离棉酸存在于棉籽仁和饼（粕）中，家兔摄取游离棉酚过量或食用时间过长，即导致中毒。饲养中应引起高度重视。棉籽饼（粕）中含有对家兔有害的棉酚兔日粮中推荐用量小于 8%。

　　c. 花生饼（粕）：花生饼（粕）有甜香味，适口性好，营养价值仅次于豆饼，也是一种优质蛋白质饲料。去壳的花生饼（粕）能量含量较高，粗蛋白质含量为 44%～49%，能值和蛋白质含量在饼（粕）中最高。带壳的花生饼（粕）粗纤维含量为 20% 左右，粗蛋白质和有效能相对较低。花生饼的氨基酸组成不佳，赖氨酸和蛋氨酸含量较低，赖氨酸含量仅为大豆饼（粕）的 52%，精氨酸含量特别高，在配合饲料中使用时应与含精氨酸少的菜籽饼（粕）、血粉等混合使用。花生饼（粕）中含残油较多，在贮存过程中，特别是在潮湿不通风之处，容易酸败变苦，并产生黄曲霉毒素。家兔中毒后精神不振、粪便带血、运动失调，与球虫病症状相似，肝、肾肥大。该毒素在兔肉中残留可使人患病。蒸煮或干热均不能破坏黄曲霉毒素，所以，发霉的花生饼（粕）千万不能饲用。兔日粮中推荐用量小于 15%。

d. 菜籽饼（粕）：菜籽饼（粕）是油菜籽制油后的副产品，有效价值较低，适口性较差，含粗蛋白质 36% 左右。蛋氨酸、赖氨酸含量较高，在饼（粕）中名列第二，精氨酸含量在饼（粕）中最低。钙、磷含量高，磷的利用率较高，硒含量是植物性饲料最高的，锰含量也较丰富。菜籽饼（粕）中含有较高的芥子苷，在体内水解产生有害物质，造成中毒。因此，没有经过去毒处理的菜籽饼（粕）一定要限制饲喂量。在兔配合饲料中不能超过 7%。菜籽饼（粕）可采用坑埋法、水洗法、加热钝化酶法、氨碱处理等方法降低其毒性，以增加饲喂量，提高利用率。

e. 芝麻饼（粕）：芝麻饼（粕）是芝麻取油后的副产品，有很浓的香味，不含对家兔不良影响的物质，是一种很有价值的蛋白质来源。芝麻饼（粕）蛋白质含量较高，约 40%，氨基酸组成中蛋氨酸、色氨酸含量丰富，尤其蛋氨酸高达 0.8% 以上，为饼（粕）类之首。赖氨酸缺乏，不及豆饼的 50%，精氨酸极高，赖氨酸与精氨酸之比为 100∶420，比例严重失衡，配制饲料时应注意，将其与豆饼、菜籽饼或动物性蛋白饲料搭配使用，则可起到氨基酸互补用。粗纤维含量低于 7%，代谢能低于花生、大豆饼（粕），约为 9.0 兆焦/千克。矿物质中钙、磷较多，但多为植酸盐形式存在，故钙、磷、锌的吸收均受到抑制。维生素 A、维生素 D、维生素 E 含量低，核黄素、烟酸含量较高。芝麻饼（粕）中的抗营养因子主要为植酸和草酸，二者能影响矿物质的消化和吸收。

f. 葵花籽（仁）饼（粕）：葵花籽（仁）饼（粕）营养价值决定于脱壳程度如何。脱壳的葵花仁饼（粕）含粗纤维低，粗蛋白质含量为 28%～32%，赖氨酸不足，蛋氨酸含量高于花生饼、棉籽饼及大豆饼，铁、铜、锰含量及 B 族维生素含量较丰富。

③ 加工副产品：我国每年都有大量的粮食用于工业生产，如酿酒、淀粉制造、制糖、制酱油、制味精、制酒精等。在这些工业生产中，除提取大部分糖类外，所剩的残渣不仅数量大，而且其中都含有较高的蛋白质，适当处理可以作为较好的蛋白质补充料。

这类蛋白质饲料品种很杂，主要包括啤酒糟、酒精糟、白酒糟、玉米蛋白粉、粉渣、豆腐渣、酱油渣、醋渣和饴糖渣等。由于原料和工艺上的区别，所得副产物在营养成分含量上差别很大。多数水分含量特别高，不便运输，只能就地使用。目前，一些大型酒精厂和淀粉厂具有辅助烘干设备，可生产酒精糟、玉米蛋白粉和玉米胚芽饼等。

a. 酒糟：酒糟是制造各种酒类所剩的糟粕，由于大量的可溶性糖类发酵成醇而被提取，其他营养物质如蛋白质、粗纤维、粗脂肪和粗灰分等都相应浓缩，而无氮浸出物的浓度则降低到 50% 以下。

用发酵法生产乙醇时，可得到酒精副产品。原料有甘薯、木薯、玉米、高粱、糖蜜、木材糖化液等。制造酒精时，先把原料粉碎、加水蒸煮、冷却、糖化后，在糖化液中加入酿酒酵母，进行酒精发酵而生成酒精。这种发酵液体内含酒精 6%～8%，经蒸馏分离、浓缩成为酒精，而剩余含水 95% 以上的废液经浓缩干燥即可制成酒糟。

酒糟的营养价值与酿酒的原料有关，酒糟通常根据原料来进行分类，如甘薯酒精糟、糖蜜酒精糟、玉米酒精糟等。酒精发酵的原料主要是玉米，在蒸馏废液中，固形部分占 5%～7%，经干燥处理后称作酒精副产品，又分为脱水酒精糟（DDG）和含可溶物的脱水酒精糟（DDGS）。

酒糟蛋白质含量较高（18%～25%），并且粗纤维（11%～20%）含量低，脂肪含量（3%～8%）较高。湿酒糟中含有丰富的 B 族维生素，适口性好。湿酒糟来源广泛，价格较低，但其水分含量太高，不易保存，需要经过烘干处理，才能作为配合饲料的原料。

DDGS 的营养价值高于 DDG。它们均含有较高的蛋白质（30%～34%）和较低的粗纤维（8%～15%），故有效能值较高。

与酒糟的情况相似，DDG 和 DDGS 中的蛋白质主要为过瘤胃蛋白质，尤其适用于反刍动物。还有一些试验证明，DDGS 中的可溶物具有刺激反刍动物瘤胃纤维消化的功能。

对单胃动物来说，它们的氨基酸组成不平衡，赖氨酸、蛋氨酸和苏氨酸含量均较低，且缺乏色氨酸。DDG 和 DDGS 中含有丰富的 B 族维生素，而且还含有猪、鸡生长所需的生长未知因子。与酒糟的情况不同，脱水酒糟的适口性较差，故添加量过高易导致动物的进食量下降。

喂酒糟易引起便秘，因此，在配合饲料中以不超过 40% 为宜，并应搭配玉米、糠麸、饼类、骨粉、贝粉等，特别应多喂青饲料，以补充营养和防止便秘。

b. 豆腐渣：豆腐渣是来自豆腐、豆奶工厂的加工副产品，为黄豆浸渍成豆乳后，部分蛋白质被提取，过滤所得的残渣。过去主要供食用，现多作饲料。

干物质中粗蛋白、粗纤维和粗脂肪含量较高，维生素含量低且大部分转移到豆浆中，与豆类籽实一样含有抗胰蛋白酶因子。以干物质为基础进行计算，其蛋白质含量为 19%～29.8%，并且豆渣中的蛋白质含量受加工的影响特别大，特别是受滤浆时间的影响，滤浆的时间越长，则豆渣中的可溶性营养物质包括蛋白质越少。

鲜豆腐渣是牛、猪、兔的良好多汁饲料，可提高奶牛产奶量，提高猪日增量，育肥猪使用过多会出现软脂现象而影响胴体品质。

豆腐渣水分含量很高，不容易加工干燥，一般鲜喂，作为多汁饲料。保存时间不宜太久，太久容易变质，特别是夏天，放置一天就可能发臭。鲜豆腐渣经干燥、粉碎可作配合饲料原料，但加工成本较高，宜鲜喂。

（2）动物性蛋白质饲料　动物性蛋白质饲料类主要是指水产、畜禽加工、缫丝及乳品业等加工副产品。水产制品如鱼粉、鱼溶浆、虾粉、蟹粉等，畜禽屠宰加工副产品如肉粉、肉骨粉、血粉、羽毛粉、皮革粉等。该类饲料的主要营养特点如下。

一是蛋白质含量高（40%～85%），氨基酸组成比较平衡，适于与植物性蛋白质饲料搭配，并含有促进动物生长的动物性蛋白因子。品质较好，其营养价值较高，但血粉和羽毛粉例外。

二是糖类含量低，不含粗纤维，可利用能量较高。

三是粗灰分含量高，钙、磷含量丰富，比例适宜，磷全部为可利用磷，同时富含多种微量元素。

四是维生素含量丰富（特别维生素 B_2 和维生素 B_{12}）。

五是脂肪含量较高，虽然能值含量高，但脂肪易氧化酸败，不宜长时间贮藏。

六是含有生长未知因子或动物蛋白因子，能促进动物对营养物质的利用。

① 鱼粉：鱼粉是用一种或多种鱼类为原料，经去油、脱水、粉碎加工后的高蛋白质饲料，在许多饲料中尚无法以其他饲料取代，是优质的动物性蛋白质饲料。含粗蛋白质 55%～75%，富含各种必需氨基酸，如赖氨酸（5.5%）、色氨酸（0.8%）、蛋氨酸（2.1%）、胱氨酸（0.65%）等，精氨酸含量相对较低（3.4%），氨基酸组成齐全而且平衡，蛋白质品质好，生物学价值高。还含有未知动物蛋白因子，能促进养分的利用。鱼粉中的矿物质元素量多质优，钙、磷的含量很高且比例适宜，所有磷都是可利用磷。鱼粉的含硒量很高，可达 2 毫克/千克以上。此外，鱼粉中碘、锌、铁、硒的含量也很高，并含有适量的砷。鱼粉中含有丰富的维生素 A、维生素 E 及 B 族维生素。

通常真空干燥法或蒸汽干燥法制成的鱼粉，蛋白质利用率比用烘烤法制成的鱼粉约高 10%。鱼粉中一般含有 6%～12% 的脂类，其中不饱和脂肪酸含量较高，极易被氧化产生异味。进口鱼粉因生产国的工艺及原料而异。质量较好的是秘鲁鱼粉及白鱼鱼粉，粗蛋白质含量可达 60% 以上。含硫氨基酸约比国产鱼粉高 1 倍，赖氨酸也明显高于国产鱼粉。国产鱼粉由于原料品种、加工工艺不规范，产品质量参差不齐。

鱼粉常用于调整和补充某些必需氨基酸，但因价格较高，且有特殊的鱼腥味，适口性差，在混合料中的比例一般控制在 3% 左右。

② 肉粉：是由不能供人食用的废弃肉、内脏等，经高温、高压、灭菌、脱脂干燥制成。粗蛋白含量为 50%～60%；富含赖氨

酸、B族维生素、钙、磷等，蛋氨酸、色氨酸相对较少，消化率、生物学价值均高。

③ 肉骨粉：是由不适于食用的畜禽躯体、骨骼、胚胎等，经高温、高压、灭菌、脱脂干燥制成。含粗蛋白质35％～40％，脂肪8％～10％；含矿物质10％～25％，与肉粉比较，矿物质含量较高。

④ 血粉：由畜禽的血液制成。血粉的品质因加艺不同而有差异。经高温、压榨、干燥制成的血粉溶解性差，消化降低。直接将血液于真空蒸馏器干燥制成的血粉，溶解性好，消化率高。血粉中粗蛋白质含量很高，在80％以上，但品质不佳，缺乏蛋氨酸、异亮氨酸和甘氨酸，赖氨酸含量高达7％～8％。富含铁，但适口性差，消化率低，所以降低了它的营养价值，喂饲量不宜过多。其饲喂效果也不如骨肉粉和鱼粉，在畜禽饲粮中只能少量应用，其适宜用量为3％～4％。

⑤ 羽毛粉：是家禽屠宰后的羽毛经高压水解后的产品，也称水解羽毛粉。羽毛粉含粗蛋白质80％以上，必需氨基酸比较完全，含胱氨酸特别丰富，但赖氨酸、蛋氨酸和色氨酸含量较少。与其他动物性蛋白质饲料不同，血粉缺乏维生素，如维生素 B_2 含量仅为1.5毫克/千克。矿物质中钙、磷含量很低，但含有多种微量元素，如铁、铜、锌等，其中含铁量过高（2800毫克/千克），这常常是限制血粉利用的主要因素。羽毛粉虽然粗蛋白质含量较高，但多为角质蛋白，消化利用率低，不宜多喂，如与血粉、骨粉配合使用，可平衡营养，提高效果。

（3）微生物蛋白质饲料 单细胞蛋白质饲料也叫微生物蛋白质饲料，包括细菌、酵母、真菌、某些藻类以及原生动物。

饲料酵母属单细胞蛋白质饲料，常用啤酒酵母制成。饲料酵母的粗蛋白质含量为50％～55％，单细胞蛋白质饲料的品质介于动物性和植物性蛋白质饲料之间，氨基酸组成全面，富含赖氨酸，蛋白质含量和质量都高于植物性蛋白质饲料，消化率和利用率也高。饲料酵母含有丰富的B族维生素，因此，在兔的配合饲料中使用饲料酵母可以补充蛋白质和维生素，并可提高整个日粮的营养水平，在兔日粮中一般不超过10％。

5. 矿物质饲料

矿物质饲料在饲料分类系统中属第六大类。它包括人工合成的、天然单一的和多种混合的矿物质饲料，以及配合有载体或赋形剂的痕量、微量、常量元素补充料。矿物质元素在各种动植物饲料中都有一定含量，虽多少有差别，但由于动物采食饲料的多样性，可在某种程度上满足对矿物质的需要。但在舍饲条件下或饲养高产动物时，动物对他们的需要量增多，这时就必须在动物饲粮中另行添加所需的矿物质。在家兔日粮中的用量很少，但作用很大，是必不可少的家兔日粮组成成分。

目前已知畜禽有明确需要的矿物元素有 14 种。其中常量元素 7 种即钾、镁、硫、钙、磷、钠和氯（硫仅对奶牛和绵羊），饲料中常不足、需要补充的有钙、磷、氯、钠 4 种。微量元素 7 种即铁、锌、铜、锰、碘、硒、钴。

常用的有食盐、石粉、贝壳粉、蛋壳粉、石膏、硫酸钙、磷酸氢钠、磷酸氢钙、骨粉、混合矿物质补充饲料等。

（1）食盐　植物性饲料大都含钠和氯，但是数量较少。食盐除了具有维持体液渗透压和酸碱平衡的作用外，还可刺激唾液分泌，提高饲料适口性，增强动物食欲，具有调味剂的作用。为了保持生理上的平衡，对以植物性饲料为主的畜禽，应补饲食盐。食盐不足可引起食欲下降、采食量低、生产成绩差，并导致异嗜癖。食盐是最常用又经济的钠、氯的补充物。食盐中含氯 60%，含钠 39%。碘化食盐中还含有 0.007% 的碘。饲料用食盐多属工业用盐含氯化钠 95% 以上。食盐过量时，只要有充足饮水，一般对动物健康无不良影响，但若饮水不足，可能出现食盐中毒。使用含盐量高的鱼粉、酱渣等饲料时应特别注意。除加入配合饲料中应用外，还可直接将食盐加入饮水中饮用，但要注意浓度和饮用量。将食盐制成盐砖更适合放牧动物舔食。

用量一般占风干日粮的 0.3%～0.5%。在养兔常用饲料中食盐可以混入精饲料中或溶于水中供兔饮用。

食盐还可作为微量元素添加剂的载体。但由于食盐吸湿性强，在相对湿度 75% 以上时就开始潮解，因此，作为载体的食盐必须保持含水量在 0.5% 以下，制作微量元素预混料以后也应妥善贮藏保管。

（2）石粉　石粉又称石灰石粉，为白色或灰白色粉末，由优质天然石灰石粉碎而成，是兔日粮中最经济实惠的补钙饲料。为天然的碳酸钙（$CaCO_3$），一般含纯钙 35％以上，是补充钙的最廉价、最方便的矿物质原料。或将石灰石高温煅烧成氧化钙（CaO，生石灰），用水将之调成石灰乳，再与二氧化碳作用，制成沉淀碳酸钙制品，此产品细而轻，为优质碳酸钙。其含碳酸钙在 95％以上，钙含量因成矿条件不同介于 34％～38％之间。按干物质计，石灰石粉的成分与含量如下：灰分 96.9％，钙 35.89％，氯 0.03％，铁 0.35％，锰 0.027％，镁 0.06％。除用做钙源外，石粉还广泛用做微量元素预混合饲料的稀释剂或载体。

天然的石灰石中，只要铅、汞、砷、氟的含量不超过安全系数，都可用作饲料。有些石灰石含有较高的其他元素，特别是有毒元素含量高的不能作为饲料级石粉。一般认为，饲料级石粉中镁的含量不宜超过 0.5％，重金属如砷等含量更有严格限制。

（3）磷酸氢钙　磷酸氢钙也叫磷酸二钙，是优质的钙、磷补充料，为白色或灰白色的粉末或粒状产品，又分为无水盐（$CaHPO_4$）和二水盐（$CaHPO_4 \cdot 2H_2O$）两种，后者的钙、磷利用率较高。磷酸二钙一般是在干式法磷酸液或精制湿式法磷酸液中加入石灰乳或磷酸钙而制成的。市售品中除含有无水磷酸二钙外，还含少量的磷酸一钙及未反应的磷酸钙。含磷 18％以上，含钙 21％以上，饲料级磷酸氢钙应注意脱氟处理，含氟量不得超过标准。

（4）贝壳粉　贝壳粉是各种贝类外壳（蚌壳、牡蛎壳、扇贝壳、蛤蜊壳、螺蛳壳等）经加工粉碎而成的粉状或粒状产品，多呈灰白色、灰色、灰褐色粉末。贝壳粉也是一种廉价钙补充料。主要成分也为碳酸钙，含钙量应不低于 33％，一般在 34％～38％。品质好的贝壳粉杂质少，含钙高，呈白色粉状或片状，用于蛋鸡或种鸡的饲料中，蛋壳的强度较高，破蛋软蛋少，含碳酸钙也在 95％以上，是可接受的碳酸钙来源，尤其片状贝壳粉效果更佳。

我国沿海一带有丰富的资源，应用较多。贝壳粉内常掺杂沙石和泥土等杂质，使用时应注意检查。另外若贝肉未除尽，加之贮存不当，堆积日久易出现发霉、腐臭等情况，这会使其饲料价值显著降低。必须进行灭菌处理，以免传播疾病。选购及应用时要特别注意。

（5）蛋壳粉　禽蛋加工厂或孵化厂废弃的蛋壳，由蛋壳、蛋膜及蛋白残留物经干燥灭菌、粉碎后即得到蛋壳粉。无论蛋品加工后的蛋壳或孵化出雏后的蛋壳，都残留有壳膜和一些蛋白，因此除了含有34%左右钙外，还含有7%的蛋白质及0.09%的磷。蛋壳主要是由碳酸钙组成，但由于残留物不定，蛋壳粉含钙量变化较大，一般在29%～37%，所以产品应标明其中钙、粗蛋白质含量，未标明的产品，用户应测定钙和蛋白质含量。蛋壳粉是理想的钙源饲料，利用率高，与贝壳粉同样具有增加蛋壳硬度的效果。应注意蛋壳干燥的温度应超过82℃，以保证灭菌，防止蛋白腐败，甚至传播疾病。

（6）石膏　石膏为硫酸钙（$CaSO_4 \cdot xH_2O$），通常是二水硫酸钙（$CaSO_4 \cdot 2H_2O$），灰色或白色的结晶粉末。有天然石膏粉碎后的产品，也有化学工业产品。若是来自磷酸工业的副产品，则因其含有高量的氟、砷、铝等而品质较差，使用时应加以处理。石膏含钙量为20%～23%，含硫16%～18%，既可提供钙，又是硫的良好来源，生物利用率高。一般在饲料中的用量为1%～2%。

（7）骨粉　骨粉也是常用的磷源饲料，分为蒸制骨粉和脱胶骨粉两种。含钙30%左右，磷含量10%～16%，磷利用率较高，喂量可占日粮的2%～3%。家庭养兔用的骨粉可以自制，即将食用后的畜禽骨骼高压蒸煮1～1.5小时，使骨骼软化，敲碎晒干后即可喂兔。喂量可占日粮的2%～3%。

（8）膨润土　膨润土是由酸性火山凝灰岩变化而成的，俗称白黏土，又名斑脱岩，是蒙脱石类黏土岩组成的一种含水的层状结构铝硅酸盐矿物。膨润土的主要化学成分为SiO_2、Al_2O_3、H_2O，以及少量的Fe_2O_3、FeO、MgO、CaO、Na_2O和TiO_2等。

膨润土含硅约30%，还含磷、钾、锰、钴、钼、镍等动物生长发育所必需的多种常量和微量元素。并且，这些元素是以可交换的离子和可溶性盐的形式存在，易被禽畜吸收利用。

膨润土具有良好的吸水性、膨胀性，可延缓饲料通过消化道的速度，提高饲料的利用率。膨润土可用作微量元素的载体和稀释剂，同时作为生产颗粒饲料的黏结剂，可提高产品的成品率。膨润土的吸附性和离子交换性可提高动物的抗病能力。

肉兔日粮中添加 1%～3% 的膨润土，能明显提高其生产性能，减少疾病的发生。

（9）麦饭石　麦饭石因其外观似麦饭团而得名，是一种经过蚀变、风化或半风化，具有斑状或似斑状结构的中酸性岩浆岩矿物质。麦饭石的主要化学成分是二氧化硅和三氧化二铝，二者约占麦饭石的 80%。

麦饭石具有多孔性海绵状结构，溶于水时会产生大量的带有负电荷的酸根离子，这种结构决定了它有强的选择吸附性，能吸附像氨气、硫化氢等有害、有臭味的气体和大肠杆菌、痢疾杆菌等肠道病原微生物。减少动物体内某些病原菌和有害重金属元素等对动物机体的侵害。

不同地区的麦饭石其矿物质元素含量差异不大，均含有 K、Na、Ca、Mg、Cu、Zn、Fe、Se 等对动物有益的常量或微量元素，且这些元素的溶出性好，有利于体内物质代谢。

在畜牧生产中麦饭石一般用作饲料添加剂，以降低饲料成本。也用作微量元素及其他添加剂的载体和稀释剂。麦饭石可降低饲料中棉籽饼毒素。

肉兔日粮中适宜添加量为 1%～3%。有试验证明，兔配合饲料中添加 3% 的麦饭石，体重可提高 23.18%，饲料转化率可提高 16.24%。

6. 饲料添加剂

饲料添加剂是在配合饲料中加入的各种微量成分，其作用是完善饲料的营养成分，提高饲料的利用率，促进家兔生长和预防疾病，减少饲料在贮存期间的营养损失，改善产品品质。常用的有补充饲料营养成分的添加剂，如氨基酸、矿物质和维生素；促进饲料的利用和保健作用的添加剂，如生长促进剂、驱虫剂和助消化剂等；防止饲料品质降低的添加剂，如抗氧化剂、防霉剂、黏结剂和增味剂等

饲料添加剂可分为营养性和非营养性两类。

（1）营养性饲料添加剂　常见的兔用营养性添加剂包括氨基酸

（主要是蛋氨酸和赖氨酸）、维生素（维生素 A 粉、维生素 D 粉、维生素 E 粉及兔用多维素）和矿物质微量元素（食盐、石粉、贝壳粉和复合微量元素）添加剂。

兔日粮中使用的氨基酸添加剂主要是蛋氨酸、胱氨酸及赖氨酸，依饲料中氨基酸含量，兔全价日粮中的添加量一般为 0.1%～0.3%。维生素 A、维生素 D、维生素 E 是家兔日粮中需要考虑添加的维生素，生产上常用复合维生素添加剂，兔全价日粮中的添加量一般为 70～100 毫克/千克。

为了补充兔日粮中微量元素铁、铜、锰、锌、钴的不足，在家兔的生产中使用矿物质微量元素添加剂，主要有硫酸铜、硫酸亚铁、硫酸锌、硫酸锰、碘化钾、氯化钴等。

（2）非营养性饲料添加剂　常见的兔用非营养性添加剂包括生长促进剂和驱虫保健添加剂（如黄霉素、盐酸氯苯胍等）、增味剂（乳脂香、糖精）、防霉剂（丙酸钙、丙酸钠等）、抗氧化剂及中草药添加剂（如鸡内金、山楂、神曲、白术、橘皮、青蒿、艾叶和麦芽等）和酶制剂等。其主要作用是维护机体健康，促进生长和提高饲料的转换效率。

二、怎样合理选择和配制饲料

1. 家兔的营养需要

家兔的营养需要是指保证家兔健康和充分发挥其生产性能所需要的饲料营养物质数量。要养好兔，首先必须了解家兔需要哪些营养物质，需要多少，缺少某种营养物质，家兔会有什么表现。了解和掌握家兔的营养需要，是制定和执行家兔饲养标准，合理配合日粮的依据。所以，了解家兔的营养需要，对提高养兔的生产水平及养兔的经济效益十分重要。

（1）水分的需要　家兔体内的水约占其体重的 70%。水参与兔体的营养物质的消化吸收、运输和代谢产物的排出，对体温调节也具有重要的作用。

给家兔喂水是至关重要的，若缺少水就会使家兔的新陈代谢发生紊乱。失水 5% 时，就会导致家兔食欲不振、精神委顿；失水 20% 就会造成家兔死亡。家兔需水量的多少与季节、年龄、生理状态、饲料特性等有关。炎热的夏季，家兔的需水量随气温的升高而增加，所以，供水不能间断，要给家兔充足的饮水。幼龄兔由于生长发育旺盛，需水量高于成年兔。妊娠、泌乳的家兔需水量都比较大。特别是正处在分娩时的家兔易口渴，若此时饮水不足，易发生残食仔兔的现象，所以此时应供给充足的饮水，以温水为宜（饮水时注意放入少量的食盐）。供给家兔饮水时，还应考虑到饲料特性等因素，若喂给颗粒或粉状饲料，供水量就要适当加大。

家兔对水的需要量，一般为摄入干物质总量的 1.5～2 倍。各类兔对水的需要量见表 3-5。

表 3-5　各类兔每天适宜的饮水量

不同时期的兔	需水量/升
空怀或妊娠初期的母兔	0.25
成年公兔	0.28
妊娠后期母兔	0.57
哺乳母兔	0.60
母兔和哺育 7 只仔兔(6 周龄)	2.30

（2）能量的需要　家兔机体的生命与生产活动，需要机体每个系统相互配合与正常、协调地执行各自的功能。在这些功能活动中要消耗能量。饲料中包含的糖类、脂肪和蛋白质等有机物质都含有能量。

饲料中的营养物质不是都能被家兔所利用。不消化的物质从粪中排除，粪中也含有能量，饲料中总能减去粪能称为可消化能（DE）。食糜在肠道消化时也会产生以甲烷为主的可燃气体，也含有能量。被吸收的养分，也有些不能被利用的从尿中排出，这些甲烷气体和尿液里所含的能量都不能被家兔所利用。因此，饲料的消化能减去甲烷能和尿能称代谢能，代谢能也称为生理有用能。

代谢能是提供家兔生命活动和物质代谢所必需的营养物质，它与其他营养物质有一定比例要求，因而，使各种营养物质与可利用能量保持平衡。这一点在给家兔配合日粮时非常重要，配合高能日粮时，其他的营养素也应有一个相应高的水平，配合低能量日粮时

235

要适当降低其他营养素的水平。使家兔在采食的日粮中，能量水平与其他营养总是合乎比例要求。这样饲料利用才会经济合理。配合日粮要为能量而"转"，家兔也是为"能"而采食的，对高能量的日粮，家兔采食到足够自身需要的能量时，它就不采食了；对低能量的饲料，家兔就采食多一些，以满足它对能量的需要。

生长兔为了保证日增重达到 40 克水平，日喂量在 130 克左右饲料情况下，每千克日粮所含的热量为 12558 千焦。为了保证生长兔最大生长速度，每千克日粮最低能量也应保持在 10467 千焦以上。妊娠母兔的能量需要随着胎儿的发育而增加。泌乳母兔每千克日粮应含 10467～12142 焦的消化能，才能保持正常泌乳。

（3）蛋白质的需要　蛋白质是生命的基础。是构成细胞原生质及各种酶、激素与抗体的基本成分。也是构成兔体肌肉、内脏器官及皮毛的主要成分。如果饲料中蛋白质不足，家兔生长缓慢，换毛期延长，公兔精液品质下降，母兔性机能紊乱，表现难孕、死胎、泌乳下降；仔兔瘦弱、死亡率高等。相反，日粮蛋白质水平过高，不仅造成浪费，还会产生不良影响，甚至引起中毒。家兔对粗蛋白质的需要量：维持需要 12%，生长需要 16%，空怀母兔 14%，怀孕母兔 15%，哺乳母兔 17%。

蛋白质是氨基酸构成，所以兔对蛋白质的需要实际上就是对氨基酸的需要。动物需要氨基酸有 20 多种，有的氨基酸不能在动物体内合成或合成量少，称为必需氨基酸，共有十种，即赖氨酸、蛋氨酸、色氨酸、苯丙氨酸、亮氨酸、异亮氨酸、缬氨酸、苏氨酸、组氨酸和精氨酸。其中，赖氨酸、蛋氨酸、色氨酸极易缺乏，常把这三种氨基酸称为限制性氨基酸。对生长兔来说，最必需的有精氨酸（要求占日粮的 0.6%）、赖氨酸（占日粮的 0.6%）、含硫氨基酸（蛋氨酸和胱氨酸）占 0.6%。

日粮中能量和蛋白质含量要有一定的比例。若日粮中的能量不足，将分解大量的蛋白质满足能量的需要，降低了蛋白质的价值；若能量过高，影响家兔的采食量，造成家兔生产力下降。所说的"能量蛋白比"就是两者关系的指标。

（4）脂肪的需要　脂肪是能量来源与沉积体脂肪的营养物质之一，一般认为家兔日粮需要含有 2%～5% 的脂肪。脂肪是由甘油和脂肪酸组成的。脂肪酸中的亚麻油酸、次亚麻油酸、花生油酸在家兔体内不能完成，必须由饲料供给，所以这三种脂肪酸称为必需脂肪酸。若家兔的日粮中缺乏这三种脂肪酸，就会影响家兔的生长，甚至造成死亡。

饲料中的脂溶性维生素 A、维生素 D、维生素 E、维生素 K，被家兔采食后，不溶于水，必须溶解在脂肪中，才能在体内输送，被家兔消化吸收和利用。如家兔的日粮中缺乏脂肪，维生素 A、维生素 D、维生素 E、维生素 K 不能被家兔吸收利用，将出现维生素缺乏症。

日粮中脂肪含多少直接影响家兔的采食量，家兔喜欢吃脂肪含有 5%～10%的日粮；日粮中脂肪含量低于 5%或高于 20%时，都会降低兔的适口性。一般认为脂肪的添加量为：非繁殖成年兔 2%，怀孕和哺乳母兔 3%～5.5%，生长幼兔 5%，肥育兔 8%。

（5）矿物质的需要　矿物质是饲料中的无机物质，在饲料燃烧时成灰，所以也叫粗灰分，其中包括钙、磷及其他多种元素。

①钙和磷：钙和磷是构成骨骼的主要成分。钙能帮助维持神经肌肉的正常生理功能，维持心脏的正常活动，维持酸碱平衡，促进血液凝固。各类家兔日粮中钙的需要量：生长兔、肥育兔为 1.0%～1.2%，成年兔、空怀兔为 1.0%，妊娠后期和哺乳母兔 1.0%～1.2%。磷对兔的骨骼和身体细胞的形成，对糖类、脂肪和钙的利用等都是必需的。各类兔对磷的需要量：生长兔、肥育兔为 0.4%～0.8%，妊娠后期和哺乳母兔为 0.4%～0.8%，成年兔、空怀兔为 0.4%。钙磷比例以维持 2∶1 为好，并且应保证有维生素 D 的供给。

豆科牧草含钙多；粮谷、糠麸、油饼含磷多；青草野菜含钙多于磷；贝粉、石灰石粉含钙多；骨粉、磷酸钙等含钙和磷都多，但钙比磷至少多一倍，是家兔最好的钙、磷补充饲料。

②氯和钠：氯和钠广泛分布于体液中，维持体内水、电解质及酸碱平衡，并维持细胞内外液的渗透压。钠还能调解心脏的正常生理活动。氯也是形成胃酸的原料，是胃液的主要组成部分。

如果兔的日粮里补盐不足，兔食欲下降，增重减慢，且易出现乱啃现象。一般植物饲料里含钠和氯很少。必须通过给食盐来补充。兔对食盐的需要量一般认为以占日粮的 0.5％为宜。对哺乳母兔和肥育母兔可稍高一些，应占日粮的 0.65％～1％。

③ 钾：钾在维持细胞渗透压和神经兴奋的传递过程中起着重要作用。家兔缺乏钾会发生严重的进行性肌肉营养不良等病理变化。钾是钠的拮抗物，所以二者在代谢上密切相关。日粮中钾与钠的比例为（2～3）∶1 对机体最为有利。常用的兔饲料中钾元素含量高，日粮中不需要补钾，一般也不会发生缺钾现象。

④ 铁、铜和钴：这三种元素在体内有协同作用缺一不可。铁是组成血红蛋白的成分之一，有担负氧的运输功能，缺铁会引起贫血症。每千克日粮应含铁 100 毫克左右才能满足兔的生理要求。铜有催化血红蛋白形成的作用，缺铜同样贫血。每千克日粮中应含有 5～20 毫克为宜。据试验，日粮添加高水平铜，主要通过硫酸铜的形式补给。钴是维生素 B_{12} 的成分，而维生素 B_{12} 是抗贫血的维生素，缺少钴就妨碍维生素 B_{12} 的合成，最终也会导致贫血。仔兔每天需要钴不低于 0.1 毫克，成兔日粮中，每千克饲料应添加 0.1～1.0 毫克，以保证兔的正常生长发育与繁殖。

⑤ 锰：锰主要存在于动物肝脏，参与骨组织基质中的硫酸软骨素形成，所以是骨骼正常发育所必需。锰与繁殖及糖类和脂肪代谢有关。家兔缺锰表现为骨骼发育不良，腿弯曲，骨脆，骨骼的重量、密度、长度及灰分含量均减少。兔的日粮中，生长兔每千克日粮含 0.5 毫克，成年兔含 2.5 毫克，就可防止锰的缺乏症。锰的摄取量范围为每千克日粮含 10～80 毫克。

⑥ 锌：锌是兔体内多种酶的成分，如红细胞中的碳酸酶、胰液中的羧肽酶等。锌与胰岛素相结合，形成络合物，增加胰岛素的结构，延长作用时间。日粮中如缺锌，常出现食欲不振、生长缓慢、皮肤粗糙结痂、被毛粗劣稀少和生殖机能障碍。家兔对锌的需要量为每千克日粮含 30～50 毫克。

⑦ 碘：碘的作用在于参与甲状腺素、三碘酪氨酸和四碘酪氨酸的合成。如碘摄入过多每千克日粮碘超过 250 毫克，会导致家兔大量死亡。缺碘会引起甲状腺肿大。最适宜含量为每千克日粮 0.2 毫克。

⑧ 硫：兔体内的硫主要存在于蛋氨酸、胱氨酸内，维生素中

的维生素 B_1、生物素中含有少量硫。兔毛含硫 5%，多以胱氨酸形式存在，硫对兔毛、皮生长有重要作用。兔缺硫时食欲严重减退，出现掉毛现象。

⑨ 硒：硒和维生素 E 一样具有抗氧化作用，在机体内生理生化过程中，硒对消化酶有催化作用，对兔生长发育有促进作用。缺硒时，家兔出现肝细胞坏死、空怀、死胎等。家兔的每千克饲粮中添加 0.1 毫克就可以满足要求。

（6）维生素的需要　维生素是兔体的新陈代谢过程中所必需的物质，对家兔的生长、繁殖和维持其机体的健康有着密切的关系。家兔虽然对维生素的需要量微小，但缺乏时，轻者生长停滞，食欲减退，抗病力减弱，繁殖机能及生产力下降；重者，家兔死亡。

维生素主要分两大类：脂溶性维生素和水溶性维生素。前者主要有维生素 A、维生素 D、维生素 E、维生素 K 等，后者包括整个 B 族维生素和维生素 C。对兔营养起关键性作用的是脂溶性维生素。

青绿饲料及糠麸饲料中均含多种维生素，只要经常供给家兔优质的青绿饲料，一般情况下不会造成缺乏。

（7）粗纤维的需要　粗纤维不易消化，吸水量大，起到填充胃肠的作用，给兔以饱的感觉；粗纤维又能刺激胃肠蠕动，加快粪便排出。成兔粗纤维过少，食物通过消化道的时间为正常的 2 倍。日粮中粗纤维不足引起消化紊乱，发生腹泻，采食量下降，而且易出现异食癖，如食毛、吃崽等现象。6～12 周龄家兔，粗纤维含量应为日粮的 8%～10%。其他各类兔，日粮中粗纤维含量应以 12%～14% 为宜。

2. 兔的消化特点

兔是单胃草食家畜，与其他动物相比，有其独特的消化特点，主要表现在以下几个方面。

（1）胃的消化特点　在单胃动物中，兔子的胃容积占消化道总容积的比例最大，约为 35.5%。由于兔子具有吞食自己粪便的习性，兔胃内容物的排空速度是很缓慢的。试验表明饥饿 2 天的家兔胃中内容物只能减少 50%，这说明兔子具有相当的耐饥饿能力。胃腺分泌胃蛋白酶原，它必须在胃内盐酸的作用下（pH 1.5）才具有活性。15日龄以前的仔兔,胃液中缺乏游离盐酸,对蛋白质不能进行消化,16日龄以后胃液中才出现少量的盐酸,30日龄时胃的功能基本发育完善,在饲养中应注意这一特点。

(2) 对粗纤维的消化率高 家兔消化的最大特点在于发达的盲肠及其盲肠内微生物的消化,兔子消化道复杂且较长,容积也大,大小肠极为发达,总长度为体长的10倍左右,体重3千克左右的兔子肠道即5~6米,盲肠约0.5米,因而能吃进相当于体重10%~30%的青草。

兔子盲肠有适于微生物活动所需要的环境,较高的温度(39.6~40.5℃,平均40.1℃)、稳定的酸碱度(pH 6.6~7.0,平均pH 6.79)、厌氧和适宜的湿度(含水率75%~86%),给以厌氧为主的微生物提供了优越的活动空间。盲肠微生物的巨大贡献是对粗纤维的消化,它们可分泌纤维素酶,将那些很难被利用的粗纤维分解成低分子有机酸(乙酸、丙酸和丁酸),被肠壁吸收。兔子对粗纤维的消化率为60%~80%,仅次于牛、羊,高于马和猪。

粗纤维是家兔的必备营养,是任何其他营养所不能替代的,当饲料中粗纤维含量不足时,易引起消化紊乱、采食量下降、腹泻等。兔子消化道中的圆小囊和蚓突有助于粗纤维的消化。圆小囊位于小肠末端,开口于盲肠,中空,壁厚,呈圆形,有发达的肌肉组织,囊壁含有丰富的淋巴滤泡,有机械消化、吸收、分泌三种功能。经过回肠的食物进入圆小囊时,发达的肌肉加以压榨,经过消化的最终产物大量被淋巴滤泡吸收,圆小囊还不断分泌碱性液体,以中和由于微生物生命活动而形成的有机酸,保持大肠中有利于微生物繁殖的环境,有利于粗纤维的消化。蚓突位于盲肠末端,壁厚,内有丰富的淋巴组织,可分泌碱性液体。蚓突经常向肠道内排放大量淋巴细胞,参与肠道防卫机能,即提高机体的免疫力和抗病能力。盲肠和结肠发达,其中有大量的微生物繁殖,是消化粗纤维的基础。

(3) 对粗饲料中蛋白质的消化率较高 兔子对粗饲料中粗纤维具有较高消化率的同时,也能充分利用粗饲料中的蛋白质及其他营养物质。兔子对苜蓿干草中的粗蛋白质消化率达到了74%,而对低质量的饲用玉米颗粒饲料中的粗蛋白质,消化率达到80%。由此可见兔子不仅能有效地利用饲草中的蛋白质，而且对低质饲草中的蛋白质有很强的消化利用能力。

（4）能耐受日粮中的高钙比例 兔子对日粮中的钙、磷比例要求不像其他畜禽那样严格（2：1），即使钙、磷比例达到12：1，也不会影响它的生长，而且还能保持骨骼的灰分正常。这是因为当日粮中的含钙量增高时，血钙含量也随之增高，而且能从尿中排出过量的钙。实验表明，兔日粮中的含磷量不宜过高，只有钙、磷比例为1：1以下时，才能忍受高水平磷（1.5％），过量的磷由粪便排出体外。饲料中含磷量过高还会降低饲料的适口性，影响兔子的采食量。另外，兔日粮中维生素 D_3 的含量不宜超过 1250～3250 国际单位，否则会引起肾、心、血管、胃壁等的钙化，影响兔子的生长和健康。

（5）消化系统的脆弱性 兔子容易发生消化系统疾病。仔兔一旦发生腹泻，死亡率很高。故农村流传着兔子拉稀——没治了的歇后语。造成腹泻的主要诱因是低纤维饲料、腹壁冷刺激、饮食不卫生和饲料突变。对低纤维饲料引起腹泻一般认为是由于饲喂低纤维、高能量、高蛋白的日粮，过量的糖类在小肠内没有完全被吸收而进入盲肠，由于过量的非纤维性糖类在一些产气杆菌大量繁殖和过度发酵，因此，破坏了肠中的正常菌群。有害菌产生大量毒素，被肠壁吸收，造成全身中毒。由于肠内过度发酵，产生小分子有机酸，使后肠渗透压增加，大量水分子进入肠道。且由于毒素刺激，肠蠕动增强，造成急性腹泻。肠壁受凉常发生于幼兔卧于温度较低的地面、饮用冰凉水、采食冰凉饲料的情况。肠壁受到冰凉刺激时，蠕动加快，小肠内尚未消化吸收的营养便进入盲肠，造成盲肠内异常发酵，导致腹泻。饲料突变及饮食不卫生，肠胃不能适应，改变了消化道的内环境，破坏了正常的微生态平衡，导致消化机能紊乱。

3. 兔日粮配合的原则

（1）因兔制宜 家兔生产可以分为长毛兔、肉兔和獭兔生产三个方向。不同生产方向的饲养标准是有一定差异的，家兔生产者应该了解这些差异并能在实际生产中加以应用。应根据不同年龄、体重来配制日粮，因为幼兔、青年兔、妊娠兔、哺乳兔等所需要的饲养标准不同。

长毛兔生产中可以参考的饲养标准有前西德 Klaus（1985 年）和法国 Rougeot（1994 年）给出的产毛兔的营养需要，但两者差异很大。中国科技工作者刘世民、张力等在 1994 年提出了适合我国国情的中国安哥拉兔饲养标准，并已在实际生产中得到了广泛的应用。

肉兔生产者在肉兔的日粮配合中可以参考的饲养标准有：美国的 NRC 标准、法国 Lebas 的营养需要量标准和法国的 AEC 兔的营养需要量标准。国内有关肉兔的饲养标准很少见，仅有张晓玲等在 1988 年用新西兰兔、日本大耳兔和青紫兰兔筛选出的妊娠、哺乳、生长、肥育和种公兔的日粮标准，其适宜营养浓度均接近于美国 NRC 和法国 Lebas 的结果。

国内外獭兔的饲养标准基本上是空白，獭兔生产者在实际生产中大多采用肉兔的饲养标准，在獭兔的日粮配合中应考虑獭兔和肉兔在营养需要上如蛋白质、赖氨酸、含硫氨基酸的区别，并及时观察在实际应用中的效果。家兔的营养需要量或饲养标准并不是一成不变的，养兔者在实际生产中应根据各地的具体情况和自己的经验适当地进行调整。

家兔饲养标准中给予的指标有很多，实际应用时应根据具体情况，如能查到的饲料原料的指标数、使用原料的种类及计算方便与否等确定选择指标数，一般配方中考虑能量、蛋白质、赖氨酸、蛋氨酸、钙、磷、粗纤维即可。

所以在目前国内尚未有统一饲养标准的情况下，应参照建议标准，来配制日粮，以满足不同生长时期各类獭兔的营养需要。

（2）充分利用当地饲料资源　利用饲料要因地制宜，要了解当地哪些饲料数量最多，来源最广，价格最便宜，以保持饲料的品种和配合比例不会有很大的变化。

（3）日粮营养要全面　日粮应尽可能用多种饲料配成，以便发挥各种营养物质的互补作用，必要时还应补充饲料添加剂，如生长素、必需氨基酸等，以提高饲料的消化利用率。使用粗饲料、能量饲料、蛋白质饲料或矿物质饲料等原料时，一般以 4~6 种为宜，不同属性的原料之间是不能互相替代的，还要注意营养成分变化很大的玉米秸、地瓜秧、花生秧、草粉、苜蓿粉等粗饲料原料。

（4）粗纤维含量要适宜　家兔日粮的配制应严格按照不同的生产目的（肉、毛和皮）、不同的生理状况（妊娠、哺乳、生长、育肥和种公兔）进行配制。特别是仔兔、幼兔和成年兔的日粮中粗饲料的比例一定要有所区别，仔兔和幼兔的日粮中粗饲料的含量应适中，太少会影响消化器官的发育，太多则造成消化不良。有的饲料给量过多会引起便秘，而有些饲料过多则会引起腹泻，对这些饲料必须控制用量，以免招致不良后果。

在配合饲料中，粗纤维含量一般不能低于1％，以利于维持正常的消化功能，避免肠道疾病的发生。

（5）适口性要好　配制家兔日粮时不仅要考虑饲料的营养价值，而且要考虑其适口性。利用适口性很差的饲料如血粉、菜籽饼等配制日粮时，必须限制其用量。由于家兔是草食家畜，因此动物性原料如鱼粉、肉骨粉等在日粮中占的比例不应太多，否则不仅会影响日粮的适口性，而且会增加饲料的成本。

（6）日粮要保持相对稳定　一经确定兔喜食、生长快、饲料利用率高、成本低的日粮配方后，则应使日粮保持相对的稳定性，不宜变化太大、太快，以免造成应激所引起的影响，若要更换，应采取逐步过渡的饲喂方法，给兔有一个逐渐适应的过程。

（7）安全性要好　选择任何饲料原料，都应按照对兔无毒无害，同时也要保证生产出的兔产品无毒无害，符合安全性的原则。因此，对于易受农药污染的青饲料及果树叶等，要在确保不受污染的情况下使用；需要注意含有游离棉酚的棉籽饼（粕）、含有黄曲霉毒素的花生饼（粕）、含有芥子苷的菜籽饼（粕）、含有龙葵碱的马铃薯、含有抗营养因子的大豆饼（粕）、含有单宁的高粱等的脱毒处理，在无脱毒或脱毒不彻底的情况下，要按规定的限制量使用；块根块茎类饲料应无腐烂；所有饲料原料保证不发霉变质，无毒无害，无不良气味，绝对不允许添加违禁药品。

4. 兔用饲料的选用原则

（1）根据家兔的营养需要选用饲料　家兔需要的营养来源于饲料，只有喂给营养物质的种类、数量、比例都能满足家兔营养需要的日粮，才能促进家兔健康和高产。所以选用营养丰富、适口性好的饲料，才会提高家兔的饲料利用效率和生产效益。实践证明，家兔一天采食的饲料总量，应该在多种多样饲料基础上，经过合理搭配，使其营养需要的种类和数量能基本达到家兔的饲养标准所规定的指标，又具有良好的适口性、消化性及符合经济要求。

（2）根据家兔的采食性和消化特点选用饲料　家兔对饲料具有很强的选择性，喜欢采食颗粒饲料、植物性饲料、带甜味的饲料等。这些特点应是选择饲料的依据。实践证明，根据这些特点选用饲料，就能增加家兔的采食量，减少饲料浪费。

家兔具有较强的消化能力，但是家兔的消化道壁薄，尤其是回肠壁更薄，具有通透性。幼龄兔的消化道壁更薄，通透性更强，且微生物区系未能很好地建立，所以，用于家兔的饲料，特别是幼龄家兔的饲料，应根据这一特点，选用容易消化的饲料。

（3）根据饲料特性选用饲料　目前，我国养兔以青料为主，补以精料，这些饲料各有特点，用于家兔的青料以幼嫩期的品质好；精料以新鲜、全价、颗粒饲料为佳。两种类型的饲料都要注意其营养性、适口性、消化性和饲料容积，才能促进饲料的转化率，提高饲料的利用效果。

5. 兔用饲料的一般调制

① 青饲料要切短，趁新鲜时喂饲。如不能及时喂饲，应将割来的青绿饲料薄薄地摊开，放在用竹搭成的草架上，不要堆积在一起，否则容易发热变黄，也容易腐烂变质。被雨水淋湿的青草，一定要沥干草上的水后才可喂饲，否则容易引起家兔拉稀。若青草污染有泥土、杂质时，应洗净、晾干。有条件的地方，可用 0.01% 的高锰酸钾液消毒后再喂。蔬菜类饲料，因水分含量较多，应晾到半干后喂兔。要将禾本科青料与豆科青料搭配饲喂。多汁的青绿饲料应与糠麸类饲料搭配喂给。青料饲喂前应将发黄、变质、霉烂的剔除不要。

② 干草要充分晒干后贮存在干燥处。喂兔时应切断，并在草面上洒上盐水，以提高其采食性和消化性。

③ 禾本科籽实类饲料如玉米、小麦、大麦、稻谷等，应碾碎后喂给；豆类籽实（黑豆、黄豆等）在喂前 3~4 小时应用温水浸软或煮熟后饲喂，借以破坏有毒物质，提高营养价值。

④ 油粕类饲料应加工粉碎后与糠麸类饲料混合饲喂。

⑤ 豆腐渣应将水分榨干，与糠麸类饲料混合饲喂。

⑥ 块根类饲料如甘薯、胡萝卜等应洗净、切块或切成丝喂饲；马铃薯应煮熟喂饲。

⑦ 食盐应碾成粉状或用水溶解后混入饲料中喂饲。

总之，用于家兔的饲料，要按家兔的食性、消化特点和饲料特性进行合理调制，做到洗净、切细、煮熟、调匀、晾干，以提高食欲、促进消化，达到防病的目的。

6. 颗粒饲料的制作

颗粒饲料是用颗粒机将粉状配合料压成颗粒状的一种饲料。这种饲料的制作程序是：根据兔的饲养标准、饲料原料的营养价值、饲料资源的数量与价格，用多种饲料和多种添加剂按一定方法配制而成的混合料。如果配合饲料中各种营养物质的种类、数量及相互比例都适合家兔的营养需要，这样的配合饲料就称为全价配合饲料。如果将兔用全价配合饲料用兔用颗粒机将粉状制成颗粒，即为兔用颗粒饲料。养兔场可以购买大型饲料厂生产在颗粒饲料，也可以自行制作。自行制作颗粒饲料的方法有用颗粒饲料机制作和手工制作两种。

（1）用颗粒饲料机制作颗粒饲料。

① 混合是兔用颗粒饲料加工的重要环节，是保证其质量的主要措施。购买大型饲料厂生产的专业预混料或者将微量添加物料制成预混合料。自行生产预混料的养兔场，为了提高微量养分在全价饲料中的均匀度，凡是在成品中的用量少于 1% 的原料，均首先进行逐级稀释预混合处理。否则混合不均匀就可能会造成动物生产性能不良，整齐度差，饲料转化率低，甚至造成动物死亡。

对添加剂预混料的制作，应按照从微量混合到小量混合到中量混合再到大量混合逐级扩大进行搅拌的方法。

② 原料的准备：被混物料之间的主要物理性质越接近，其分离倾向越小，越容易被混合均匀，混合效果越好，达到混合均匀所需的时间也越短。物理特性主要包括物料的粒度大小、形状、容重、表面粗糙度、流动特性、附着力、水分含量、脂肪含量、酸碱度等。水分含量高的物料颗粒容易结块或成团，不易均匀分散，混

合效果难以令人满意,所以一般要求控制被混物料的水分含量不超过 12%。

制造兔用颗粒饲料所用的原料粉粒过大会影响家兔的消化吸收,过小易引起肠炎。一般粉粒直径以 1~2 毫米为宜。其中添加剂的粒度以 0.6~0.8 毫米为宜,这样才有助于搅拌均匀和消化吸收。

③ 适宜的装料量:混合机主要靠对流混合、扩散混合和剪切混合三种混合方式使物料在机内运动达到将物料混合均匀的目的,不论哪种类型的混合机,适宜的装料量是混合机正常工作并且得到预期效果的重要前提条件。若装料过多,会使混合机超负荷工作,更重要的是过多的装料量会影响机内物料的循环运动过程,从而造成混合质量的下降;若装料过少,则不能充分发挥混合机的效率,浪费能量,也不利于物料在混合机里的流动,而影响到混合质量。

各种类型的饲料混合机都有各自合理的充填系数,实验室和实践中已得出了它们各自较合理的充填系数,其中分批(间歇式)卧式螺带式混合机,其充填系数一般以 0.6~0.8 为宜,物料位置最高不应超过其转子顶部的平面;分批立式螺旋混合机的充填系数一般控制在 0.6~0.85;滚筒式混合机为 0.4 左右;行星式混合机为 0.4~0.5;旋转容器式混合机为 0.3~0.5;V 型混合机为 0.1~0.3;双锥型混合机为 0.5~0.6。各种连续式混合机的充填系数不尽相同,一般控制在 0.25~0.5,不要超过 0.5。

④ 物料添加顺序:正确的物料添加顺序应该是配比量大的组分先加入或大部分加入机内后,再将少量及微量组分加在它的上面;在各种物料中,一般是粒度大的组分先加入混合机,后加入粒度小的;物料之间的比重差异较大时,一般是先加入比重小的物料,后加入比重大的物料。

对于固定容器式混合机,应先启动混合机后再加料,防止出现满负荷启动现象,而且要先卸完料后才能停机;而旋转容器混合机则应先加料后启动,先停机,后卸料;对于 V 型混合机,加料时应分别从两个进料口进料。

⑤ 严格控制混合时间:一般卧带状螺旋混合机每批混合 2.6 分钟,立式混合机则需混合 15~20 分钟。注意混合时间不可过短,

也不可过长。因为混合时间过短，物料在混合机中得不到充分混合便被卸出，混合质量肯定得不到保证。但是，也并非混合时间越长，混合的效果就越好，实验证明，任何流动性好、粒度不均匀的物料都有分离的趋势，如果混合时间过长，物料在混合机中被过度混合就会造成分离，同样影响质量，且增加能耗。因为在物料的混合过程中，混合与分离是同时进行的，一旦混合作用与分离作用达到某一平衡状态，那么混合程度即已确定，即使继续混合，也不能提高混合效果，反而会因过度混合而产生分离。

⑥ 颗粒的含水量要求：为防止颗粒饲料发霉，水分应控制，北方低于 14%，南方低于 12.5%。由于食盐具有吸水作用，在颗粒料中，其用量以不超过 0.5% 为宜。另外，在颗粒料中还加入 1% 的防霉剂丙酸钙、0.01%～0.05% 的抗氧化剂丁基化羟甲苯或丁基化羟基氧基苯。

⑦ 控制适宜蒸汽量：以保证颗粒具有一定硬度和黏度，使粉化率不高于 5%。

⑧ 装袋时温度：装袋时颗粒料温度不高于环境温度 7～8℃。

⑨ 颗粒的规格：成品颗粒饲料的直径以 4～5 毫米、长度以 8～10 毫米为宜。用此规格的颗粒饲料喂兔收效最好。

⑩ 纤维含量：颗粒料所含的粗纤维以 12%～14% 为宜。

⑪ 注意加工过程中养分流失问题：制粒过程中的变化在制粒过程中，由于压制作用使饲料温度提高，或在压制前蒸汽加温，使饲料处于高温下的时间过长。高温对饲料中的粗纤维、淀粉有些好的影响，但对维生素、抗生素、合成氨基酸等不耐热的养分则有不利的影响，因此，在颗粒饲料的配方中应适当增加那些不耐高温养分的比例，以便弥补遭受损失的部分。

（2）手工制作颗粒饲料的方法　手工制作颗粒饲料有三种方法。

① 第一种方法是将配合饲料搅拌均匀后，放入柳筐或面盆内，再把适量的新鲜青绿饲料用刀切成含粉料里，双手握住柳筐或面盆做圆周转动，使草粒在筐内滚动（用滚元宵的做法一样）。少时粉料便会均匀地黏附在草粒上，如不黏，可喷洒少量温开水，直到滚成如兔粪大小的颗粒，即可放入食盆内饲喂。可现滚现喂，也可晒

干贮存备用。

② 第二种方法是将混合饲料加适量水搅拌,以手握成团而指缝不滴水为宜(如混合饲料中不添加剂可用开水调制)。然后把拌匀的混合饲料,分次倒入绞肉机内,摇动摇把,即可加工成圆柱形颗粒饲料。最好用多少加工多少。加工的饲料如短期喂不完,可烘干或晒干贮存备用。

③ 第三种方法是将混合饲料加水调和后(料中可适当加入少量小麦粉)用擀面棒加工,再用刀切成面条状放在阳光下晾晒,干后喂兔即可,干制面条要妥善保管,以防受潮而发霉变质。

7. 颗粒饲料的优点

设备条件较好的种兔场和规模较大的养兔专业户,可根据饲养标准,把兔日粮所需的青、粗、精料和防病药品以及生长素等,加工调制成颗粒饲料。颗粒饲料是由配合粉料经机器加工压制而成,饲料养分分布均匀,便于饲喂、运输和贮存,能有效地提高饲料利用率。

有条件喂用全价颗粒饲料的单位,日粮可一次投给。如果饲料槽设计得合适,也可将几天的喂料一次加入,让兔自由采食。这样既符合兔的采食习惯,又节省时间。

① 合乎兔的采食习性:与饲喂粉料相比,兔更愿意采食颗粒状饲料,而且颗粒要达到相当的硬度。兔在采食时充分咀嚼,还可起到磨牙的作用。

② 能充分利用青粗饲料:兔对青粗饲料的采食比较挑剔,即使是种植的牧草,在鲜喂时也会有不少残剩,割用的野草和青粗饲料,残剩现象更为严重。将青粗料晒干粉碎后,根据兔对粗纤维的需要按一定比例配成混合料再压成颗粒饲喂,獭兔就无法挑剔,这样既提高了青饲料的利用率,又能满足獭兔对纤维素的需要。

③ 饲料利用率高:饲料压成颗粒后,兔子一粒一粒地采食,并在嘴里充分咀嚼,这不仅可起磨牙作用,而且饲料能得到充分地消化,从而提高饲料的利用率。

④ 有利于饲料的保鲜:颗粒料的含水率低,易于库存。兔不吃顿食,夏天饲喂颗粒料,兔一时吃不完也不会发酵酸败;冬天喂颗粒料不会结冰。因此,还有利于兔的健康。

⑤ 减少疾病的发生：兔的鼻孔在吻的顶端，兔采食时鼻子总要接触饲料。兔的呼吸很快，在采食粉料时常常有飞沫呛入鼻腔，故易引起呼吸道疾病。而喂颗粒料时以上情况基本上可得到克服。另外，在压制颗粒料时能产生一定的温度，又能起到一定的灭菌（包括消灭寄生虫）作用。饲喂颗粒料，可减少呼吸和消化道疾病的发生。

⑥ 有利于配制各种类型的饲料：如防球虫的药物可拌入饲料中压制成颗粒喂，这比单独喂药省事而可靠，不浪费药品。

⑦ 喂用方便，既省工又卫生，很少污染兔体和兔笼：加工制粒需花些成本，但饲料很少浪费，加之獭兔发病死亡少和节省人工，所以还是能大大提高效益的。

总之，兔喂用颗粒饲料，是一种经济而有效的方法，应当积极推广应用。

8. 饲料的加工调制

试验研究与生产实践证明，对饲料进行加工调制，可明显地改善适口性，利于咀嚼，提高消化率和吸收率，提高生产性能；便于贮藏和运输。混合饲料的加工调制包括：青绿饲料的加工调制，粗饲料的加工调制，能量饲料的加工调制。

（1）青绿饲料的加工调制　青绿饲料含水分高，宜现采现喂，不宜贮藏运输，必须制成青干草或干草粉，才能长期保存。干草的营养价值取决于制作原料的种类、生长阶段和调制技术。一般豆科干草含较多的粗蛋白，有效能值在豆科、禾本科和禾谷类作物干草间无显著差别。在调制过程中，时间越短养分损失越小。在干燥条件下晒制的干草，养分损失通常不超过 20%，在阴雨季节制的干草，养分损失可达 15% 以上，大部分可溶性养分和维生素损失。在人工条件下调制的干草，养分损失仅 5%～10%，所含胡萝卜素多，为晒制的 3～5 倍。

调制干草的方法一般有两种，地面晒干和人工干燥。人工干燥法又有高温和低温两法。低温法是在 45～50℃ 室内停放数小时，使青草干燥；高温法是在 50～100℃ 的热空气中脱水干燥6～10 秒，即可干燥完毕，一般植株温度不超过 100℃，几乎能保存青草的全部营养价值。

依据兔喜食青绿饲料和啃咬硬物磨牙的特点，将采收的牧草和青绿饲料打浆制成"饲料砖"，贮存、喂饲十分方便，在北方干旱地区尤为适宜。做法：将收割的牧草饲料，挑选去杂后，铡短，混匀，放入 0.05％的高锰酸钾水溶液中消毒数分钟，然后取出沥干，用打浆机或石碾制成草浆；再将草浆装入一只长 20 厘米、宽 15 厘米、厚 2 厘米的木制模子里，用手压实刮平，放在阳光下洁净的水泥地面上，脱去模子，晒 6～7 小时翻转一下以后每隔 3～4 小时翻转一次，连晒 2～3 次即成全干的"饲料砖"。"饲料砖"表面呈灰绿色，具有芳香气味，兔喜食。饲喂时可随用随取或直接放在笼舍内干净一角，让兔自由啃食。"饲料砖"要存放在通风干燥的地方，切不可直接与地面接触，应放在竹木垫架上，定期进行检查，防止受潮发霉。

（2）粗饲料的加工调制　粗饲料质地坚硬，含纤维素多，其中木质素比例大，适口性差，利用率低，通过加工调制可使这些性状得到改善。

① 物理处理：就是利用机械、水、热力等物理作用，改变粗饲料的物理性状，提高利用率。具体方法有：a. 切短，使之有利于家兔咀嚼，且容易与其他饲料配合使用。b. 浸泡，即在 100 千克温水中加入 5 千克食盐，将切短的秸秆分批在桶中浸泡，24 小时后取出，因而软化秸秆，提高秸秆的适口性，便于采食。c. 蒸煮，将切短的秸秆于锅内蒸煮 1 小时，闷 2～3 小时即可。这样可软化纤维素，增加适口性。d. 热喷，将秸秆、荚壳等粗饲料置于饲料热喷机内，用高温、高压蒸汽处理 1～5 分钟后，立即放在常压下使之膨化。热喷后的粗饲料结构疏松，适口性好。家兔的采食量和消化率均能提高。

② 化学处理：就是用酸、碱等化学试剂处理秸秆等粗饲料，分解其中难以消化的部分，以提高秸秆的营养价值。

③ 氢氧化钠处理：氢氧化钠可使秸秆结构疏松，并可溶解部分难消化物质，而提高秸秆中有机物质的消化率。最简单的方法是将 2％的氢氧化钠溶液均匀喷洒在秸秆上，经 24 小时即可。

④ 石灰液钙化处理：石灰液具有同氢氧化钠类似的作用，而且可以补充钙质，更主要的是该方法简便，成本低。其方法是每 100 千克秸秆用 1 千克石灰，1～1.5 千克食盐，加水 200～250 千

克搅匀配好，把切碎的秸秆浸泡 5～10 分钟，然后捞出放在浸泡池的垫板上，熟化 24～36 小时后即可饲喂。

⑤ 碱酸处理：把切碎的秸秆放入 1% 的氢氧化钠溶液中，浸泡好后，捞出压实，过 12～24 小时再放入 3% 的盐酸中浸泡。捞出后把溶液排放即可饲喂。

⑥ 氨化处理：用氨或氨类化合物处理秸秆等粗饲料，可软化植物纤维，提高粗纤维的消化率，增加粗饲料中的含氮量，改善粗饲料的营养价值。

⑦ 秸秆微贮法：微贮技术是一种简单、可靠、经济、实用的粗饲料微生物处理技术。是把秸秆等粗饲料按比例添加一种或多种有益微生物菌剂，在密闭和适宜的条件下，通过有益微生物的繁殖与发酵作用，使质地粗硬的或干黄秸秆和牧草变成柔软多汁、气味酸香、适口性好、消化率高的粗饲料。

微贮原理是利用加入的微贮剂在适宜的条件下，大量生长繁殖，使原料中的纤维素、半纤维素、木质素类物质在发酵过程中部分转化为糖类，糖类又被有机酸菌转化为乳酸和挥发性脂肪酸，使 pH 值下降到 4.5 以下，抑制了丁酸菌、腐败菌等有害菌的生长繁殖，使饲草料得到长期保存，气味和适口性变好，利用率提高。

微贮剂亦称微贮接种剂、生物微贮剂、微贮饲料发酵剂、微贮添加剂等。是专门用于调制粗饲料的一类活性微生物添加剂。由一种或一种以上有益菌组成，主要作用是有目的地调节微贮饲料内微生物菌群，调控微贮发酵过程，促进益生菌大量繁殖，更快地产有机酸，有效地保存微贮原料内的营养物质。

主要形式有微贮窖、微贮池、微贮袋等。微贮设施可采用土窖、砖砌窖、混凝土浇砌，也可用塑料、陶瓷等容器制作，或利用能满足要求的容器或器皿。无论使用哪种微贮设施，都要保证其可密封性和耐酸性。

（3）能量饲料的加工调制　能量饲料的营养价值及消化率一般都较高，但是常常因为籽实类饲料的种皮、颖壳、内部淀粉粒的结构及某些精料中含有不良物质而影响了营养成分的消化吸收和利用。所以这类饲料喂前也应经过一定的加工调制，以便充分发挥其营养物质的作用。

① 粉碎：这是最简单、最常用的一种加工方法。经粉碎后的籽实便于咀嚼，增加饲料与消化液的接触面，使消化作用进行比较完全，从而提高饲料的消化率和利用率。

② 浸泡：将饲料置于池子或缸中，按 1：（1～1.5）的比例加入水。谷类、豆类、油饼类的饲料经过浸泡，吸收水分，膨胀柔软，容易咀嚼，便于消化，而且浸泡后某些饲料的毒性和异味便减轻，从而提高适口性。但是浸泡的时间应掌握好，浸泡时间过长，养分被水溶解造成损失，适口性也降低，甚至变质。

③ 蒸煮：马铃薯、豆类等饲料因含有不良物质不能生喂，必须蒸煮以解除毒性，同时还可以提高适口性和消化率。蒸煮时间不宜过长。一般不超过 20 分钟。否则可引起蛋白质变性和某些维生素被破坏。

④ 发芽：谷实籽粒发芽后，可使一部分蛋白质分解成氨基酸。同时糖类、胡萝卜素、维生素 E、维生素 C 及 B 族维生素的含量也大大增加。此法主要是在冬春季缺乏青饲料的情况下使用。方法是将准备发芽的籽实用 30～40℃ 的温水浸泡一昼夜，可换水 1～2 次，后把水倒掉，将籽实放在容器内，上面盖上一块温布，温度保持在 15℃ 以上，每天早、晚用 15℃ 的清水冲洗 1 次，3 天后即可发芽。在开始发芽但尚未盘根以前，最好翻转 1～2 次，一般经 6～7 天，芽长 3～6 厘米时即可饲喂。

⑤ 制粒：就是将配合饲料制成颗粒饲料。兔具有啃咬坚硬食物的特性，这种特性可刺激消化液分泌，增强消化道蠕动，从而提高对食物的消化吸收。将配合饲料制成颗粒，可使淀粉熟化；大豆和豆饼及谷物中的抗营养因子发生变化，减少对家兔的危害；保持饲料的均质性，因而，可显著提高配合饲料的适口性和消化率，提高生产性能，减少饲料浪费，便于贮存运输，同时还有助于减少疾病传播。

第六节　兔场管理

一、提高兔群繁殖力的措施

提高兔群繁殖力要在种兔的选择、饲料营养、兔舍环境控制、配种技术等方面采取综合性的饲养管理措施。

1. 选择繁殖力高的品种

家兔不同用途的品种之间繁殖力存在明显差异，如肉用兔、皮肉兼用兔繁殖力一般高于皮用兔和毛用兔。建场初期选择饲养品种时，在注重生产性能（生长速度、兔皮质量、产毛量等）的同时，应把繁殖性能作为重要内容加以考虑。如选肉用品种，应为生长发育良好、繁殖力强的品种，如伊拉配套系、康大1号配套系、康大2号配套系、新西兰白兔、加利福尼亚兔、比利时兔、塞北兔等。公羊兔虽体型大、生长快，但产仔数少、哺乳能力差，不宜作为规模养兔生产的当家品种。毛用品种中以高产长毛兔为宜，养殖量比较大的有德系安哥拉兔、法系安哥拉兔、中国粗毛型长毛兔新品系（即苏Ⅰ系、浙系和皖Ⅲ系），德系长毛兔的繁殖力差，夏季不孕期长、恢复慢。獭兔以白兔、加利福尼亚色型为宜。同一品种个体间繁殖力有差异。因此，通过严格选种，可以使兔群繁殖力得以提高。

同时要避免近亲繁殖，因为近亲繁殖可引起后代生活能力降低、后代不育、死胎、胎儿畸形等，给养兔生产造成损失。种兔场必须建立种兔档案，搞好系谱记录，防止近亲交配，提高繁殖性能。

2. 供给全价、平衡的饲粮

营养是影响家兔繁殖力的重要因素。在日常饲养方面，公母兔日粮中的能量、粗纤维、蛋白质、维生素、钙、磷、铜、铁、锰、锌、硒等必须满足需要，才能保证兔的正常繁殖能力。

种兔过肥往往影响卵巢中卵泡的发育和排卵，也影响公兔睾丸中精子的生成。在交配后第9天观察受精卵着床时，高营养水平胚胎的死亡率为44%；而低营养水平者仅为18%。前者活胎兔数平均仅3.8只，后者则为6只。但营养水平过低或营养不全面，对兔的繁殖力也有明显的影响，饲料中营养不足，能延迟青年母兔初情期的到来；对成年兔造成乏情或情期紊乱，排卵数降低，胚胎死亡或流产；对公兔影响性器官的发育，精液品质降低。

空怀母兔要保持七八成膘情。配种期种公兔的日粮应营养全面、营养物质平衡、体积小、适口性好、易于消化吸收，以维持良好的种用体况，也是提高种兔繁殖力的重要措施之一。妊娠期母兔分前期、后期给予不同营养成分的饲料。前期的营养要求较低，可稍高于空怀期。后期要喂给蛋白质、矿物质、维生素含量都较高的全价饲料，提高胎儿的成活率和出生体重。同时要加强护理，防止流产，提前做好产前准备工作。哺乳期母兔要供给充足营养的饲料，多喂青绿饲料，自由饮水。

可以直接添加兔专用复合饲料添加剂，冬春季节青饲料不足，种兔要添喂胡萝卜或大麦芽，以利配种受胎。对于集中配种的公兔每天加喂生鸡蛋 25 克，可明显提高配种受胎率。

3. 合理的种兔群年龄结构

种兔群合理的年龄结构应是青、壮、老年种兔比例适当，尤其是繁殖力旺盛的青壮年母兔的比例要占绝对多数。种兔一般使用 3 年，3 岁以上的老兔产仔率低，所产仔兔体弱多病，死亡率高，除极个别有育种价值外，均应淘汰转成商品兔肥育出售。采用频密繁殖的养兔场，母兔的利用年限还要降低。每年种兔群的更新比例应不低于 1/3，使兔群 12～30 月龄的青、壮年占主导地位，保持高产稳产。还要注意青年兔不能交配过早，造成性成熟而没有达到体成熟的青年公母兔配种繁殖生理负担过重，易导致青年兔体弱、多病、早衰、受胎率低、胎兔数少、仔兔弱、成活率低，严重影响家兔的繁殖力。

4. 科学运用配种技术

掌握好配种时间，母兔发情时配种受胎率高，有"粉红早、黑紫迟、大红正当时"的经验，要经常对兔群进行发情检查，及时发现，及时配种。据报道，1 天内中午 12 时配种受胎率最低，只有 50％；傍晚次之；晚上 24 时配种受胎率最高，可达 84％，所以应提倡晚上 21～22 时配种。

配种方式可采用双重、重复、血配等自然交配法，双重配是第一次配种后 10 分钟，再用另一只公兔做第二次交配。这种方法只限于商品兔用，种兔场不要用，因为后代难于判断是哪个父亲的血缘。重复配是第一次交配后 6～8 小时，再用同一个公兔重配。因为家兔是刺激性排卵，排卵时间是在交配后 10 小时左右，因此双重配或重复配，能提高母兔的受孕率，并可促使母兔多排卵，多受胎。如果饲养管理条件较好，可实行频密繁殖或半频密繁殖，以提高獭兔的繁殖密度。频密繁殖又称"血配"，母兔在产仔当天或第2天就配种，泌乳与怀孕同时进行，此法繁殖速度快，每年可繁殖产仔 8～10 胎，适用于年轻体壮、产商品兔的母兔，不可用于种兔繁殖。采用频密繁殖一定要用优质的饲料来满足营养需要，同时加强饲养管理。半频密繁殖是在母兔产后 12～15 天内配种，可使繁殖间隔缩短 8～10 天。

有条件者亦可采用人工授精技术。

对久不发情或拒配的母兔，除改善饲养管理条件外，还要采用物理或化学方法进行催情。可采用人工催情。一是诱情，把母兔放入公兔笼中，通过追逐、爬跨刺激，诱发母兔性激素分泌、发情、排卵，一般采用早上催情，傍晚配种，可提高受胎率。二是按摩催情，用手轻轻按摩母兔外阴部，每次 1～2 分钟，当外阴部出现红肿，自愿举尾时，将母兔放入公兔笼中配种，受胎率很高。三是药物催情，用 2% 碘酊涂于外阴部，可刺激母兔发情，每兔每日内服中药淫羊藿 5～10 克，有良好的催情效果。

利用兔的某些特点做好配种，比如长毛兔配种当天剪毛，可提高受胎率。毛用种兔 65～75 天剪毛一次，可促进母兔发情和公兔精液品质的提高。

5. 增加母兔光照强度和时间

就目前的研究结果看，光照对繁殖性能的影响较大。研究表明，兔舍内每天光照 14～16 小时，光照每平方米不低于 4 瓦，有利于繁殖母兔正常发情、妊娠和分娩。公兔喜欢较短的光照时间，一般需要 12～14 小时，持续光照超过 16 小时，将引起公兔睾丸重量减轻和精子数减少，影响配种能力。又据资料介绍，在20～24℃和全暗的环境条件下，每平方米补充 1 瓦光照 2 小时，母兔虽有一定的繁殖力，但受胎率很低，一次配种的受胎率只有30%左右；若光照增加到每平方米 15 瓦、光照 12 小时，则 1 次配种受胎率可达 50% 左右。在相同光照强度下连续照射 16 小时，母兔的受胎率可达 65%～70%，仔兔成活率也可明显提高。因此，增加光照强度和时间可明显提高母兔的受胎率和仔兔的成活率。

6. 减少高温对种兔繁殖的影响

环境温度对兔的繁殖性能影响比较大。在炎热的夏季,公兔食欲减退、体重减轻、性欲下降、睾丸体积相对减少并出现实质性萎缩,多数精子失去活力。天气凉爽之后,公兔食欲、性欲均能迅速恢复,但精液的品质需经过 2 个月才能恢复正常。这就是每年 7~8 月母兔不育或受胎率过低的原因。

夏季高温季节要采取多种降温措施,减轻高温对种兔的不良影响,避免和缩短夏季不孕期,可有效增加母兔的年繁殖胎数,从而提高群体繁殖力。降低舍温的方法有:兔舍前种植藤类植物;加大兔舍通风量。据报道,每 100 千克种兔日粮中添加 10 克维生素 C 粉,可增强繁殖用公兔、母兔的抗热能力,提高受胎率和增加产仔数。另据埃及有关报道,在环境温度达 37℃、相对湿度为 42% 的条件下,每千克日粮中添加 35 毫克锌,母兔受胎率提高 13.1%,窝产仔数提高 1.3 只。

7. 严格淘汰制度

种兔要定期进行繁殖成绩及健康检查,对老龄、屡配不孕、有食仔恶癖、患有严重乳房炎、子宫积脓、产仔少、受胎率不高、泌乳性能差的母兔要及时淘汰。

8. 加强种兔疾病防治

在常规疾病防治的同时,要注意种兔生殖器官疾病的诊治,如家兔的"梅毒"、母兔白带症、卵巢肌瘤、子宫炎、阴户炎,公兔睾丸炎、附睾炎、阴茎炎等。对患有生殖器官疾病的种兔要及时治疗或淘汰。

二、提高仔兔成活率的措施

仔兔是指从出生到断奶这一时期的小兔。由于其本身生长发育尚未完善,对于外界温度变化适应性差,抗病力低,而且得病难治,从而影响经济效益。

1. 保温防冻

刚出生的仔兔,体温调节机能很差,环境温度过高过低对兔均有不良影响。特别是寒冷对其有极大的威胁,因此,要选择保温性好、吸湿性强的材料作垫草，如压软的麦秸和稻草、消毒的禽毛、碎刨花或锯末等。产箱底部垫一层隔热保温材料如泡沫塑料。平时应将垫草整理成四周高、中间低的形状，以便仔兔集中，互相供暖。如果室温太低，室内也应加温或将产箱放置在温暖处，定时哺乳。

2. 要让仔兔早吃奶、吃足奶

初乳是母兔产后1～3天内分泌的乳汁含有丰富的营养，如高蛋白、高能量、仔兔所需要的多种维生素及镁盐，还含有免疫抗体，能增强仔兔抗病力。若仔兔吃不到初乳，往往难以成活。仔兔出生后6小时内应吃到初乳，否则应强制哺乳。即将母兔提出，把乳头周围的毛拔掉；用热毛巾按摩乳房，然后将母兔轻放回并固定在巢箱内，首先使其安静，然后分别将仔兔放在每一个乳头旁，使其嘴叼住乳头，让仔兔自由吸吮。在操作过程中，必须耐心细致，动作轻柔，使母兔无恐惧感。

要保证仔兔吃足奶，必须经常检查其吃奶情况，如果发现仔兔吃不上或吃不饱奶时，或者母兔产仔过多，或因母兔患乳房炎等，可采用调整寄养的办法解决。寄养的仔兔和原窝仔兔出生日期以不超过2～3天为宜。为使寄养成功，应将被寄养的仔兔身上擦净并涂上寄养母兔的奶或尿，也可在母兔的鼻端涂抹清凉油或大蒜汁。

3. 要搞好人工哺乳

如果仔兔出生后，母兔死亡、无奶或患有乳腺炎病不能哺乳，或无适当母兔寄养时，可采用人工哺乳法。出生后前5天最好用鲜牛奶、羊奶稀释1～1.5倍，煮沸消毒，冷却到37～39℃时喂给，每天1～2次。5天以后，可用鲜牛奶200毫升，加鱼肝油3毫升、食盐2克、鲜鸡蛋1个组成的混合物，经煮沸冷却到37～39℃饲喂。喂乳器可采用玻璃滴管、注射器或塑料眼药水瓶，让仔兔自由吸吮。喂量和浓度要根据仔兔粪尿情况来判定。如果粪多而腥臭，说明喂量过多；如果垫草潮湿，说明尿多，饲料太稀；如果粪球干硬呈颗粒状，说明饲料太浓。应酌情调整喂量和浓度，直到粪尿正常为止。

4. 防止吊奶

吊奶是养兔生产中经常出现的问题，也是造成仔兔早期死亡的主要原因之一。究其原因，是因母乳不足，仔兔吃不饱，较长时间地吸住乳头不撒嘴，母兔离巢时就会将正在吮乳的仔兔带出巢外；或者母兔正在哺乳时，受到突然惊吓，引起母兔惊慌不安，就会突然离巢将吮乳仔兔带出巢外。将仔兔带出外的现象就称为"吊奶"。由于仔兔体温调节机能尚未发育完善，吊奶时间过长就会被冻死。温暖的季节吊奶仔兔落在母兔笼内，即便冻不死，也可能被母兔踩死，或落入踏板的漏缝中被卡死。发现吊奶时必须查明原因，及时采取措施。如果是母兔乳汁不足引起吊奶，应调整母兔日粮或进行催乳；对因患乳房炎引起泌乳不足而吊奶的，应进行治疗；如因管理不当使母兔受惊离巢而引起吊奶的，应加强管理，为其创造一个安静的环境。

5. 及时开食补料

仔兔初生后 18 天开始补饲嫩青草、野菜等，23 天左右可逐渐混入少量粉料，补料量要由少到多，少吃多餐，每天喂 5～6 次即可。因为母兔在产后 20 天以内泌乳量是逐渐增加的，20 天达到泌乳高峰，以后泌乳量开始下降。在仔兔产后 18 天以前，母乳还能满足仔兔生产发育的需要，在 18 天以后仔兔对乳汁的需要量愈来愈多，但是 20 天以后乳汁分泌量又愈来愈少。此时，仔兔的消化机能逐渐形成，所以应及早补饲，在母兔乳汁不能满足生长发育需要时，不会造成生长期营养缺乏。

6. 搞好卫生、预防疾病

仔兔在哺乳期易患的球虫病、大肠杆菌病和黄尿病，都是由于卫生不良引起的，球虫病与仔兔误食母兔粪便有关；大肠杆菌病与笼舍和产箱卫生不良，母兔乳头感染了致病性大肠杆菌有关；黄尿病与仔兔吸吮患乳房炎的母兔乳汁有关。

所以，保持产箱和笼舍的卫生非常重要。每天要及时清除产仔箱内母兔的粪便，晴天将产箱放在太阳底下晾晒，可起到消毒杀菌的作用。仔兔开食后粪尿增多，更要保持产箱的清洁卫生。

7. 创造安静的环境

仔兔在睡眠时要安静睡眠，不要惊动它。母性好的母兔，不愿意让人观看或移动仔兔。如果仔兔有沾染异味，可能发生母兔不照管仔兔或咬死仔兔的现象。

三、提高幼兔成活率的措施

幼兔是指从断乳至 3 个月龄的小兔。在养兔生产中，幼兔最难养，成活率最低，其主要原因如下。

（1）对环境条件要求较高　幼兔阶段是家兔一生中增重最快的时期。也是处在第一次年龄性换毛期，在良好的饲养条件下，日增重可达 30～45 克，高者可达 50 克以上。

（2）对饲料和饲喂制度要求较高　由于幼兔生长发育快，必须采食大量的饲料。而此时，兔子的胃肠容积小，消化力较弱，但食欲旺盛，往往由于贪食而导致胃肠负担过重，造成消化不良。

（3）对环境的适应能力差　幼兔神经调节机能尚不健全，一旦受到惊吓，容易造成全群惊场，影响采食，消化及排泄，阻碍生长发育，严重时还能诱发疾病。

（4）应激因素多　从仔兔到幼兔，环境要发生很大变化，如断乳、饲料改变、笼舍改变、伙伴改变、疫苗注射、药物预防、打刺耳号等，这些众多的应激因素，往往容易导致幼兔的抗病力下降。

（5）容易引发多种疾病　最为严重的是球虫病、大肠杆菌病、巴氏杆菌病、兔瘟等。卫生消毒及防疫工作一旦疏忽，传染病就容易爆发，有的还会造成全群覆灭，损失严重。

四、提高幼兔成活率应把好"四关"

（1）断乳关　断乳后 3 周内幼兔死亡率最高，而 2 周内的过渡期是关键。能否顺利断好乳，安全度过过渡期，哺乳期仔兔的发育是基础。实践中发现，断乳时体重越大，成活率越高。因此，增加断乳重至关重要。除了要加强母兔泌乳期的营养，提高泌乳量外，应及早补料，使其胃肠在早期得到锻炼，这样不仅可以提高断乳重，而且为断乳后胃肠对植物性饲料的适应奠定了基础。

断乳后 2 周内，要先喂断乳前的仔兔料，以后逐渐过渡到幼兔料。否则，突然变料，容易患消化系统疾病。

断乳后最好采取移母留仔法，即原笼原窝养在一起。若需改变笼位，同窝幼兔不可分开。此时，绝不可一兔一笼单养，否则会造成孤独感和恐惧感。

（2）饲料关　幼兔死亡 50％以上是因消化系统异常所致，因此, 把好饲料关是预防消化系统疾病的关键。

幼兔生长发育快, 采食多, 但其消化能力, 特别是对粗纤维的消化能力较弱。所以, 幼兔的饲料应是营养丰富、易消化、体积较小、适口性好、能量和蛋白水平较高的饲料。但营养含量不是越高越好, 用大量的精饲料(高能量、高蛋白、低纤维)饲喂容易造成腹泻及肠炎。一定的粗饲料对调节消化系统功能起着重要的作用, 一般幼兔日粮粗纤维含量为12%左右即可。为了促进幼兔生长发育, 混合料中应补加适量的维生素、微量元素、氨基酸、酶制剂及抗生素。

幼兔食欲旺盛, 易贪食。饲喂要定时定量, 少喂勤添, 每天饲喂4～5次为宜, 一般每天喂混合精料2次, 青绿饲料2～3次。饲料一定要清洁干净, 青绿饲料要鲜嫩, 带泥土的青草必须洗净晾干后再喂。喂量应随年龄的增长、体重增加逐渐增加, 不可突然增加和变更饲料, 保持饲料的相对稳定, 否则, 幼兔极易患消化道疾病或引起死亡。也不可只喂青绿饲料和多汁饲料, 否则会影响幼兔的发育, 容易形成草腹。

(3) 环境关 幼兔娇气, 对环境变化很敏感, 应该为其提供安静、卫生、干燥、通风、温暖、密度适中的生长环境。要防惊吓、防潮湿、防风寒、防炎热、防空气污浊。

(4) 防疫关 幼兔阶段容易引发多种传染病, 抓好防疫至关重要。应将环境消毒、药物预防、疫苗注射及加强饲养管理相结合。除了注射兔瘟疫苗外, 还应注射巴氏杆菌、波氏杆菌和魏氏梭菌疫苗。春秋季还要预防口腔炎、肺炎及感冒, 夏季重点预防球虫病, 四季预防肠炎。饲料中经常加入洋葱、大蒜等对于防病和促进幼兔生长都是有好处的。

另外, 在幼兔的饲养管理中还应保证供给充足清洁的饮水, 一般情况下, 冬天每天饮水1次, 其他季节每日2次, 气温较高时应做到清水不断, 饮水常换; 最好每天保持2～3小时的户外运动时间, 以促进消化, 增进食欲, 促进钙磷吸收, 提高幼兔抗病力。

五、兔的一般饲养原则

1. 以青、粗饲料为主精饲料为辅

獭兔是草食动物, 消化器官发达, 具有一系列适应草食的解剖

构造和生理特点。精饲料的补充量要根据兔生长、配种、妊娠、哺乳等不同生理阶段的需要与季节和青、粗饲料的品质而定。如妊娠后期的母兔、配种时期的公兔以及生长发育的幼兔和哺乳母兔，青饲料要好一些，精饲料的比例要稍多一些。兔能很好地利用多种植物的茎叶、块根和果蔬等饲料。在青饲料质量好的夏秋季节，精饲料可少补一些。一般日粮中青饲料应占 60%～70%。但是，完全依靠饲草并不能将兔养好，特别是对其高生产性能的发挥来说，完全喂草是满足不了兔对营养的需要的。

2. 饲料搭配多样化

兔生长发育快，繁殖率高，新陈代谢旺盛，必须从饲料中获得多种多样的养分才能满足生长、繁殖、哺乳的营养需要，从而提高生产水平，增加经济效益。

各种饲料所含养分、种类和质量是各不相同的。若长期喂单一饲料，不仅满足不了其营养需要，还会造成营养缺乏症，影响其生长发育。俗话说："要想养兔好，需要百样草"。所以，喂兔的饲料品种要多样化。根据饲料含营养成分取长补短，合理搭配，使日粮的营养趋于平衡全面。才能有利于兔的生长发育。

3. 饲料和饮水要新鲜、清洁、卫生、保证质量

做到"十不喂"。即一不喂露霜草，也就是带有露水和霜冻的草不要喂，要晾干后再喂，以防引起急性腹疼；二不喂泥土草，防止引起消化不良；三不喂农药污染草，以防农药中毒而死亡；四不喂有毒草，如臭椿叶、桃树叶、毒芹等，以防饲料中毒；五不喂被兔粪污染的饲草饲料，以防病菌和寄生虫的传播，造成损失；六不喂发霉变质饲料，以防引起肠炎及母兔流产；七不喂尖刺草，特别是仔幼兔吃尖刺草易损伤口腔；被病菌或病毒感染，引起传染性口腔炎，造成大批死亡；八不喂发芽的马铃薯和带黑斑病的甘薯；九不喂未经蒸煮或烤焙的豆类饲料；十不喂大量的菠菜、牛皮菜、紫云英等青绿饲料。

4. 更换饲料要逐渐进行，适当增减

当前广大农村群众养兔仍处于有啥喂啥的状况。夏秋季节以青绿饲料为主。在早春开始吃青饲料或晚秋开始吃粗饲料或青贮多汁饲料时，新换的饲料要逐渐增加，使兔胃肠有一个逐渐适应的过

程。如突然更换饲料,容易引起过食或食欲不振和消化不良,甚至拉稀或便秘等。

5. 喂给饲料,要注意饲料适口性

配制日粮时,一定要适应兔的嗜好。兔喜吃甜的、素的,不爱吃粉状的、有腥味的,颗粒饲料是兔最理想的饲料剂型。喂粉料时,要用水拌湿后再喂给,否则,易被吸进气管,引起呼吸道疾病。加喂带腥味的动物性饲料,如鱼粉、骨肉粉等,要加工成粉后均匀地拌入料内饲喂,且用量不可过多。

6. 既要定时定量,又要灵活机动

定时,即固定每天饲喂次数和时间,使獭兔养成定时采食和排泄的习惯,使其胃肠有一个休息时间。定时饲喂可使兔形成条件反射,增加消化液的分泌,提高胃肠的消化能力,提高饲料的利用率。定量即根据兔对饲料的需要和生理与季节特点来确定每天喂饲的数量,防止忽多忽少,让兔吃饱吃好,防止过食。特别是幼兔,过食会引起胃肠炎。具体饲喂时要灵活机动,采取"七看"饲喂法。

一看体重。体重大的多喂点,体重小的少喂点。

二看膘情。膘情好的或过肥的要少喂点,瘦弱者、膘情差者多喂点。

三看粪便。如粪便干硬,要增加青绿多汁饲料,增加饮水。当粪便湿稀时要增加粗饲料,少给青绿多汁饲料,减少饮水,并及时投喂药物。

四看饥饱。如果兔子很饿,食欲旺盛,可适当增加饲喂量。如果食欲不佳,不饿,可少喂些。

五看冷热。天气寒冷时,应喂给温料,饮温水。热天少喂,增加青绿多汁饲料,多饮水,饮新鲜井水。

六看年龄。成年兔饲喂次数要少,一般每天 3~4 次,中年兔每天 4~5 次,刚断奶的幼兔每天 5~6 次,并要求喂给质量好、易消化的饲料。

七看带仔兔。如母兔哺乳仔兔多,仔兔已开始吃饲料,仔兔比较大时,要多设饲槽,多供饲料。

7. 添喂夜草

家兔仍然承袭其祖先昼伏夜出的习性,夜间活动多,采食量也大，冬天夜长需要夜饲。"马不喂夜草不肥，兔不喂夜草不壮。"就是这个道理。夏季白天炎热，兔子采食很少，而夜间凉爽，食欲旺盛，更需要夜饲。实践证明，兔夜间采食量要占全天采食量的一半以上。要想养好兔，必须添喂夜草。

8. 调整饲料，因地制宜

根据季节和粪便情况及时调整饲喂方法和饲料。夏季中午炎热，食欲降低。早晨和晚上气温凉爽，食欲增强。饲喂时要掌握早上喂早，中午要精而少，晚上要喂饱。冬季天寒，昼短夜长，早上喂得早，中午吃得好，晚上吃得饱，夜间添夜草。冬季无青草，为了增加维生素，应注意补充多汁饲料。

梅雨季节要多喂青干草，干燥的春季要多喂青料；粪便太干时，应多喂青绿多汁饲料，减少干饲料；粪便干小而发黑时，要多喂青粗料，少喂精饲料。

9. 充足供水，做到"五不饮"

水是兔生活中的必需营养物质之一，必须保证供应。兔的饮水量一般为饲料干物质量的 2 倍。实践证明，如果供水不足，则采食量下降，食物的消化、吸收、代谢物的排除和体温调节都会受到不良影响。炎热夏季缺水时间一长，兔易中暑死亡，母兔分娩后无水易残食仔兔。因此，供应足够的清洁饮水应作为经常性的工作。

供水量可根据年龄、季节、生理状况和饲料种类等不同情况进行调节。生长兔饮水量多于成年兔，妊娠和哺乳母兔的饮水量高于空怀母兔，高温季节和饲喂颗粒饲料时的饮水量需增加，冬季和饲喂青绿饲料时饮水量需减少。

做到"五不饮"。一不饮冰渣水；二不饮坑塘水；三不饮隔夜水；四不饮污水；五不饮有毒水。

六、养兔牧草品种的选择与种植

种草养兔要在牧草品种选择、合理安排种植时间上多做思考。

兔比较喜爱的牧草有多花黑麦草、冬牧 70 黑麦、紫花苜蓿、苦荬菜、杂交狼尾草、菊苣、鲁梅克斯 K-1 杂交酸模等。此外，甘薯藤、花生藤、大根菜、胡萝卜、包菜、青菜等也是适宜喂兔的好饲料，可在养兔时综合利用。

一般每亩牧草年产鲜草5000千克左右，可常年养兔110只。为了使兔一年四季基本都能吃到青鲜饲草，必须合理安排种植时间。

生产上常采用以下三种栽培模式。

（1）多年生牧草与一年生牧草套作　菊苣、鲁梅克斯K-1杂交酸模为多年生牧草，一次种植，可连续生长8～10年。全年鲜草利用期为4～11月。一般在3月育苗移栽，株行距为30厘米×50厘米。10月中下旬，利用这两种牧草刈割后行间裸露的机会，套种一年生的多花黑麦草或冬牧70黑麦。多花黑麦草和冬牧70黑麦鲜草利用期为12月至翌年4月。4月中旬将多花黑麦草或冬牧70黑麦连根铲除，让菊苣或鲁梅克斯K-1杂交酸模单独生长。

（2）一年生牧草与一年生牧草轮作　4月下旬种苦荬菜或杂交狼尾草，9月中旬清茬后种多花黑麦草或冬牧70黑麦，翌年4月下旬清茬后再种苦荬菜或杂交狼尾草，如此反复。

（3）一年生牧草与农作物轮作　可用大根菜或胡萝卜代替第二模式中的多花黑麦草和冬牧70黑麦。也可用甘薯代替第二模式中的苦荬菜或杂交狼尾草。但甘薯栽培时间应为6月上旬，清茬期应为10月下旬，多花黑麦草或冬牧70黑麦播种期延至10月下旬，清茬期延至翌年6月上旬。

用青鲜牧草喂兔，每天每只兔用量为0.75千克左右。

此外，每天还必须给兔饲喂精料一次，用量为每兔70克左右，精饲料中玉米、小麦等粮食占40%，麸糠占40%，豆饼占15%，鱼粉占3%为宜，外加适量食盐、微量元素及矿物质饲料，具体配方应视兔的不同品种和不同生长期的需要进行调整。精料应根据配方制成颗粒饲料或粉碎后加适量水饲喂。家兔对水的需要十分迫切，必须通过自动饮水器或水盆等设备供给兔足量的水分。

七、如何提高兔毛产量和质量

1. 选择良种，加强选种选配

目前我国饲养的各系长毛兔中，德系长毛兔产毛量较高，每只兔年产毛可达1600～1800克，细毛含量达95%，粗毛含量2%～5%，且毛不易缠结，品质好，适于生产兔绒。法系长毛兔产毛量中等，粗毛率较高。近年来，我国也相继培育出一些高产优质的地方新品种（系）或群体。品种（系）不同或同一品系不同个体间，兔毛的产量和品质差异很大。因此，选养良种的同时还必须加强选种选配，否则群体质量会急剧退化。从遗传角度看，兔毛产量属高遗传力。因此，生产中可以通过直接测定产毛量、兔毛品质进行个体选择。第 1 次剪毛的乳毛量，冬、春季不足 30 克，夏、秋季不足 20 克的均不能留种。同时，要特别注意按比例留种，严格选择公兔，选留种兔时，要求健康、体质健壮、性欲旺盛，同时要根据系谱、繁殖记录、生产性能等进行选留。个体一般从窝产仔数高的母兔后代中选取。母兔要求母性好、乳头在 4 对以上，外阴端正。公兔要求睾丸大而对称。隐睾或单睾公兔不能留作种用。

按计划交配，以防兔种退化。

2. 利用杂种优势

选取不同品种或品系的毛兔进行杂交，从中选取最佳的杂交组合，产生杂种优势。可有效提高兔毛的产量和质量、降低生产成本、提高利润。这是提高兔产毛量和质量的有效措施。

3. 科学饲养

（1）日粮营养丰富而均衡　营养与兔的产毛量和质量有密切的关系，供兔全价且均衡营养，尤其是蛋白质和平衡的氨基酸，是提高兔毛生长速度和产毛量的必要条件。兔毛的主要成分是角蛋白，其中含氮 16.8%、硫 40.2%（以磺胺酸形式存在）。因此，必须供给蛋白质和含硫氨基酸丰富的饲料，以提高毛囊周围组织液中必需氨基酸的浓度，促进兔毛生长。故产毛兔日粮中应含蛋白质 17%左右、硫氨基酸（胱氨酸和蛋氨酸）不低于 0.6%、赖氨酸应达 0.65%。

（2）合理使用兔毛生长添加剂　据报道，添加 1%的兔毛生长添加剂（硫酸锌 0.3 克、硫酸铜 0.4 克、氯化钴 0.07 克拌料 100 克，可促使兔对含硫氨基酸的吸收）、0.03%～0.05%的稀土元素（激活或抑制酶和激素，促进产毛）、占青绿饲料 15%～20%的松针粉（含丰富的蛋白质、维生素和微量元素）等，均可不同程度地提高兔毛的产量和质量。

（3）喂好妊娠母兔和仔兔，增加毛囊密度　兔毛产量与兔毛密度密切相关,兔毛密度又取决于毛囊数。次级毛囊的分化与产生主要在妊娠后期及出生后早期,因此,加强妊娠母兔后期营养,重视仔兔补饲,可增加仔兔毛囊数量,为日后产毛量的提高打下基础。

4. 加强管理,创建适宜的环境

毛用仔兔成年后,实行单笼饲养,保持良好的清洁卫生,既可减少疾病,还可避免相互咬斗及粪尿污染兔毛,减少毛被的损伤、缠结和污染,提高毛被品质。定期梳理兔毛,可促进皮肤血液循环,避免因缠结而降低兔毛品质。创建适宜的环境,温度控制在5~25℃(剪毛后第1个月以20~25℃为宜,第2个月以15℃为宜);每天保持光照16小时左右,可保证毛兔正常的食欲和体内代谢,使兔处于正常的生理状态,提高产毛量。

5. 保持最佳的兔群结构

一般母兔产毛量比公兔高25%左右,公兔阉割后,产毛量可提高10%~15%;1岁前的兔产毛量低、品质差,以后逐渐提高。420~490日龄时,产毛量达到最高,以后开始下降。因此,兔群结构中要增加母兔比例,不参配公兔去势,增大群体中1~2岁毛兔的比例,可使兔毛产量和质量稳定在高水平状态。

6. 合理采毛

适时采毛有助于提高产毛量。90日剪毛虽毛价高,但70天后兔毛生长极为缓慢。夏天为防暑可提早到50天剪毛;冬天80天左右剪毛,这样就充分利用了剪毛后生长快的优点,并且每年可增加剪毛一次。据研究,70天剪毛比90天剪毛可提高产毛量70%左右。夏季以剪毛为主,冬季以拔毛为主,这样既可提高毛兔产毛量和毛的品质。又有利于兔的健康。采毛时,应分级采毛、分级放置、分级保管。

7. 防治疾病,保证兔群健康

患疥螨病、兔虱病、皮肤霉菌病等,均会影响兔毛产量和品质。为此,要勤检查兔群,发现患病兔及时治疗。兔疥螨可用灭虫丁肌肉或皮下注射治疗,每千克体重注射0.2毫克,重者7~10天再注射1次;兔虱病可用1%~2%敌百虫溶液涂擦患部或喷雾;皮肤霉菌病可用灰黄霉素治疗,每千克体重内服25毫克,每天1次,15天为1疗程,间隔5~7天服第2个疗程。

八、利用蔬菜喂兔需注意的问题

1. 不能长期喂单一品种

长期给兔喂一种或几种蔬菜，如白菜、莴苣等蔬菜，这些蔬菜的干物质少，糖类含量少，长期给兔喂一种或几种蔬菜，会造成某些方面的营养缺乏，影响幼兔的生长发育，成兔则生产性能不能很好发挥。

2. 饲喂量不能太大

蔬菜含水量高达 85％ 左右，粗纤维含量低，鲜脆适口性好，兔多贪吃。用蔬菜叶喂 90 日龄内的幼兔，仅几天时间，就会出现腹泻。芥菜、油菜、甘蓝、萝卜等十字花科蔬菜含芥子苷，它是一种配糖体，在芥子酶作用下，可生成硫氰酸盐、异硫氰酸盐、恶唑烷硫酮等促甲状腺肿毒素，可以抑制碘在甲状腺内吸收而引起甲状腺肿，另外还损害兔的肝脏、肾脏，造成死亡率增加。所以，十字花科蔬菜应尽量少喂或青贮后再喂（青贮可脱毒）。

如果蔬菜叶和萝卜缨喂量大时，加喂金霉素（0.1 克/只），可抑制还原性细菌生长繁殖，防止亚硝酸盐中毒。

3. 不能喂饲有严重病虫害的蔬菜与腐烂蔬菜

有严重病虫害的蔬菜和腐烂的蔬菜绝对不能喂兔。喷洒过农药的蔬菜也不能喂兔。

用受蚜虫、菜青虫侵害的蔬菜喂兔，可引起兔结膜炎、口炎、胃肠炎、鼻炎、阴道炎和腹痛、下痢。

新鲜青菜含亚硝酸盐为每千克 0.1 毫克，自然放置到第 4 天时，为每千克 2.4 毫克；发生腐烂时，含量高达每千克 340～384 毫克。兔只要吃 100 克这样的蔬菜即可引起中毒，乃至死亡。

蔬菜因种植的土壤肥沃，重施过氮肥、除草剂或遇虫害、干旱、日照不足变红时，硝酸盐含量增高。兔贪吃蔬菜叶而摄入较多的硝酸盐，刺激胃黏膜，会引起胃肠炎。

蔬菜遇虫害、踩踏、霜冻、堆放和运输后，尤其是在潮湿闷热的天气下，极易使其中所含的硝酸盐变成毒性更大的亚硝酸盐。

正确用蔬菜喂兔的同时，应饲喂一些含水量低的饲料（如糠麸等）及粗纤维含量高的饲料（如干树叶等）。喂兔的蔬菜要新鲜，不带露水。若发生中毒可注射阿托品，剂量为 1 毫升 20 只兔，因其对微循环有双向调节作用，改善微循环，可缓解中毒；对有机磷类农药中毒，可耳静脉注射解磷定；有机氟中毒加注解氟磷进行治疗，剂量分别为30毫克/千克和10毫克/千克。

九、不能喂兔的青菜和野草

兔是食草性动物，但不是每种草都适合喂给，在野外自然生长的兔子，可以自己选择。而人工饲养条件下，需要人工选择，将不适合喂兔的青草和野菜剔除。经化验和实践证明有以下四类青草和野菜不适合。

一是在任何情况下不可喂以下有毒青草、野菜：马铃薯秧、番茄秧、落叶松、金莲花、白头翁、落叶杜鹃、野姜、飞燕草、蓖麻、狗舌草、乌头、斑马醉木、黑天仙子、白天仙子、颠茄、水芋、骆驼蓬、曼陀罗花、葡萄秧、狼毒、藜等。

二是有些青草与青菜在生长发育某一阶段喂兔，很容易引起中毒。例如：黄、白花草木樨在蓓蕾开花时有毒，不可喂兔；荞麦、洋油菜在开花时有毒，不可喂兔；亚麻在籽粒、冠茎成熟时有毒，不可喂兔，土豆芽喂兔易中毒。

三是哺乳母兔对秋水仙、湿林草玉梅、药用牛舌草、酸本酢酱草、野葱、臭甘菊、弧形山芥、芦苇艾菊、毒芹等，食后奶中带有难闻气味，仔兔吃奶后会引起中毒。

四是玉米苗、高粱苗及秋后再生的二茬高粱苗也不可喂兔。

十、兔饲养禁忌

一忌兔舍潮湿：兔爱干燥，喜清洁，因此每天要打扫兔舍、兔笼，并定期消毒。

二忌饲料突变：饲料应青粗搭配，变更应逐步过渡，禁喂发霉变质的饲料。

三忌断奶过早或过晚：断奶越早，仔兔死亡率越高，断奶过晚则导致兔生长缓慢，且影响下一胎繁殖，故仔兔应在35～43日龄、体重750克左右时断奶。

四忌停喂夜料：兔有昼伏夜行的习性，晚上喂草料要多于白天，特别是夜间喂1次，更利于增膘和成长。

五忌早配和近交：一般种公兔 7～8 月龄、母兔 5～6 月龄初配。防止近交，以免降低品质。

六忌夏季繁殖：夏季炎热多雨，病菌和寄生虫易滋生，兔易发生各种疾病，部分孕兔还常因中暑而流产或难产。

七忌环境惊扰：獭兔胆小，不应围观喧闹，更不要轻易捕捉，还要防止猫、狗、鼠的侵扰。

第七节　有关知识

一、种兔的配套系

现货养兔生产中，许多采用品种（系）育种、系间杂交的方法来制种。生产中将各世代、各亲本群的相互关系统称为"种兔的配套"或配套系。

二、祖代种兔场

专门饲养祖代兔的兔场为祖代兔场。

三、父母代兔场

专门饲养父母代兔的兔场为父母代兔场。

四、仔兔

出生至断奶这段时间，又分睡眠期和开眼期。

（1）睡眠期　出生至睁眼这段时间，一般 10～12 天。仔兔出生时体表无毛，眼睛和耳朵关闭。出生后第 4 天才有细茸毛长出，第 8 天耳朵张开，第 12 天开眼。该期饲养仅是哺乳，仔兔完全依赖母乳生活。

（2）开眼期　仔兔睁眼到断奶这段时间。

五、幼兔

幼兔指断奶至 3 月龄的小兔。生长发育最快。

六、青年兔

青年兔指 3 月龄到配种这段时间的兔。生长发育完善，体型基本定型。

七、成年兔

中型品种 5 月龄、大型品种 6 月龄、巨型品种 7 月龄以上。生长发育定型，性机能最旺盛。3 岁以后进入衰老期，体质下降，生产力降低，性机能减退。

八、兔的生长特点

仔兔出生时闭眼，无毛，各系统的发育都很差。仔兔生后的生长发育速度是很快的。大约在第四天就开始长出绒毛，12 天左右开眼，并开始有视觉，3 周龄时出巢并开始吃饲料。出巢的早晚在某种程度上取决于母乳的多少。吃奶不足的仔兔往往提前出巢。在母兔泌乳正常的情况下，仔兔的体重增长很快，1 周龄时的体重可比初生时增加 1 倍。4 周龄时体重约为成年兔的 12％，到 8 周龄时体重可达成熟体重的 40％。

九、性别鉴定

仔兔判别性别时，根据生殖器的开口，生殖孔与肛门间的距离来判断。轻轻扒开生殖器，发现生殖孔呈圆柱状凸起，与肛门间距离远，则为公兔；若生殖孔呈"V"形，孔扁形，下端裂缝延至肛门，无明显凸起，则为母兔。

十、兔的年龄鉴定

（1）青年兔　脚爪短而平直，并隐藏在脚毛之中；白色兔的爪色红多于白；门齿洁白，短小，排列整齐；皮肤紧密结实，皮肤薄。

（2）壮年兔　脚爪变粗，平直，露于脚毛之外，白色兔的爪色红白相近；门齿粗壮、色白、整齐；皮肤紧密厚实。

（3）老年兔　脚爪表面粗糙，无光泽，弯曲呈钩状，趾爪大部分露于脚毛之外，白色兔的爪白色多于红色；门齿变厚变长，呈黄褐色，排列不整齐；皮厚而松弛。

十一、家兔的健康标准

家兔健康与否，可通过以下几方面的健康检查来判断。

（1）精神状态 健康兔常保持机警状态，一听到轻微响动便抬头竖耳，转动耳壳，注意分辨外界情况；受惊时，即用后肢踩笼底，窜动不安；病兔则精神呆滞，对特殊声响无反应，不愿动。

（2）食欲 健康兔食欲旺盛，当饲养人员给其喂草喂料时，早就跑到笼前守候，草、料一到即不停采食并很快吃完，尤其是当次给的颗粒料；病兔则对上料无动于衷，蹲在一角不动，或上前吃一点即离开料槽蹲下。

（3）粪形 健康兔的粪粒呈椭圆形，有弹性，表面有光泽，大、小均匀；不健康兔的粪粒变小、变尖、变硬，表面无光泽，或成串、成条，在笼底上成堆，带有腥味或透明胶状物。

（4）姿势 健康兔姿态自然，行动灵活协调、敏捷，蹲卧时前肢直伸、平行，后肢置于体下；除采食外，大多在假眠和休息。病兔姿势反常，行动迟缓，缩头弓背。

（5）被毛 健康兔被毛富有弹性和光泽，紧贴于体；病兔则粗乱无光泽。

（6）耳朵和眼神 健康兔两耳洁净，白兔呈粉红色，双眼圆睁，明亮有神，眼角洁净；病兔耳发白或发绀，手摸有热感或发凉，眼睛无神，半睁半闭，结膜红肿或有眼屎、流泪。

（7）饮水 有病发热的兔饮水大增，消化紊乱的兔随采食下降而减少饮水。

十二、体重

称重应在早晨饲喂草料及饮水之前进行。应称取初生窝重（产后12小时内产活仔兔的全部重量）、断奶重（断奶个体重和断奶窝重两个指标）、70日龄重、3月龄重，以后每月称重一次，周岁以后，每年称重一次。

十三、体尺测量

幼兔、青年兔、育成兔定期进行体长、胸围测量，以软尺度量。均以厘米单位，精确到 0.1 厘米，长毛兔在剪毛后进行。一般测 3 月龄、初配和成年时的体长和胸围，体尺测量应与称重同时进行。

（1）体长　从鼻端到坐骨端的直线长度。

（2）胸围　肩胛骨后缘绕胸廓一周的长度。

十四、成活率

常用的有断奶成活率、幼兔和商品兔成活率。

① 断奶成活率(%)＝断奶仔兔数/产活仔兔数×100%。

② 幼兔成活率(%)＝13 周龄幼兔成活数/断奶仔兔数×100%。

③ 商品兔成活率＝出栏数（交付屠宰数)/入舍幼兔数×100%。

十五、繁殖性能

繁殖性能主要包括受胎率、产仔数、产活仔兔数和泌乳力等。

产仔数指母兔的实产仔兔数，包括死胎、畸形。产活仔兔数则指母兔产的活仔数。

① 受胎率：指 1 个发情期内受胎母兔数与参加配种母兔数的百分比。

用公式表示为：受胎率（%）＝一个发情期配种的受胎数/参加配种的母兔数×100%

产仔数有胎产仔数和年产仔数两个指标。

② 产仔数：是指母兔的每胎实际产仔数，包括活仔、死胎和畸形胎数。

③ 活产仔数：测初生窝重时的仔兔数，种母兔成绩按胎平均数计算。

产仔数在一定程度上体现了母兔产仔的潜在能力。从生产角度出发，则仅仅计算产下的活仔数来表示母兔的产仔能力。种母兔成绩按连续三胎（1～3 胎）平均数计算。

④ 泌乳力：3 周龄仔兔窝重，包括寄养仔兔。

⑤ 初生窝重：产后 12 小时内称全窝活仔兔总重。

主要用来表明整窝仔兔在胚胎期的生长发育情况。据测定，母兔配种时的体重与初生窝重有着密切关系，其相关系数 $\gamma = 0.871$，表明体重大的母兔，妊娠期间胚胎生长发育也良好，初生窝重也大。

⑥ 断奶窝重：指整窝仔兔的断奶体重，包括寄养仔兔。

断奶窝重既反映了断奶时的仔兔存活数，又反映了仔兔在哺乳期内的生长情况，因此是评定母兔哺育性能的总指标。

⑦ 仔兔成活率是指断奶仔兔数与开始哺乳时仔兔数的百分比。

用公式表示为：仔兔成活率＝断奶仔兔数÷开始哺乳仔兔数×100%

十六、产肉性能

产肉性能主要指标有生长速度、饲料转化率、屠宰率。

（1）生长速度（克/天）＝统计期内增重/统计期饲养日数

（2）饲料报酬＝统计期内消耗量（千克）/统计期内兔增重（千克）×100%

（3）屠宰率（%）＝胴体重/宰前活重×100%

① 宰前活重指宰前停食 12 小时以上的活重。

② 胴体重分全净膛和半净膛。"全净膛"指放血、去皮、头、尾、前脚（腕关节以下）、后脚（肘关节以下），剥除内脏的屠体。"半净膛"指在全净膛的基础上留肝、肾、腹壁脂肪。

十七、产毛性能

产毛性能主要指标有产毛量、产毛率、毛料比和兔毛品质。产毛量指成年兔个体产毛量，又分为估测产毛量和全年实际剪毛量的累计数。估测产毛量以个体 9 月龄时剪毛量的 4 倍乘矫正系数来计算，毛的生长期为 90 天，并注明剪毛季节。产毛率指 1 年估测产毛量占同期体重的百分率。

衡量兔毛品质有毛的长度、细度、强度、伸度、结块率和粗毛率等。检验的毛样均从十字部采取。兔毛长度分毛丛长度和毛纤维长度。毛丛长度指兔体毛的自然长度，从背部到臀部测 3～4 个毛丛长度的平均数。毛纤维长度指剪下的毛纤维单根的自然长度，测量 100 根的平均数。毛的细度以微米为单位,测量单根兔毛纤维中段直径,数量 100 根。兔毛的强度和伸度靠仪器进行测定,操作应按照仪器的使用说明和要求进行,各测 20 根的平均数。

(1) 产毛量(以克计算) 成年兔的个体产毛量,又分:①估测产毛量,以个体 9 月龄时剪毛量的 4 倍来计算,毛的生长期为 90 天,并注明剪毛季节。②全年实际剪毛的累计数。

(2) 产毛率 指 1 年估测产毛量占同期体重的百分率。

(3) 毛料比 毛料比=统计期内饲料消耗量(或折成可消化能和可消化蛋白质)/统计期内剪毛量×100%

(4) 兔毛品质 指毛的长度、细度、强度、伸度、结块率和粗毛率等,毛样均从十字部采取。

(5) 兔毛长度 分毛丛长度和毛纤维长度。

① 毛丛长度:兔毛丛的自然长度,以厘米为单位,精确到 0.1 厘米,从背部至臀部 3~4 个毛丛长度的平均数。

② 毛纤维长度:剪下的纤维单根自然长度,以厘米为单位,精确到 0.1 厘米,测 100 根的平均数。

(6) 兔毛细度:单根毛纤维中段直径,以微米为单位,精确到 0.1 微米,测量 100 根的平均数。

(7) 兔毛强度和伸度 依靠仪器进行测定,各测 20 根的平均数。

(8) 兔毛结块率 兔毛结块率(%)=同次结块量占一次剪毛量比例=结块毛重量/同次剪毛重量×100%。

(9) 粗毛率 粗毛率(%)=粗毛量(包括两性毛量)/1 平方厘米毛样重量×100%。

十八、纯种繁育

纯种繁育(简称纯繁)就是指同一品种或品系内的公兔、母兔进行配种繁殖和选育的方法。包括本品种选育和品系繁育,其目的在于保留和提高与亲本相似的优良性状,并稳定地遗传给后代。纯繁广泛用于优良品种和品系的繁育,如引进良种的驯化和繁育。

杂交指不同品种或品系即不同种群之间的个体选配。杂交所生后代称为杂种。在多数情况下,杂交可以产生杂种优势,即后代的生活力和生产性能等不同程度地优于双亲。杂交也可以育成新品种。

十九、经济杂交

经济杂交指使用不同品种或品系进行交配，利用杂种优势，提高经济性能的杂交繁育方法。此种杂交方式用于生产商品兔。

为了提高商品兔的生产性能和经济效益常常利用不同品种间的杂交，以生产出具有杂种优势的后代。在开展经济杂交时需注意：不是所有杂交都能产生杂种优势，因此，应进行杂交组合试验（配合力测定），选择最适合当地环境条件及饲养管理水平的杂交父本和母本。利用配套品系生产商品兔（如齐卡肉兔配套系），是利用杂种优势的最高形式，是现代肉兔生产的共同发展趋势。

1. 二元杂交

二元杂交也叫简单杂交，用一个品种的公兔与另一个品种的母兔杂交产生杂种后代的方式。

2. 三元杂交

将二元杂交后代的优秀母兔再和第三个品种的公兔杂交产生后代的方式。

3. 双杂交

利用两对具有不同优缺点的公、母兔杂交后，从每对杂交后代中再选取不同的公、母兔进行杂交，其后代作为商品用。

二十、杂交改良

杂交改良指通过杂交改良家兔品种，提高家兔品质，可以采用导入杂交和级进杂交。此种方式用于改良兔品种的少量缺点或吸收其中优点。

1. 导入杂交

导入杂交又称引入杂交，指某个品种或类群的品质能基本满足国民经济的生产要求，但还存在某种缺点或某个重要经济性状需要在短期内提高，靠本品种（类群）选育难以达到目的，需要引入外血来改良。

目的是改良该品种的某种缺陷，保持其他特征，不改良其生产方向。

导入杂交的具体方法为：选择与原品种生产方向一致，针对原品种缺点性状具有显著优势的优秀种公兔，与原品种母兔杂交，在杂交后代中选择优秀公母兔个体与原品种回交2次，使外来品种血缘含1/8，停止回交，进行杂种兔的横交，固定优良性状。

2. 级进杂交

级进杂交又称改良杂交，当某个品种生产性能不能满足国民经济生产要求，需要被彻底改进时用的方法，它是用优良品种发行改造低生产力品种的一种最有效方法，级进杂交的方法为选择改良品种的优秀公兔与被改造品种母兔交配，选择优秀的杂种母兔与改良公兔连续回交3~4代。

二十一、育成杂交

育成杂交就是运用两个或两个以上品种创造新的变异类型，通过育种手段将优良性状基因固定下来，培育新品种、新品系的方法。此种方式用于组合多个品种优点，培育新的肉兔品种。

可分为简单育成杂交和复杂育成杂交两类。

育成杂交的步骤可划分为三个阶段。

（1）杂交创新　选择品种，采用2个或2个以上的品种进行杂交，创造新的优良性状基因的组合，以改变原有家兔类型，创造新的理想形。

（2）横交固定　选择优秀的杂种公母兔进行自群繁育，使优良性状基因尽快稳定，采用同质选配或近交，建立品系以巩固遗传的稳定性。

（3）扩群提高　在第二阶段已定型的类群扩大数量，并进一步提高质量，健全品种结构，加强选配工作，使家兔新类群达到品种要求。

二十二、轮回杂交

杂交的各原始亲本品种轮流与各代杂种（母本）进行回交，以取得优良经济性状的杂交。此种方式用于组合多个品种优点，培育新的肉兔品种。

二十三、假妊娠

母兔排卵后未受精，而黄体尚未消失，就会出现假妊娠现象。假孕可延续 16～17 天。

管理中应注意三个方面：要养好种公兔，采用重复配种或双重配种；繁殖母兔要单笼饲养，防止母兔相互爬跨刺激；发现假孕现象可注射前列腺素促进黄体消失，若生殖系统有炎症的病例应及时对症治疗。

二十四、双子宫型

母兔的两侧子宫无子宫角和子宫体之分，两侧子宫各有一个子宫颈开口于阴道，属于双子宫类型。因此，不会发生像其他家畜那样，受精卵可以从一个子宫角向另一个子宫角移行的情况。

二十五、刺激性排卵

只有在公兔交配，或相互爬跨，或注射激素以后才发生排卵，这种现象称为刺激性排卵或诱导排卵。

母兔的排卵与其他家畜不同。母兔必须通过交配或性刺激后才能排卵，一般在公兔交配刺激后 10～12 小时才排卵，这种现象叫刺激排卵，是家兔特有的生殖现象。所以不论在母兔发情的哪个阶段，只要母兔接受交配就能受孕。即使在母兔未发情的状态下，用性欲极强的公兔强行交配，母兔也会受孕。生产中利用家兔的这一生殖特点，可达到加快繁殖的目的。冬季休情期强制交配很难成功，春季强制交配很易成功。如漏配可用强制交配来补救。

二十六、针毛

针毛也称为枪毛，指毛皮的毛被中较粗且较长的毛，起防湿和保护绒毛的作用。定向毛也属针毛，而较针毛稀少、长而有弹性。针毛的毛尖多为矛头形或椭圆形，毛干呈圆柱、圆锥或纺锤形。针毛细密柔顺、光泽美观，是鉴别毛皮品质优劣的重要指标之一。根据特殊服饰要求,有时需将针毛拔去,以制成"裘绒",或需施以漂、褪、刷、染加工,美化针毛色泽,提高使用价值。

二十七、兔的生理指标

兔的平均寿命:5～12年,一般而言小型兔寿命较大型兔的短。目前有记载的最长寿的兔寿命为18年10个月。

兔的正常体温:38.5～41.5℃成年兔的体温比幼兔的高,较耐寒。幼兔较耐热。

兔的心跳速度:每分钟180～250次。

兔的呼吸频率:每分钟30～60次。

公兔性成熟:22周,小型兔有可能13周就成熟。

繁殖寿命:公兔5～6年,母兔2～3年。(没有繁殖经验的主人,建议不要轻易繁殖。)

发情期:正确来说由性成熟的公兔主动,一年四季都可能。

公兔交配准确时间只要2秒就能就绪。

母兔怀孕期:平均28～32天。

平均产仔数量:4～12只,体型小的每胎产仔数量较少。

兔的毛长:一般兔毛长1.5～4厘米,短毛兔毛长1.6厘米,长毛兔毛长4～6厘米。

适合的环境温度:15～25℃。

适合的环境湿度:40%～65%。

二十八、怎样测定兔的体温

一般采用肛门测温法,测温时,用左手臂夹住兔体,左手提起尾巴,右手将体温表插入肛门,深度在3.5～5厘米,保持3～5分钟。兔子正常体温为38.5～39.5℃。对兔子进行体温测定,有助于推测和判断疾病的性质,如出现高热,一般多属于急性全身性疾病,无热或者微热多为普通病,大出血或者中毒以及临死前,往往体温低于常温,预后不良。

二十九、家兔和獭兔的区别

① 獭兔脖子俯部有多余皮肉形成突起,家兔没有。

② 獭兔没有针毛，也就是说獭兔的毛粗细是一样的都是绒毛，不会和家兔一样，一只兔子上有粗、细两种毛，一种是比较长而且粗的外层毛，一层是比较短的绒毛。

③ 獭兔毛的密度非常高，造成的现象是獭兔毛都是立起来的，垂直于皮面；而家兔的毛由于密度不够高，不足以支撑起每根毛都垂直于皮面，所以它会有一个方向性的倒伏。

④ 獭兔毛相对于家兔更不容易掉毛。相同制革工艺，獭兔掉毛量（毛囊损坏程度）是家兔的 1/3 左右。

三十、如何给兔子摸胎

摸胎是确定配种母兔是否妊娠的最常见的诊断方法。摸胎检查操作简单，准确率高，熟练掌握摸胎技术，可有的放矢地做好对妊娠母兔营养、保胎和接产准备，对空怀母兔及时进行补配，增加养兔效益。其技巧如下。

1. 摸胎时间

摸胎应在母兔配种后 8～10 天进行，安排在母兔空腹时间进行检查。初学者对胚胎及胎位缺乏了解，可在母兔配种后 12～14 天进行，以便于准确鉴定。

2. 摸胎方法

摸胎时，先将待查母兔放于平板或地面上，使兔头朝向检查者，一只手抓住母兔的双耳和颈部皮肤保定好，另一只手的拇指与其余四指呈"八"字形，手掌向上，伸到母兔腹下，轻轻托起后腹，使腹内容物前移，五指慢慢合拢，触摸腹内容物的形态、大小和质地，如有触摸到腹内柔软如棉，说明没有妊娠；若触摸到有花生大小的肉球一个挨一个，肉球能滑动又富有弹性，这就是胎兔，表明母兔已经妊娠。检查过程中，往往个别母兔怀胎个数少，检查时需由前向后反复触摸，才能检查出胚胎。

3. 摸胎注意事项

一是早期摸胎，初学者容易把 8～10 天的胚胎与粪球相混淆，粪球多为圆形，表面光滑，没有弹性，有腹腔分布面积大，无一定位置，并与直肠粪球相接。胚胎的位置比较固定，用手轻轻捏压，表面光滑而有弹性，手摸容易滑动。

二是摸胎时动作要轻，切忌用手指捏压或捏数胚胎，以免引起流产或死胎。15天能摸到似鸡蛋黄大小的胎兔，24天可检查出母兔乳房开始肿胀，腹大而下垂，30天左右母兔开始产仔兔了。

三十一、怎样确定兔的适宜配种年龄

确定兔的初配年龄，主要根据体重和月龄来决定，在正常饲养管理条件下，公母兔体重达到该品种标准体重的70%时，即已达到体成熟，可开始配种繁殖。一般小型品种初配年龄为4～5月龄，体重2.5～3千克；中型品种为5～6月龄，体重3.5～4千克；大型品种为7～8月龄，体重4.5～6千克。因公兔性成熟年龄比母兔迟，所以公兔的初配年龄应比母兔迟1个月左右。为了防止早配和近亲交配，在家兔性成熟前应公母分开饲养。

三十二、怎样确定兔的使用年限

公母兔的使用年限一般为3～4年，如果是优良的种兔，体质健壮、遗传稳定、后代表现好，公兔性欲旺盛，母兔产仔多且成活率高，配种利用年限可适当延长。对过于衰老，其受胎率、产仔数和成活率均差，所产仔兔品质也差，要适时淘汰和更新兔群。一般每年淘汰1/3，做到3年一更新，让适龄种兔在兔群中占绝对优势。

三十三、怎样安排配种繁殖季节

掌握好肉兔的配种繁殖季节是提高仔兔成活率的重要环节，肉兔繁殖虽无明显的季节性，一年四季均可配种繁殖，但因不同季节的温度、光照、营养状况等不同，对母兔的受胎率和仔兔成活率均有一定的影响。

（1）春、秋季　气候温和、干燥、种兔性欲旺盛，母兔受胎率高，产仔数多，仔兔成活率高，是肉兔配种繁殖的最好季节，要抓好配种繁殖工作。不少兔场春繁大都采用频密产仔法（血配），连产2～3胎后，再行调整，恢复体力，8月份开始秋繁。

（2）夏季　凡舍温在30℃以上的时节，应停止配种繁殖，一般是在每年的6月份至7月中旬停止配种繁殖。但如母兔体质健

壮，又有防暑条件，仍可适当安排配种繁殖。

（3）冬季 冬季气温较低，种兔体质较弱，受胎率低，所产仔兔如无保温设备，容易冻僵或冻死。所以，要冬繁，则须供给营养丰富的饲料，以保持健壮的体质；还要有保温措施，一般要求室温不低于 15℃，仔兔窝不低于 30℃，幼兔要求 20℃ 的环境。

三十四、怎样确定合适的配种时间

（1）自然交配配种时期的确定

① 根据母兔发情表现确定配种时间：肉用母兔的发情周期变化较大，一般在 8～15 天，发情期一般是 3 天左右。发情表现为举止不安，食欲减退，常以前肢扒箱或后肢顿足，有时还有衔草做窝现象，外阴部潮湿红肿。整个发情期分为前期、中期、后期，其判断主要看阴户的变化情况：发情前期变得较湿润、微肿、粉红色；中期湿润、肿大、呈大红色（俗称老红）；后期湿润、肿大、紫黑色。最佳的配种时间是发情的中后期。

② 试情法确定交配时期：把母兔放入公兔栏内，当公兔追逐爬跨时，如母兔作接受交配姿势，说明母兔已发情，即可进行配种。否则，未发情，不能交配。

③ 血配：即母兔产仔后 1～2 天进行配种。

（2）人工授精配种时期的确定 母兔是刺激性排卵动物，不经交配或药物刺激不会自动排卵，所以人工输精前要进行刺激排卵。一般采取注射生殖激素刺激排卵，在进行刺激排卵后 2～8 小时以内输精受胎率最高。为了提高受胎率，要在发情盛期进行刺激排卵。

（3）在配种的当天选择合适的配种时间 春秋两季最好安排在上午 8～10 时，夏季利用清晨和傍晚较清凉时进行，冬季选在比较暖和的中午进行。另外，饲喂前后 1 小时不宜配种。

三十五、母兔配种方法

兔的配种方法主要有 3 种，即自然配种、人工辅助配种和人工授精。

1. 自然配种

自然配种公、母兔混养在一起，任其自由交配，称为自然配种。

自然配种的优点是配种及时、方法简便、节省人力。

自然配种的缺点是容易发生早配、早孕，公兔追逐母兔次数多，体力消耗过大，配种次数过多，容易造成早衰，而且容易发生近交，无法进行选种选配，容易传播疾病等。在实际生产中，不宜采用此法配种。

2. 人工辅助配种

人工辅助配种就是将公母兔分群、分笼饲养，在母兔发情时，将母兔捉入公兔笼内配种。

人工辅助配种的优点是与自然配种相比，能有计划地进行选种选配，避免近交和乱交，能合理安排公兔的配种次数，延长种兔的使用年限，能有效防止疾病传播。在目前生产中，宜采用这种方法配种。

具体操作步骤如下：将经检查、适宜配种的母兔捉入公兔笼内。公兔即爬跨母兔，若母兔正处发情盛期，则略逃几步，随即伏卧任公兔爬跨，并抬尾迎合公兔的交配。当公兔阴茎插入母兔阴道射精时，公兔后躯卷缩，紧贴于母兔后躯上，并发出"咕咕"叫声，随即由母兔身上滑倒，顿足，并无意再爬，表示交配完成。此时可把母兔捉出，将其臀部提高，在后躯部用手轻轻拍击，以防精液倒流。然后将母兔捉回原笼，做好配种记录工作。

如果母兔发情不接受交配，但又应该配种时，可以采取强制辅助配种；即配种员用一手抓住母兔耳朵和颈皮固定母兔，另一只手伸向母兔腹下，举起臀部，以食指和中指固定尾巴，露出阴门，让公兔爬跨交配。或者用一细绳拴住母兔尾巴，沿背颈线拉向头的前方，一手抓住细绳和兔的颈皮，另一只手从母兔腹下稍稍托起臀部固定，帮助抬尾迎接公兔交配。

3. 人工授精兔

人工授精就是不用公兔直接交配，而是人工采取公兔的精液，经品质检查、稀释后，再输入到母兔生殖道内，使其受孕。

人工授精的优点在于能充分利用优良种公兔，提高兔群质量，迅速推广良种，还可减少种公兔的饲养量，降低饲养成本、减少疾病传播，克服某些繁殖障碍，如公、母兔体型差异过大等，便于集约化生产管理。

人工授精的缺点是需要有熟练的操作技术和必要的设备等。

三十六、正确的配种程序

（1）检查种公兔，创造适宜的环境　配种前要对种公兔进行检查，凡体弱、发育较差、有病以及有血缘关系的公兔，都不能交配。有条件的地方还应对种公兔进行精液品质检查。确定了公兔后，将公兔笼中的食具全部移出，并在笼底垫一块大木板，以免兔爪夹入笼缝中扭伤。

（2）将母兔放入种公兔笼内进行配种　把发情良好、身体健康、适宜配种的母兔轻轻放入公兔笼内进行配种。不能将公兔放入母兔笼内进行配种，若将公兔放入母兔笼内，公兔因环境的改变，容易影响性欲活动，甚至不爬跨母兔，导致配种失败。

对有些生殖器较小的初配母兔，可以通过按摩的方法促使其松弛肿大，这样就能方便公母兔的交配。对有些腹毛较长的长毛兔、宠物兔，在配种前，可以用剪刀剪去母兔生殖器附近的长毛，使母兔的生殖器裸露，这样就能避免体毛过长妨碍公兔交配。

（3）配后处理　配种结束后，立即在母兔的臀部用力拍一下，母兔后体一紧张，即可将精液深深吸入，有利于精子从阴道向子宫方向移动，并防精液逆流。尔后将母兔从公兔笼内取出，检查外阴部有无假配，并将母兔送回原笼，及时做好配种登记工作。

（4）复配　为了确保母兔妊娠和防假孕，要进行复配。复配的方法有两种。

① 重复配种：在第1次配种后6～8小时再用同一公兔重配一次。据试验，重复配种的受胎率可达95%～100%。

② 双重配种：第1次配种后10分钟左右再用另一公兔作第2次交配。据试验，采取双重配种的受胎率比单配可提高25%～30%。此法只适于商品兔生产，因为配种时无法判断父系的血缘。

三十七、42 天繁殖模式

42 天繁殖模式（表 3-6）是指母兔两次配种的时间间隔为 42 天，于母兔产仔后 11 天再次配种，哺乳和怀孕同时进行 24 天，仔兔在 35 日龄断奶，仔兔断奶后 7 天母兔再次产仔，开始新的一轮哺乳、再过 11 天配种，以此类推。该模式可以将复杂的繁殖工作变成流程化、固定化，降低员工劳动强度，大大减轻了管理难度，可实现每年产仔 7～8 窝，最大限度地挖掘母兔的繁殖潜力，提高生产力，是国际上应用广泛的高效繁育技术。

要求如下。

① 需要同期发情、同期排卵和人工授精等繁殖技术的配合。

② 这种繁育模式对母兔和公兔的生理压力较大，必须供给充足和较高的营养。

③ 必须有"全进全出"的现代化养殖制度配合。如果条件不允许，至少要一栋舍内将不同批次的母兔分开饲养。

表 3-6　42 天繁育模式日常工作计划管理表

周次	周一	周二	周三	周四	周五	周六	周日
第一周	配种-1						
第二周	配种-2				催情-3	摸胎-1	
第三周	配种-3				催情-4	摸胎-2	
第四周	配种-4				催情-5	摸胎-3	
第五周	配种-5	安产箱-1	产仔-1	产仔-1	产仔-1 催情-6	摸胎-4	休息
第六周	配种-6	安产箱-2	产仔-2	产仔-2	产仔-2 催情-7	摸胎-5	
第七周	配种-7	安产箱-3	产仔-3	产仔-3	产仔-3 催情-1	摸胎-6	
第八周	配种-1	安产箱-4	产仔-4 / 撤产箱-1	产仔-4	产仔-4 催情-2	摸胎-7	
第九周	配种-2	安产箱-5	产仔-5 / 撤产箱-2	产仔-5	产仔-5 催情-3	摸胎-1	
第十周	配种-3	安产箱-6	产仔-6	产仔-6	产仔-6 催情-4	摸胎-2	

注：此表是指将全场的母兔分为 7 批进行繁殖管理。

三十八、49 天繁殖模式

49 天繁殖模式（表 3-7）原理同 42 天繁殖模式一样，只是母兔两次配种的时间间隔变为 49 天，于母兔产子后 18 天再次配种，哺乳和怀孕同时进行 31 天，仔兔在 35 日龄断奶，仔兔断奶当天母兔再次产仔。可实现每年产仔 6 窝。

49 天繁殖模式要求同 42 天繁殖模式一样。

也可以将全场的母兔分成 7 个批次进行管理，每个批次间的间隔为 1 周时间，每个批次在 49 天轮回 1 次生产。

表 3-7　49 天繁育模式日常工作计划管理表

周次	周一	周二	周三	周四	周五	周六	周日
第一周					催情-1		
第二周	配种-1				催情-2		
第三周	配种-2				催情-3	摸胎-1	
第四周	配种-3				催情-4	摸胎-2	
第五周	配种-4				催情-5	摸胎-3	
第六周	配种-5	安产箱-1	产仔-1	产仔-1	产仔-1 催情-6	摸胎-4	休息
第七周	配种-6	安产箱-2	产仔-2	产仔-2	产仔-2 催情-7	摸胎-5	
第八周	配种-7	安产箱-3	产仔-3	产仔-3	产仔-3 催情-1	摸胎-6	
第九周	配种-1	安产箱-4	产仔-4	产仔-4 撤产箱-1	产仔-4 催情-2	摸胎-7	
第十周	配种-2	安产箱-5	产仔-5	产仔-5 撤产箱-2	产仔-5 催情-3	摸胎-1	
第十一周	配种-3	安产箱-6	产仔-6	产仔-6	催情-4	摸胎-2	

三十九、如何预防母兔产仔后吃仔兔

当母兔临产时受外界噪声惊吓，或陌生人进入、被狗猫惊吓、缺乏饮用水、产后疼痛难忍等一系列的应激过大都有可能使临产母兔做出异常的吃仔行为，当然这些都规称为母性不好，在保证饮水正常的前提下（特别注意如临产母兔换了产房不习惯饮水位置时也许会造成缺水现象），尽量不让母兔过多的应激，饲养员在日常服理时不要人为给小兔崽带来异味，如香水、洗手液、清凉油、汽油

等。如果累次出现吃仔行为应看管生产过程及时取走小生命，第一二次哺乳要饲养员看管着，待养成哺乳习惯后就好了。食仔习性难以更改的母兔应育肥淘汰。

四十、什么是蒸窝

初生仔兔全身无毛，其体温调节发育不完善，体温随环境的变化而变化，体温很不稳定。炎热的气温条件对体温调节系统发育不全的仔兔影响很大，仔兔窝里的温度过高，则导致仔兔出汗，使窝变得很潮湿，俗称蒸窝，这样的仔兔很难成活。

四十一、兔啃咬笼具的原因及预防

（1）生长生理性因素　兔属啮齿类动物，其门齿不断生长，以适应牙齿（门齿）磨损的需要。如今兔被人为饲养在笼中，当食物饲料中缺乏一定量的粗纤维性物质时，牙齿因不断生长，而吃食饲料时，饲料对牙齿的磨损又达不到一定的程度，它就要啃咬笼具，即进行磨牙。如果兔的牙（门）齿不能被磨损，则门齿生长会越来越长，使上下颌的大磨牙对合不上而不能更好地吃饲料，身体会逐渐消瘦。不认真观察不易被发现，反而认为兔发生疾病所致。

解决办法：找一些无毒、长30厘米左右、直径2～3厘米的带树皮木棒（有香气的松树、莲子树木棒较好），经清洗干净后放入兔笼内给兔子啃咬，可解决这问题。或者在颗粒饲料中加适量的粗纤维性饲料，增大颗粒料的硬度。

（2）性生理性因素　当兔发情时，公兔闻到发情母兔气味或母兔闻到公兔气味时，在异性欲望吸引力作用下，为了外出相聚而将其前面的阻挡物清除，把笼具咬个大洞。

解决办法：将公、母兔分舍隔离，分开饲养，不使其气味互相混流。要配种时才将母兔放入公兔笼中进行配种。

（3）饥渴因素　因饲养员没有根据兔的营养需要供应定量日粮，造成兔过度饥饿，到处搜寻食物，啃吃竹木材料以填饱肚子，造成啃坏竹木笼器。

解决办法：饲养员根据兔的生长营养需要供应定量日粮，起码让它吃得七八成饱。

（4）哺乳母兔哺乳心切　在母仔分离饲养的状态下，母兔经一夜的时间蓄积乳汁，次日清晨乳房肿胀，急待供仔兔哺乳而冲撞、啃咬兔笼。

解决办法：每天清晨要早一点将哺乳母兔送去仔兔处哺乳，或改为母仔同笼饲养。

（5）兔体皮肤病因素　兔因患有疥癣、痒螨等寄生虫病，因患处瘙痒难受，碰擦啃咬患处很痛、不安，为转移注意力而啃咬笼具。

解决办法：当发现兔啃咬笼具时，要先检查该笼兔有无患皮肤寄生虫病，如有此症状就应采取措施驱除寄生虫，现常用伊维菌素粉拌入饲料中给药，并将兔笼作火焰消毒杀虫，半月1次，连做3次为好。

（6）木材香气引诱因素　做兔笼时采用松木材质，松木材的松香气味，兔较为喜欢，当兔无事之时作为一项喜欢的啃咬活动而无意咬坏笼器。

解决办法：不用松木等兔喜欢的木材做笼器。

四十二、如何抓兔子

捕捉兔子是日常管理中经常要做的事，如分窝、防疫、配种、摸胎、出售等都需要捕捉兔子。如果捕捉方法不正确，很容易使兔受伤害，也容易被抓伤。那么怎样捕捉兔子才能避免这些情况呢？

首先在开笼时动作要轻要慢，给它一个捕捉的信号，再伸手顺毛向抚摸兔的双耳和背部被毛，待兔安静后，右手抓牢双耳和颈背部皮肤（对于怀孕母兔，另一只手要抓住兔的臀部皮肤）轻轻地把兔提出来，然后左手将兔的臀部托起来，使兔头朝上臀朝下，让兔的体重落在左手上。这样兔子感到舒服，不闹，也就抓不着人了。

四十三、獭兔皮质量标准

特等：绒毛丰厚、平整、细洁、富有弹性，毛色纯正，光泽油润，无凸出的针毛，无旋毛，无损伤，板质良好，厚薄适中，全皮面积在1400平方厘米以上。

一等：绒毛丰厚、平整、细洁、富有弹性、毛色纯正、光泽油润，无凸出的针毛，无旋毛，无损伤，板质良好，厚薄适中，全皮面积在 1200 平方厘米以上。

二等：绒毛较丰厚、平整、细洁、有油性，毛色较纯正，板质和面积与一等皮相同，在次要部位可带少量凸出的针毛；或绒毛与板质与一等皮相同，全皮面积在 1000 平方厘米以上；或具有一等皮质量，在次要部位带有小的损伤。

三等：绒毛略稀疏，欠平整，板质面积符合一等皮要求；绒毛与板质符合一等皮要求，全皮面积在 800 平方厘米以上；或绒毛与板质符合一等皮要求，在主要部位带小的损伤；或具有二等皮的质量，在次要部位带小的损伤。

另外，等级规格还规定：等内皮的绒毛长度均应达到 1.3～2.2 厘米。色型之间无比差。老板皮和不符合等内要求的，列为等外皮。

四十四、獭兔换毛规律

獭兔为适应外界环境，被毛要进行定期脱换。换毛可分为年龄性换毛和季节性换毛。

年龄性换毛主要发生在幼兔和青年兔。獭兔一年中有两次换毛。第一次年龄性换毛始于仔兔出生后 30 日龄左右。仔兔出生后第 4 天开始长出绒毛，到 30 日龄基本长好。从 30 日龄左右又开始逐渐脱换，直至 130～150 日龄结束，尤以 30～90 日龄最为明显。据观察，120 日龄以内的獭兔被毛空疏、细软，不够平整，随日龄增长而逐渐浓密、平整。獭兔皮张以第 1 次年龄性换毛结束后的毛皮品质最好，屠宰剥皮最合算。第 2 次年龄性换毛在 180 日龄左右开始，210～240 日龄结束，换毛持续时间较长，有的可达 4～5 个月。

季节性换毛指成年兔在春季和秋季的换毛。春季换毛，北方地区多发生在 3 月初至 4 月底，南方地区则为 3 月中旬至 4 月底。脱去冬毛，换上夏毛。此期青绿饲料较多，精料占比较少，毛囊的代谢机能旺盛，所以被毛生长较快，换毛期较短，所换的被毛饯毛较多，被毛稀疏，便于散热。秋季换毛，北方地区多在 9 月初至 11 月底，南方地区则为 9 月中旬至 11 月底。这次换毛脱去夏毛，换上冬毛。

换毛顺序颈部→前躯背部→体侧、腹部、臀部。獭兔换毛期间体质较弱，消化能力降低，对气候的适应能力也相应减弱，容易受寒感冒。因此，换毛期间应加强饲养管理，供给容易消化、蛋白质含量较高的饲料，特别是含硫氨基酸丰富的饲料，对被毛的生长、提高獭兔毛皮的品质尤为重要。

四十五、獭兔皮的科学贮藏方法

少量獭兔皮晾干后，即皮对皮，毛对毛装起来，皮与皮之间撒上少量萘粉，放在无鼠害的地方。大量獭兔皮进入库房后，要求盐湿皮库房相对湿度80％，温度12℃以下；淡干皮和盐干皮库房相对湿度60％，温度10℃左右。

四十六、长毛兔采毛方法

采毛是长毛兔饲养过程中的成果收获，合理的采毛方法不仅可促进兔毛生长，而且可明显提高兔毛质量。

1. 梳毛

梳毛的目的是防止兔毛缠结，提高兔毛质量，也是一种积少成多收集兔毛的方法。

① 梳毛次数：梳毛是养好长毛兔的一项经常性管理工作。一般仔兔断奶后即应开始梳毛，此后每隔10～15天梳理1次。凡被毛稀疏、排列松散、凌乱的个体容易结块，需经常梳理；被毛密度大、毛丛结构明显，排列紧密的个体被毛不易缠结，梳毛次数可适当减少。所以，饲养良种长毛兔，增加被毛密度，是防止兔毛缠结、减少梳毛次数的有力措施。

② 梳毛方法：梳毛一般采用金属梳或木梳。梳毛顺序是先颈后及两肩，再梳背部、体侧、臀部、尾部及后肢，然后提起颈部皮肤梳理前胸、腹部、大腿两侧，最后整理额、颊及耳毛。遇到结块毛时，可先用手指慢慢撕开后再梳理，如果确难撕开时，即可剪除结块毛。

③ 注意事项：梳毛是一项细致而费时的工作，特别是被毛稀疏、容易结块的长毛兔应坚持定期梳毛。长毛兔的皮肤较薄，尤其

是靠近尾根周围的皮肤更薄,要防止撕裂皮肤。梳毛时应由上而下,右手持梳自顺毛方向插入,朝逆毛方向托起梳子。

2. 剪毛

剪毛是采毛的主要方法。对于新养长毛兔的户,可以找有经验的养兔户或者技术熟练、剪毛工具新潮的"代客剪毛站",专人剪毛。

(1)剪毛次数 以年剪毛4~5次为宜。根据兔毛生长规律,养毛期为90天者可获得特级毛,70~80天者可获得一级毛,60天者可获得二级毛。为满足长毛兔喜欢冬暖夏凉的习性,年剪5次的剪毛时间可分别安排在3月上旬(养毛期80天)、5月中旬(养毛期70天)、7月下旬(养毛期60天)、10月上旬(养毛期80天)和12月中旬(养毛期70天)。

(2)剪毛方法 剪毛一般采用专用剪毛剪,也可用理发剪或裁衣剪。技术熟练的剪毛员,每5~10分钟可剪完1只兔子。剪毛顺序为背部中线→体侧→臀部→颈部→颌下→腹部→四肢→头部。将剪下的兔毛应按长度、色泽及优劣程度分别装箱,毛丝方向最好一致。

(3)注意事项

① 剪毛时剪子应贴紧皮肤,切忌提起兔毛剪,特别是皮肤皱褶处,以免剪破凸起的皮肤。

② 防剪二刀毛(重剪毛)。如一刀剪下后留茬过高,不可修剪,以免因短毛而影响兔毛质量。

③ 剪腹部毛时要特别注意,切不可剪破母兔的乳头和公兔的阴囊,接近分娩母兔可暂不剪胸毛和腹毛。

④ 剪毛宜选择在晴天、无风时进行,特别是冬季剪毛后要注意防寒保温,兔笼内应铺垫干草,以防感冒。

⑤ 患有疥癣、霉菌病及其他传染病的兔子,应单独剪毛,工具专用,防止疾病传播。凡有剪破皮肤者应用碘酊消毒,以防细菌感染。

3. 拔毛

拔毛是一种重要的采毛方法,已越来越受到人们的重视。

(1)拔毛优点

① 拔毛有利于提高优质毛比例，拔毛可促使毛囊增粗，粗毛比例增加。据试验，拔毛可使优质毛比例提高 40%～50%，粗毛率提高 8%～10%。

② 拔毛可促进皮肤的代谢机能，促进毛囊发育，加速兔毛生长。据试验，拔毛可使产毛量提高 8%～12%。

③ 拔毛时可拔长留短，有利于兔体保温，留在兔身上的兔毛不易结块，而且还可防止蚊蝇叮咬。

（2）拔毛方法　拔毛可分为拔长留短和全部拔光两种。前者适于寒冷或换毛季节，每隔 30～40 天拔毛 1 次；后者适于温暖季节，每隔 70～90 天拔毛 1 次。拔毛时应先用梳子梳理被毛，然后用左手固定兔子，用右手拇指将兔毛按压在食指上，均匀用力拔取一小撮一小撮的长毛，也可用拇指将长毛压在械子上拔取小束长毛。

（3）注意事项

① 幼兔皮肤嫩薄，第一二次采毛不宜采用拔毛法，否则易损伤皮肤，影响产毛量。

② 妊娠、哺乳母兔及配种期公兔不宜采用拔毛法，否则易引起流产、泌乳量下降及影响公兔的配种效果。

③ 拔毛适用于被毛密度较小的个体和品种，对被毛密度较大的兔子应以剪毛为主。养毛期短，拔毛费力时不宜强行拔毛，以免损伤皮肤。

四十七、长毛兔兔毛的保管

兔毛的最外层结构使兔毛有很高的黏合力；兔毛最里面的髓质层中心是空的，能吸收水分造成兔毛霉烂变质。兔毛是由角质蛋白组成的，不能受高温、太阳暴晒、蛀虫侵袭。因此，兔毛保存要防压、防潮、防晒和防蛀。

（1）防压　兔毛不能硬塞进袋子，而宜用木箱或纸箱松松地装。为了保持兔毛的光洁度，要用白色油光纸糊住箱内壁。

（2）防潮　除箱子密闭外，还要使箱子不能着地和靠墙。应吊在梁下，保持通风干燥。

（3）防晒　就是在兔毛潮湿和霉变时，也只能在阳光下晾晒1～2 小时（避免在中午高温时晒）。然后，晾 4～5 小时装箱。正常兔毛不必太阳晒。

（4）防蛀　为了防止兔毛遭受虫蛀，可放置樟脑丸。为防止樟脑丸作用于兔毛，要用纱布将其装袋，每袋 3~4 粒，在箱子的四角和中心各放一袋。

兔毛保存后，最多 1 个月就要开箱检查一次。检查时，要选择晴天进行，如遇阴雨天气，必须要推迟到晴天再处理。

四十八、獭兔的宰杀取皮及原料皮初加工

獭兔贵在毛皮，宰杀取皮是獭兔生产的最终环节，通常以毛皮品格来衡量产品的商品价值，宰杀取皮技巧的好坏经常会影响到毛皮的品质和收购等级，因此，必须引起足够的重视。现就宰杀取皮的方法、步骤，加工解决方法作一介绍，仅供参考。

1. 宰杀取皮方法

（1）宰前准备　为了保证兔皮和兔肉的品格，对候宰兔必须做好宰前检查、宰前饲养和宰前断食等工作。

① 宰前检查：候宰兔必须体况健康。兽医检疫人员应懂得候宰兔产地的疫病情况，并转入隔离舍饲养，做细腻的临床检查和实验室诊断。经诊断确属健康者，方可转入饲养场进行宰前饲养。

② 宰前饲养：候宰兔经兽医检疫人员检查后可按产地、强弱等情况分群、分栏饲养，饲料应以精料为主，青料为辅，尤以大麦、麸皮、玉米、甘薯、南瓜等为最好。在宰前饲养中还必须制约獭兔活动，以保证休息，解除运输途中产生的疲倦和刺激，提高产品质量。

③ 宰前断食：判别屠宰的兔子，宰前断食 8 小时，只供给充分的饮水。宰前断食不仅有利于屠宰操作，保证皮张品质，而且还可节俭饲料、降低成本。

（2）处死方法　獭兔处死的方法很多，常用的有颈部移位法、棒击法和电麻法等。

① 颈部移位法：在乡村分散饲养或家庭屠宰加工的情况下，最容易而有效的处死方法是颈部移位法。术者用左手抓住兔后肢，右手捏住头部，将兔身拉直，使头部向后扭转，突然使劲一拉，兔子因颈椎错位而致死。

②棒击法：用左手紧握兔的两后肢，使头部下垂，用木棒或铁棒猛击其头部，使其昏厥后屠宰剥皮。棒击时需迅速、熟练，否则不仅不能击昏目标，并且兔子骚动，易发生危险。此法多用于小型獭兔屠宰场。

③电麻法：用电压为40～70伏、电流为0.75安的电麻器轻压耳根部，使獭兔触电致死。这是正规屠宰场广泛采取的处死方法。

另外，乡村常用尖刀割颈放血或杀头致死，容易沾污毛皮和损害皮张，通常不宜采取。

（3）剥皮技巧 兔子处死后应立刻剥皮。剥皮方法有下面两种。

①套剥法：先将已宰杀家兔的一后肢倒挂，使头部朝下。此后将四肢停止的皮肤环形剪开切口，在下部上方开一小口，再沿两后肢内侧中线将皮肤剪开，挑至两后肢跗关节处，再逐步剥离腿部皮肤，自下部上方剥开皮肤1寸左右，翻转，使皮板朝外，毛朝内，此后两手握住皮板，均衡向下拉扯至头部，使皮肉分开。嘴部、眼部、耳部等天然孔要小心剥离，维持形状完好。用这种方法剥皮，兔毛不易粘在肉尸上。

注意：在剥皮退套时不要损害毛皮，不要挑破腿肌或撕裂胸腹肌。

②平剥法：将屠宰后的家兔放在平台上，使腹部朝上，在四肢中段将皮肤环形剪开切口，此后在腹部开一小口，沿腹中线将皮肤纵向切开，逐步剥离即可。

剥皮是一项沉重的劳动，现代化獭兔屠宰场多采取机械剥皮，如上海食品公司冻兔加工厂已试制成功链条式剥皮机，工效比手工作业提高5倍左右。中小型獭兔屠宰厂可采取半机械化剥皮法，即先用手工操作，从后肢膝关节处平行挑开剥至尾根，用双手紧握腹、背部皮张，伸入链条式转盘槽内，随转盘滚动顺势拉下兔皮。

2. 原料皮的初步加工

刚从兔体上剥下的生皮叫鲜皮。鲜皮含有大批水分、蛋白质和脂肪，极适宜各种微生物滋生，如不及时进行加工解决，就很有可能糜烂变质，影响毛皮品质。

（1）清理脱脂　清理工作，家庭通常采取木制刮刀进行。清理中应注意以下三点：①清理刮脂时应展平皮张，免得刮破皮板。②刮脂时使劲应均衡，不宜使劲过猛，免得损害皮板，切断毛根。③刮脂应由臀部向头部次序进行，如逆毛刮脂，易造成毛皮穿孔、流针等伤残。

（2）消毒　在某些情况下，原料皮可能遭受各种病原微生物的污染，为了避免传染源的扩散和传播，在原料皮加工前，可用甲醛熏蒸消毒，或用 2％盐酸和 15％食盐溶液浸泡 2～3 天，则可达到消毒的目标。

（3）防腐　鲜皮防腐是毛皮初步加工的关键，防腐的目标在于促使生皮造成一种不适于细菌作用的环境。目前常用的防腐方法主要有单调法、盐腌法和盐干法等 3 种。

①单调法：即经过单调使鲜皮中的含水量降至 12％～16％，以抑制细菌滋生，达到防腐的目标。具体方法是先在皮套内（毛面）涂抹或喷洒杀虫剂，此后及时用 8 号铁丝做成的撑架撑开，刮净连在皮面上的油脂块、残肉、筋腱、乳腺等。若不具备铁丝撑架，也可用木制或竹制的具备相当弹力的撑弓取代。撑好后，挂在阴凉、单调、通风处迅速晾干。鲜皮单调的最适温度为 20～25℃，相对湿度 60％～65％。不可放在太阳下暴晒，以防皮板龟裂。待兔皮充分单调后，将皮卸下即可。此法的优点是操作容易，成本低，皮板干净，便于贮藏和运输。缺陷是皮板牢固，容易折裂难于浸软，贮藏保留进程中易受虫蛀。

②盐腌法：即利用食盐或盐水解决鲜皮，是避免生皮糜烂最普通、最可靠的方法。用盐量通常为皮重的 30％～50％，将其均匀撒布于皮面，此后板面对板面堆叠 1 周左右，使盐溶液逐步渗入皮内，达到防腐的目标。

盐腌法防腐的毛皮，皮板多呈灰色，紧实而富有弹性，湿度均匀，适宜长时间保留，不易遭受虫蚀。主要缺陷是阴雨天容易回潮，用盐量较多，劳动强度较大。

③盐干法：这是盐腌和单调两种防腐法的联结，即先盐腌后单调，使原料皮中的水分含量降至 20％以下。鲜皮经盐腌，在单调进程中盐液逐步浓缩，细菌活动受到抑制，达到防腐的目标。

盐干皮的优点是便于贮藏和运输，遇湿润气象不易迅速回潮和糜烂；主要缺陷是单调时皮内有盐粒形成，可能下降原料皮的品质。

　　生皮经脱脂、防腐解决后，固然本事贮藏，但若贮存保留不当，仍可能发生皮板变质、虫蚀等现象，下降原料皮的品质。因此，在贮存时要留意通风、隔热、防潮、防鼠、防蚁、防虫，应经常翻垛检查，通常每月检查 2～3 次。

　　生皮质地僵硬，易折裂，怕水，有臭味，易糜烂，难保留，不美观，不宜直接使用，必须进行鞣制。鞣制工艺比较繁琐，需要一定的物质及技巧条件，不适宜通常家庭养兔户加工生产。

第四章　销售篇

第一节　如何卖个好价钱

养兔的目的是为了赚钱。因此，如何使养兔的效益最大化，使所养的兔及兔产品卖个好价钱，是每个养殖者最关心的事情。应该注意以下七个方面。

一、符合市场需求，养殖适销对路的品种

这是卖出好价钱的前提。养殖场要能"见微知著"地遵循市场规律，摸准市场的脉搏。市场需求是多元化的，无论养殖什么品种，只有符合市场需求，才能赚到钱。否则，不能适销对路，就不能获利。养殖户可以根据兔及兔产品消费的特点，确定选择养什么品种，也就是说什么品种的兔及兔皮、兔毛好卖就养什么品种。

兔肉的销量增长很快，无论是国外还是国内，都认识到食用兔肉的好处很多，销量逐年上升，国内开发的兔肉产品也越来越多，兔肉销售前景相当乐观，潜力巨大。因此，养殖肉兔是最佳选择。

我国的兔毛出口始于 20 世纪 50 年代，目前已占世界兔毛贸易量的 90％以上，虽历经多次低潮，但每年出口兔毛数量仍稳定在8000～9000 吨，主要面向西欧（意、德、英、法、比等国）、日本及我国的港澳地区等三大市场，其中西欧市场以需要细（绒）毛型兔毛为主，而日本与我国的港澳市场则需要含粗毛率高的原料毛为主。另外，值得注意的是国外一些厂商，为降低生产成本，利用毛纺工艺的改进，有普遍采用中、低档兔毛的趋势。所以，生产适销对路的原料毛，才能卖出好价钱。

由于加强了国际野生动物保护公约的执行和打击力度，貉皮、狐狸皮和水貂皮开始减少，给獭兔皮带来了发展的良机，国内獭兔皮的加工能力和水平越来越高，服装、童鞋、手套和工艺装饰品等需求量增加。

从经济效益的角度，要见效快就养殖大家普遍饲养的品种，因为这样的品种兔好挑选、饲料来源广、市场需要量大、饲养技术成熟等。而饲养量少的品种，市场需要养殖场自己去开拓，品种纯度不好保证，没有成熟的饲养技术等，想短期取得好效益非常困难。

二、养殖优良的品种

选择适销对路的品种，还要必须是优良的品种，因为品种的优劣直接关系到兔产品的质量和养兔的效益，不同品系、兔群之间生产性能差异很大，饲养成本大致相同，产生的效益却大有差别，因此在引进种兔时一定要注意品种质量。

品种的作用不言而喻。但是，如果规模化养兔饲养传统品种，很难达到预期结果，尤其是肉兔更加明显。饲养成本高是制约养殖效益提高的因素之一，根据康大的经验，伊拉配套系肉兔与普通品种肉兔相比，出栏率和效益相差一倍。优良品种的出栏率和效益高，自然成本就低，成本低就有市场竞争力。

优良品种体现在能产出优良的产品，比如獭兔皮，虽然目前獭兔皮畅销，价格也较高，但是，不是所有的獭兔皮都能卖出好价钱，质量不好的獭兔皮照样不值钱，而且卖不出去。而决定獭兔皮质量的最主要因素是种兔的质量优劣。如一张领子类原皮价格始终保持在 60 元以上，低档原料皮价低（10～25 元）还难销。品牌男装和女装都要用优质的獭兔皮毛做毛领，需求旺盛。我国出口韩国、日本的为毛领类獭兔皮，近几年俄罗斯服装市场已经证明，低质量的獭兔皮服装不耐磨，返修率高，市场对高质量的毛领类獭兔皮需求旺盛，所以养殖獭兔除加强选种选配、全价饲料营养外，还要注意季节对皮张质量的影响，抓好秋、冬季节配种繁殖，避开6～8 月被毛不良季节取皮等，力争多产高质量的毛领类皮张。

长毛兔也是这样，不仅体现在产毛量上，还要考虑所产毛的质量是否符合消费需求，比如目前，绒毛价格上升最快，2011 年 12月以来绒毛价格一直高于粗毛。与绒毛相比，粗毛价格相对较高，波动较小，与粗毛、绒毛相比，统货价格最低。可见，在目前养殖产绒毛量大的长毛兔品种较为合理，其次是产粗毛多的长毛兔品种。

三、健康养殖，生产放心食品

我国兔肉出口之所以减少，就是因为不能满足国际贸易上多数进口国的要求。如欧盟国家禁止在饲料中使用任何抗生素，我国在允许的范围内往往大量或滥用抗生素，加剧了兔的耐药菌的产生和环境恶化。

国内一次次的食品安全质量事件，让百姓对食品安全问题格外重视，只有健康食品才能得到消费者的青睐。所以，养殖者要在改善养兔环境上下真功夫，转变粗放式养殖观念，积极发展健康养殖，重点做好品种、饲料、防疫、饲养管理和产品等五方面的标准化工作，逐步实现品种良种化、饲养标准化、防疫制度化和产品规格化，做到绝对不添加任何违禁添加剂和不使用任何违禁药物，生产安全放心的兔产品，多在改善养殖条件和饲养管理上下功夫，少在投机取巧上花心思，不能为一时的小利而毁掉整个养兔场的前程，促进安全优质兔产品生产。

四、适应市场销售规律，调整繁育生产

市场价格升降，总要受供求价值规律的支配。产品多了，供过于求，价格就跌；价低了，效益差，生产就减少，有时市场需求会增大，出现求大于供，价格就会复升。根据市场行情的这种变化，精明的饲养场户，当价格低到一定程度时，就会把兔毛或兔皮进行简单加工贮存起来，有经济实力的还会向市场购进，再待机出售。信息灵，市场脉搏掌握好，这种场户和现产现卖的比起来，就可达事半功倍之效。

对于獭兔而言，还有明显的季节性销售旺季。一般规律，每年年初和年末皮张价格偏高，而漫长的春夏至中秋之前比较疲软。而人们将獭兔繁殖的重点放在了春季。如果这样，春天繁殖的小兔夏季销售，兔子尽管不错，但价格不高。由于獭兔出栏时间在 4.5～5.5 月龄（严格意义上应该在 5 月龄以上），因此，安排在全年繁殖的基础上，重点突出在夏季繁殖，冬季出售。如果达到这样的效果，必须重视兔舍的防暑降温设计，保证夏季兔舍温度控制在适度范围（28℃以下，最高不超过 30℃），否则，夏季繁殖难以高效。

五、延伸产业链，增加产品附加值

以往我国重产前、轻产后，兔产品以白条兔、原毛、生皮为主，深加工落后的局面一直限制了我国兔业的稳定发展。要提高兔养殖效益，就要实现兔的综合加工和精深加工，使产业升级、延伸、聚集。对兔肉、兔皮、兔毛及兔内脏等系列产品进行综合开发，达到提高兔个体价值的目的。以国内兔肉为例，鲜销兔肉四川哈哥每吨 2.7 万～2.8 万元，深加工成兔肉干每吨销售价格 8 万元，是鲜兔肉的 3 倍，深加工的好处是显而易见的。

目前，我国在兔皮和兔毛加工上有很大进步。兔皮加工上，以河北为代表的兔皮加工业规模大，大大小小的兔皮加工企业数千家，兔皮市场异常繁荣，成为中国乃至世界兔皮的集散地和加工基地；兔毛加工上，以浙江省为代表的兔毛的加工取得巨大进步，尤其在梳毛设备改造和加工技术方面取得长足进步。

与兔皮和兔毛深加工相比，兔肉深加工显得落后。兔肉加工要摆脱肉类作坊式传统手工加工的落后局面，就要实现现代配套设备、现代加工工艺和传统工艺的完美结合，生产出适合中国人口味的兔肉食品，为兔肉的大众消费奠定基础。

六、实施品牌战略，打造过硬品牌

品牌有利于树立养殖场的形象，提高企业及产品的知名度与美誉度。有利于提高产品的附加值，增加利润；有利于市场细分，培养顾客偏好与顾客忠诚度，培养稳定的顾客群；有利于促使企业保证和提高产品质量，维护企业的自身信誉；有利于维护企业的正当权益；当今社会，产品竞争同质化、市场竞争白热化，许多企业失败的原因不尽相同，但是成功者的法宝却惊人地相似，那就是他们无一例外地借助了品牌的力量。一个成功的品牌，能够为其所有者不断带来超额利润，今天的市场竞争，很大程度上就是品牌竞争。

重视对品牌的宣传，有条件的企业要积极申报国家产品质量 ISO 9000 质量管理体系认证。参加各种形式的展销推介活动，营造良好的品牌发展氛围。这方面做得比较好的企业很多，如以四川哈哥、山东青岛康大为代表的兔肉加工企业。

逆水行舟，不进则退，要想在同质化竞争越来越激烈的市场中分得一杯羹，立于不败之地，就必须创立自己的过硬品牌。

七、整合销售渠道，实施深度营销

健全有序的流通渠道是一个产业建立与发展的基础，一个完整的产业体系的建立与发展离不开高效有序的市场流通网络。因此，养兔场要在充分利用现有销售渠道的基础上逐步建立具有自身特色的销售渠道和网络，并对其实施有效的管理和控制，才能让养兔的效益倍增。

对于资金实力雄厚的养殖企业，可以在建场立项的时候就开始大造声势，把项目进展的每一个步骤都作为一个宣传的好时机，等真正可供出售的兔能对外销售的时候，不用太多宣传推介就达到一定的知名度了。比如在兔场立项的时候，可以利用地方政府招商引资政策，让地方政府有关部门参与规划，让当地的主流媒体报道这一投资项目，地方政府为了自身的政绩，也会主动通知媒体报道，后续的奠基仪式、开工仪式、当地政府和省市领导视察、引进种兔、养殖人才招聘会以及主动参与当地的一些公益事业和慈善捐款等，都是造势的最好也是最廉价的方式。

对于创业初期，资金规模不大的养兔场，可以借势而为，可以考虑先加入相关合作组织来整合资源，提升形象，扩大影响，借力开拓自己的市场，销售产品。目前，在养兔行业中存在不同的组织，如畜产品龙头企业、国家和地方养兔协会、养兔合作社等。饲养者可以根据自己的实际情况，选择适合于自己的渠道来扩大兔产品的销售，增加经济效益。

等自身积累一定的实力的情况下，在明确自己市场定位的基础上，经营者要敢于解放思想，大胆创新，根据本场的生产情况制定自己的市场营销策略来开拓市场。

新闻链接1：张树周卖兔招招鲜

"小白兔，白又白，两只耳朵竖起来，爱吃萝卜和青菜，蹦蹦跳跳真可爱。"孩子们喜欢的这支儿歌，在张树周眼里，有着更深刻的含义。去年，张树周共售出优质幼兔、种兔5000多只，收入十多万元。

1997年7月，山东省乳山市海阳所镇的张树周投资10万元建起银海种兔场。他从浙江镇海国家一级种兔厂引进了国际最新品种优质巨型长毛兔和纯种法系獭兔，并成功研制了饲料配方。一只兔子一天只需200克颗粒饲料，年成本不过30元，从而创造出一只长毛兔年收入高出一头猪20%的纪录。

张树周不但兔子养得好，他的"市场经"念得更好。说起张树周卖兔子，当地群众有句歇后语叫做：张树周卖兔儿——招儿鲜。

第一招：打擂台

1998年，他带着5只兔子参加威海市优质高产长毛兔大赛。在500多只参赛兔子当中，张树周的一只兔子以73天剪毛556克的好成绩获得大奖，银海种兔场因此被威海市畜牧局确定为高产长毛兔繁育基地，一时名声大噪。张树周靠一次比赛，迅速打开了本地市场，年收入十多万元。

第二招：写论文

商品销售离不开广告，但张树周认为技术论文是不花钱效果又好的"广告"。为此，只有初中文化的张树周天天泡书店，查阅各种养兔书籍，结合实践，先后撰写了《优质高产巨型长毛兔》、《长毛兔、獭兔饲料的科学配制》等十余篇论文，相继刊发在《世纪星辰》、《齐鲁科技周刊》等报刊上。章丘、平度、诸城等地养兔者读了这些论文，进行实地考察后，争相同张树周签了购兔订单，数量达1000多对。

第三招：入会展

不满足，往往是事业前进的动力。张树周要把他的巨型长毛兔和法系獭兔推向全国。2001年，他自荐参加了在河南举行的全国兔业信息技术交流暨兔产品交易会和21世纪首届国内外兔业交流、培训大会。张树周的长毛兔以其毛绒、毛粗、密度大、产毛量高等优势，受到了国内外专家、教授的一致好评；父母代纯种法系獭兔硕大的体型、平滑柔软的手感，令在场的数千名与会者赞叹不已。于是，黑龙江、吉林、江苏、北京、辽宁、湖南、湖北等省市的一些单位和个人纷纷与其签下订货合同。半年内，银海种兔场源源不断地向全国各地输送种兔5000多只。

有了好兔子，又有了好卖点，张树周的兔子"经"越念越活。如今，银海种兔场优质巨型长毛兔种兔存养量达3000多只，法系獭兔种兔存养量达 2000 只，年销售长毛兔及獭兔的幼、种兔近万只，创经济效益 20 多万元。

点评：张树周的实践告诉我们，产品要俏销，创新是个宝。市场经济也是注意力经济，深悟此理的张树周恰恰是处处围绕着制造注意力进行创新，他的三招可谓匠心独具，招招新奇，形成了巨大的广告效应，他的兔场也随着人们注意力的增多而效益大增。农民能有此市场意识和创新意识着实可喜可贺。

（大众网-农村大众 2005 年 04 月 27 日）

新闻链接 2：兔子生意长盛不衰的秘密

就在獭兔市场低迷的时候，在刚过去的两年里，长毛兔的行情却在看涨。预计 2012 年也是很好的趋势，行情也不会下滑。

养兔的行家都知道，兔毛市场的行情一般是好三年、坏三年，不好不坏又三年，那么在这行情的起起伏伏中，怎样应对风险、提高效益呢？记者带您去挖掘长毛兔赚钱的门道。

剪掉胡子更赚钱

就在浙江湖州冯永飞的兔毛生意正顺的时候，有一次卖到香港的一批兔毛却被退了回来。原来有外商反映这个纱或者是服装有点不舒服，扎，扎身。

兔毛做成的衣服感觉身上扎，冯永飞的第一感觉是兔毛中有了杂质，然而，在冯永飞的兔毛加工车间，一直都有大量的工人在挑拣兔毛里的杂质，现在依然出现了这样的问题，不能不引起重视。经过工人仔细地挑拣，然后除尘打包，雪白的兔毛里拣出这么多脏东西。那么，还会有什么不易发现的杂质呢？

那么这兔毛做成的衣服里面到底隐藏着什么样的东西在捣鬼呢？最后找出来的杂质有点让人啼笑皆非，这个杂质是在剪兔毛的过程中产生的，到底是什么杂质呢？

养殖户一般都是自己剪好兔毛，然后卖给收购商的。不同地方的养殖户有不同的剪法，长期养长毛兔的人剪起兔毛来都有一套自己的顺序，动作都很快。那么您看一下这剪毛的过程，能不能看出来有什么情况呢？

不论什么剪法，以前剪兔毛基本上都把胡子和毛剪到了一起。原来这从中作梗的杂质就是这兔子的胡子，您看就是这些，比较长，然后摸上去比兔毛要硬一些。

据了解，兔子的胡子的直径粗可以达到 70 多微米，而兔毛只有十几微米，和毛比起来，胡子可以说是又粗又硬。

现在兔毛在衣服中，尤其是贴身衣物中使用率是越来越高了，我们平时说的这个羊毛衫其实并不一定就是纯羊毛的，有的就含有 20% 的兔毛，但是这个兔毛衫以现在的技术，兔毛的含量可以达到 100%，摸上去非常舒服，手感很棒，而且很暖和。

兔毛具有纤维细、蓬松性好、触感柔滑舒适的优点。做成内衣穿在人们身上比较舒服。兔毛产品在不断变化，由外套做成了内衣，那么对兔毛的要求就变高了，这兔毛中掺杂的胡须就被揪了出来。100% 兔毛，这个兔毛的细度比较细，跟羊绒差不多，这个细度大概在十五点几微米，胡须大概七十多微米粗，所以做成衣服比较扎手、扎身。

找到了原因，那么，接下来该怎么办呢？专门去挑胡须，显然不好挑拣，那就只有从源头上解决问题了。先把胡须剪掉，然后再往后剪。一般的话在剪兔毛的时候把杂质胡子都分开，剪兔毛的时候是很干净的。

一两剪子把兔子的胡子剪掉扔到一边，接着再剪兔毛，困扰兔毛收购商很长一段时间的事情这么简单就解决了，收购兔毛时如果发现兔毛里面哪怕有一根胡子，兔毛的级别就会被降低一个等级，一般一个等级相差十几元至二十几元。

养殖户很快都有了共识：先剪胡子再剪兔毛。现在在浙江省湖州市，养殖户剪下来兔毛后，一部分由合作社进行统一加工纺纱然后出售。纺纱有走钉、梳毛、倍捻等十几个步骤。除了纺纱，还有一部分直接梳绒后打包出口，基本上是出口到意大利还有一些东南亚国家。据了解，2011 年，浙江省湖州市销售兔毛 600 多吨，产值达 1 亿多元。

赚钱的彩绒兔

在浙江省湖州市的长毛兔养殖基地，记者还发现了这些可爱的彩绒兔，那么彩绒兔的行情又是怎么样的呢？彩兔现在趋势很好，就是像国外的客户都需求，我们都是加工好了以后，出口到意大利、德国、韩国。

原来,因为彩绒兔的颜色是纯天然的,做出来的衣服更加环保,很多消费者都喜欢,那么彩色兔毛的价格如何呢?彩色兔毛能卖到每 500 克 300 元。一只彩色兔一年产 1 千克左右的毛。

在兔毛市场上,彩绒兔的兔毛比白色兔毛价格一直高出一倍以上。

统一颜色的兔毛要放到一起,这样加工出来的衣服才能更加美观。因为这样,养殖户在养殖彩绒兔时,也要让相同色系的兔子进行交配,而不能不同色系的相互杂交。

据了解,除山东、湖北等地外,目前在国内养殖彩色长毛兔的地方还不是很多,但它的市场需求一直在上升。彩兔的趋势很好,做内衣的越来越好,但兔绒衫越薄越好。

按 2011 年的行情,一只彩绒兔一年毛的效益可达 200～300 元,比一般的白色效益略高。养殖彩绒兔和养殖一般的兔子在管理上也没有特别的要求,虽然行情好、利润高,但如果要养殖的话也一定要找到收购的厂家才能养殖。

兔毛兔皮兔肉都赚钱

湖北枣阳也是传统养兔基地,为了改变长毛兔品种老化、出毛率低的状况,养殖户引进了德系安哥拉兔进行杂交。经过杂交二代后,长毛兔的平均毛长比以前长出了 2 厘米。产毛量也高出将近 30%,一级毛明显增加,卖的时候这个毛的价格一般比以前的要贵 10% 到 15%。

这样平均下来一只兔子一年下来可以出大概 2000 克的毛。而 2011 年的价格是 100 元 500 多克。

看来兔毛长了 2 厘米后效益还不错,那么如果过了产毛高峰期长毛兔还有利用价值吗?一般来说,长毛兔过了产毛高峰期以后就没有太大的经济价值了,但是现在像这样的皮可以把它加工成兔皮褥子,像这样一张兔皮褥子的话,市场上能卖 360 元左右。9 只兔子就能加工出一张兔皮褥子。这样一只兔子的兔皮能增收 40 元。

长毛兔产毛期一般 5 年左右,基本上在第二年进入产毛高峰期,而枣阳的养殖户却在产毛期满 3 年后就把兔子宰杀了,这是为什么呢?原来是产毛期顶峰的时候就把它保留着,下落的时候就把它淘汰掉,也就是说取得效益最高值。兔肉经过深加工以后,能够增加到 30～35 元。这样一来，兔毛兔皮兔肉都有了收入，抵御风险能力提高了，这养兔的效益就不愁了。

湖北省畜牧兽医局副局长王慧平告诉记者，养兔最大的优点是繁殖能力特别强，而且耐青饲，病害比较少，特别是农民可以做大也可以做小，资金回笼比较快。

浙江湖州的养殖户剔除了胡子把兔毛卖上了高价，看到彩兔行情好，又增加了彩兔的养殖。而湖北枣阳的养殖户根据市场需求使兔毛兔皮兔肉都实现了增值，都是开动脑筋，变被动为主动，不但成功应对了市场的变化，也获得了可观的经济效益。

（CNTV7-农业　2012 年 03 月 16 日）

第二节　肉兔的最佳出栏时间

主要依据品种本身的生长特点和商品兔的收购要求，一般在 90～120 日龄、体重达 2～2.5 千克时屠宰较为理想，此时，饲料利用效率也最高。

因为，随着肉兔体重的增加，单位体重所需的饲料也会相应增加。据试验，肉兔各饲养阶段饲料报酬的变化为：3 周龄时饲料转化率为 2∶1，8 周龄时降至 3∶1，10 周龄为 4∶1，12 周龄为 5∶1。可见，随着年龄的增长，饲料报酬逐渐降低。新西兰白兔 3～8 周龄日增重可达 30～50 克，8 周龄以后，生长速度开始下降，饲料报酬也急剧降低。

所以，在养兔业发达的国家，通常商品肉兔 10 周龄体重达到 2.4 千克，或 11 周龄体重达到 2.5～2.7 千克时即被宰杀。

在我国，如果采用传统饲养方法且饲养较好时，肉兔在 3 月龄体重也能达到 2.5 千克，此时将其宰杀较好。

第三节　獭兔何时取皮最经济

饲养獭兔的主要目的在于取皮，兔皮的质量高低将直接影响经济效益。要获得高质量的獭兔皮，除要有优良种兔和科学饲养外，还必须了解獭兔的换毛规律，算准取皮时间。

一、獭兔的换毛特点

獭兔的换毛分为年龄性换毛和季节性换毛两种。

(1)年龄性换毛 发生在仔兔和青年兔。仔兔出生后的30～150日龄间,为第一次年龄性换毛期。根据经验,在第一次年龄性换毛结束后,取皮最为经济。第二次年龄性换毛多在170～240日龄,此次换毛持续时间较长。如第一次年龄性换毛正值春季或秋季,则往往立即开始第二次年龄性换毛。

(2)季节性换毛 是指成年兔春、秋两季换毛。春季换毛一般在3月初至4月底,秋季换毛一般在9月初至11月底。我国南北方因条件差异换毛时间相差半个月左右。

二、确定獭兔取皮的时间

确定獭兔取皮的时间要把握两个原则:一是要适龄,二是要适时。

(1)适龄 就是要选在青年兔第一次年龄性换毛结束后和第二次年龄性换毛开始前,即5～6月龄、体重达2.75千克左右时宰杀取皮,这时板皮面积可达0.1111平方米,符合等级要求。从毛皮成熟情况来看,在第二次年龄性换毛结束后宰杀取皮更佳,但要多养两个多月,这会增加饲养管理费用。

(2)适时 取皮是指成年兔、老龄兔、淘汰兔的取皮时间,应选在冬末春初期间,即11月底至次年3月前。因为这段时间取的皮绒毛足、不脱绒、板质优、效益高。

第四节 常见的销售渠道

一、收购商收购

以收购活兔、兔皮、兔毛产品为主要业务的公司或个人,规模有大有小,是兔产品销售的主要渠道,通常收购商上门收购,现金结算,量大优先,价格随行就市,掌控着大部分的货源和对兔产品的价格有绝对的定价权。收购商以利益最大化为中心,差价大就多收购,差价小则少收购甚至不收购。收购肉兔、兔皮、兔毛以后,与肉兔、兔皮、兔毛相关的加工厂、外贸出口企业、集贸市场的批发摊床、大卖场、大型连锁超市的肉品专柜等建立长期稳固的供销关系。

新闻链接：收购兔毛5毛钱差额一个月就赚几十万

一个人的致富行为往往会影响到一个地方的经济和产业，要富富一群，要穷穷一方，有没有带头人，效果大不一样。江西省赣县的叶光伦所在的村子不算富裕，2005年的时候他家里仅仅养着几十只兔子，有一天他突然想做大老板，他心目中所谓的大老板到底是什么样的呢？

江西省赣县茅店镇万嵩村是一个算不上富裕的小山村，这里经常会有一些小商贩出没，他们数着手中的钱把各种农产品换出去，在叶光伦眼里他们就是大老板，2005年7月起，叶光伦就想做这样的大老板。

叶光伦："老板的位置让给我，让给我自己，再带动大家，全部搞到广东、福建去。"

记者："你说把老板的位置让给你是什么意思。"

叶光伦："什么意思，我自己当老板嘛！"

叶光伦想做的大老板其实就是像赖龙斌这样的经纪人，赖龙斌在赣县专门收购肉兔，再转手卖到广东、福建等地。叶光伦想当老板的动机就是因为赖龙斌对他说了一句话。

收购商赖龙斌："卖给老板一般是赚0.5元钱一斤[1]，一般拉过去赚0.5元钱一斤，这里0.5元钱的差价。"

别小看这5角钱的差价，一年能为赖龙斌带来几十万的收入，叶光伦想自己做，可他当时只有几间破茅屋和几只新西兰种兔，他怎样才能像赖龙斌一样做上这笔5角钱的买卖呢？

2004年，养殖鸭子的他结识了养兔子的陈怀斌，闲谈中，陈怀斌无意中透露了一个信息。

陈怀斌："聊起天来他就问我在家里干什么，我就讲我在家里养了一点兔子还可以。"

叶光伦："他跟我讲的价钱是4元钱，基本上一年可以挣300元钱一只。"

---

[1] 1斤=500克。

一只兔子怎么可以挣 300 元?这让他产生了浓厚的兴趣,从那以后,叶光伦三天两头往陈怀斌家跑,他也想养兔,2005 年初,叶光伦觉得时机成熟了,打算花几千元引进一批兔子,妻子却认为花这么多的钱太冒险。

　　妻子曾小毛:"你买那么多,把家里的收入几千块钱全部拿去,万一赔本了怎么办。"

　　妻子的反对不是没有道理的,因为一年前发生的事情让她想起来还心惊肉跳。那一年,看到村里有人养起了商品鸭,一心想找个项目致富的叶光伦也动起了心思。

　　叶光伦:"养商品鸭我考虑到不行,为什么不行呢,你把这个商品鸭卖掉就没有鸭子了,那么我养母鸭就不同了,把这个鸭仔卖掉还有母鸭。"

　　叶光伦盘算着,母鸭生蛋孵出来的小鸭,除一部分自己养商品鸭外,其余的还可以当鸭苗卖给别人,于是,叶光伦东拼西凑借了6000 多元进了一批母鸭。一切都在他的计划之内,就在叶光伦等鸭子长大的时候,想发财的梦想被击得粉碎。

　　叶光伦:"死了,那时候光这个鸭婆是 60 多个,还有这个商品鸭,也全部死掉了。商品鸭是 200 多个,就这样亏了 1 万多。"

　　本来就贫困的家,经叶光伦这么一折腾,连吃饭都成了问题。

　　妻子曾小毛:"一天只管一顿饭吃,人家奔小康,我们肚子就要填饱。"

　　这种吃了上顿没下顿的日子,还得靠妻子种菜维持着,好不容易才缓过劲来,没想到叶光伦想学着陈怀斌去养兔。

　　妻子曾小毛:"以前他那个养鸡养鸭都没成功,我怕旧事重演,我说你这样搞下去,不要讲养小孩,你自己都成问题。"

　　这一次叶光伦却显得信心十足。他了解到,养兔的成本比养鸭低,兔子的食物 80% 是青饲料,当地雨水充沛,一年四季不愁兔草。而且母兔的繁殖能力很强,一个月就可以生一胎,一胎 7～14只,70 天就可以出栏了,资金回笼快。

　　叶光伦:"我一定要养这么多兔崽。"

　　妻子曾小毛:"他讲……既然我想了就哪怕你离婚我都要干。那我听了他死了心,我就没办法,就让他去干,我讲你养你的兔,我种我的菜。"

但是，去哪里找种兔成了叶光伦面临的第一个难题。没想到机会说来就来，陈怀斌因为孩子升学，打算一家从山里搬到城里，正想着卖掉手中的种兔，叶光伦得知了这个消息，一天，叶光伦请陈怀斌来喝酒，酒桌上，陈怀斌才了解到叶光伦的意图。

陈怀斌："兔崽还没有卖给他，他就马上做那个场所呀，所以我就决定把那个技术全部教给他。"

陈怀斌把种兔和兔笼以 1800 元的价格全部盘给了叶光伦，并且把全套技术也传给了他，接下来的日子，叶光伦的整个心思都放在了这批兔子上。这年冬天，叶光伦发现，幼兔受到了一股难以抵御的外部力量的威胁，生命危在旦夕。

叶光伦："冬天的时候，这个小兔子生下来你没有保温它就会冻死。"

江西湿冷的气候对幼兔成活率威胁很大，必须采取保温措施，可是购置保温设备至少要花好几千元。为买种兔，已经四处举债的叶光伦只能另想办法。

叶光伦："按照资料上来讲这个设备都要好几千的设备，现在的资金也比较困难，我想了一个办法就是用这个输液瓶子装了开水，然后放到这个产箱里，保护这个小兔子。"

办法虽然土了点，但却很有效，不仅为叶光伦省了不少钱，而且兔子的成活率都在 80% 以上。第二年，到了肉兔出笼的时候，叶光伦每隔 4 天就会把肉兔卖给街上的小商贩赖龙斌，从赖龙斌那里他发现，市场远比他想象中的要好得多。

收购商赖龙斌："现在兔子不饱和，基本上 2000 斤、3000 斤都可以。"

妻子曾小毛："现在我种菜比不上他了，我一年几千块钱，他一年是上万了，十几多万了。"

收入增多了，原本反对的妻子态度也来了个 180 度转弯，主动当起了丈夫的副手。但是不久，叶光伦却不满足了，原来在与赖龙斌的交往中，他发现了一个能挣更多钱的秘密，这个秘密促使叶光伦有了更大的想法。

记者："大老板收的价格怎么样？"

收购商赖龙斌："大老板收的价格一般在这里调价是 7.5 元左右。"

记者："你自己呢？"

收购商赖龙斌："自己的价是 6.5~7 元钱。"

原来，赖龙斌收购叶光伦的肉兔卖给广东、福建的客户，从中赚取了每斤 5 角钱的差价，叶光伦偷偷地算了一笔账，按照赖龙斌的说法，如果每天能够收来 2000 斤的兔子，那么仅这 5 角钱的利润就达 1000 元，一年就有近 40 万的收入。这比他养兔子要强得多，他决定把兔子直接卖给广东客户。在当地，兔子都是经过赖龙斌这样的中间商贩运出去，卖给谁自然成了他们的商业秘密，叶光伦暗中多方打听，终于拿到了一个广东客户的电话号码。

叶光伦："我也和这个老板通了电话，他讲是这样子，如果我要来你这里拉，一定要有这个数量，要不就你自己送过来。"

广东客户提出的条件是，每次达到 400 斤以上，才会上门收购，而叶光伦要凑足这个数，至少需要半个月的时间。

叶光伦："15 天，如果你集中来拉一下，又不行了，它这个兔子大的大，小的小，又不合格。"

在广东、福建市场上，每只 4~5 斤的肉兔很受欢迎，正好适合家庭一次性消费。但叶光伦的兔子要达到这个规格，只能隔几天出售一次，每次只有几十斤，远远达不到客户的要求，那 5 角钱的利润也不得不让赖龙斌赚走。叶光伦很不甘心。他决定扩大养殖规模，达到日产 2000 斤肉兔，然而，在关键的节骨眼上，他遇到了一个迈不过去的坎。

叶光伦："我的技术到位了，就是资金，资金不足，如果资金足了，我也打算这样子，扩大规模。"

因为资金受限，叶光伦不得不放弃了自己扩大规模的想法，但他又不肯轻易放弃这笔看得见的利润。于是，他决定多发展村里人养殖肉兔，自己则可以向村民免费提供技术支持和赊购种兔。到时候自己统一收购，赚取中间差价的事情，不就水到渠成了吗！

叶光伦："如果我是老板，我们附近的老表养了兔子，最起码这个老板现在来讲挣我 5 毛钱，那么我挣我们老表最多 2 毛钱，大家养兔子的效益也提高了，也都挣到了钱。"

然而，让他始料不及的是，对于养兔，村民们并不感兴趣。

村民甲："以前七八年的时候是有人养，养了都亏本吗。"

村民乙："打工就没什么风险嘛，给他们干一天就拿一天的钱了。"

叶光伦："他们反正还是怕，老是说怕，上班也会冒风险，搞建筑呀，骑车子呀，养这个兔子，这个风险性还是更小。"

虽然经常看到有小商贩来叶光伦家拉兔子，但几年前养兔亏本的阴影在村民们心头始终挥之不去，他们情愿外出打工，在地里种些水稻、甜叶菊之类的农作物，也不愿意再冒这个养殖的风险。村里人的这种态度让叶光伦苦闷不已。

叶光伦："你养起来，我养起来了，老板亲自来了，这 0.5 元钱没有给贩子挣掉呀。你不养，我这 0.5 元钱都没有挣到呀。"

村民们不愿意养，叶光伦扩大规模的计划自然就泡汤了，就在叶光伦快绝望的时候，一个人的出现又重新点燃了他的老板欲望。

叶光伦："我很高兴，真的我很高兴，为什么很高兴呢，最起码他养起来，也可以带动我。"

陈宗生，赣县上坝村人，前几年在广东打工办了一家制衣厂，2005 年，他回到老家，就在叶光伦所在的万嵩村承包了 21 亩地，准备办养殖场，叶光伦的养兔项目就在他的考察范围内。

陈宗生："我觉得这个产业跟其他产业相比，发展空间比较大，当地饲草呀这方面都比较有条件，所以我认为这个当地适合大规模养兔。"

收购商赖龙斌："兔子少，没有人养殖这个东西，这个销售量供不应求，在这三四年之内还可以养殖。"

当陈宗生找到叶光伦时，叶光伦眼前一亮，陈宗生有钱有地，如果他能养兔子，就等于发动了几十家散户，这样再直接卖给广东、福建的大客户，每斤 0.5 元的差价不就挣到手了。于是叶光伦赶紧把养兔子的种种好处告诉陈宗生。

叶光伦："他当时听我这么一说，哎呀算起来养这个兔子还比养这个牛更合算，还更不冒风险。"

终于发动了第一个养兔子的人，而且还是个大户，叶光伦自然高兴。可一段时间过去了，却迟迟不见动静。这下可把叶光伦给急坏了，赶紧找到陈宗生打探个究竟。

陈宗生："我担心呢一方面是技术方面。"

叶光伦："我看到他真的决心好大，但是我看他的技术，各方面的管理根本是不懂。"

前些年，陈宗生在广东办厂时，知道那边对肉兔的需求量很大，虽然看好养兔，但因为自己不懂养殖技术，对兔场的管理也不熟悉，所以，不敢轻易投资。了解到情况后，叶光伦松了一口气。

叶光伦："我说我希望你搞起来，但是我看到你的技术不行，我可以无偿地帮助你。"

陈宗生："他讲，他无偿提供技术支持。"

叶光伦提出提供无偿技术支持，生产的肉兔由他负责销售，陈宗生很是开心，马上启动资金建养兔场，但他还是有点不放心，毕竟叶光伦是无偿帮助自己，如果规模大了，叶光伦能不能兼顾得过来呢？考虑再三，陈宗生决定找叶光伦谈谈。

陈宗生："怕他不上心，所以我就认为还是要给他股份，四六分成。"

叶光伦："他不放心的就是我的为人，也就帮我分点股份，你肯定还更尽心尽责。"

叶光伦怎么也没想到，用自己的技术和管理竟在陈宗生那里得到了四成的股份，按照他们初期 100 多只种兔的规模，今年他们就能得到近 10 万元的利润，到明年，他们的养殖场将发展到 1000 只种兔的规模，年收入可达 60 万元。更让叶光伦意外的是，村民们看到陈宗生在村里办了一个大型的养兔场，也都坐不住了。

村民丙："那时候我也想养嘛。"

村民丁："我是想养。"

现在，叶光伦虽然还没达到自己预期的目标，但这个日子已经为期不远了，到年底，他就可以把那 5 角钱的利润装进自己的腰包。

叶光伦："我一贯来做事都是对自己是很有信心，我只有这样的，不管我自己看准的东西，我一定要成功。"

（中国农博网　2010 年 7 月 5 日）

二、兔产品加工厂

包括以加工肉兔的食品厂、加工兔皮的硝皮厂或制裘厂、加工兔毛的毛纺厂等。是兔产品的主要加工和销售渠道。兔产品加工厂有的采取自己设立收购点收购或由收购商统一收购后供给货源，也有的加工厂采取"公司＋基地＋农户"的产业化经营模式解决原料问题。

新闻链接：桐乡，獭兔养殖户跟着市场变法淘金

受金融危机的影响，桐乡皮草市场的行情也一路下滑。市场的不景气，急坏了皮草企业的老板，也急坏了为皮草市场提供皮毛货源的养殖户。獭兔养殖户们，有不少在这场危机中赔掉了老本，獭兔养殖经济效益可谓跌到了低谷。

然而，就在不少獭兔养殖户入不敷出甚至关闭养殖场的时候，有部分獭兔养殖户却迎来了大丰收，并且还要扩大养殖规模。这是怎么一回事呢？

曾靠兔皮大发财

据了解，桐乡市的獭兔养殖业开始于1999年，目前，獭兔养殖户遍及洲泉、石门、乌镇等多个乡镇。养殖业迅猛发展，为农民增收开辟了一条致富大道。尤其是崇福镇，发挥本地皮草加工优势建立了皮草交易市场后，獭兔养殖户们几乎不愁兔皮的销路。"前年的经济效益最好，好一点的兔皮可以卖69～70元每张，一般的皮也能卖上45～50元每张。"洲泉一獭兔养殖大户杨建清说。2006年，在桐乡石门镇建成了嘉兴市最大的獭兔养殖基地——桐乡市银海兔业养殖示范区，该基地营业额每年可达两三百万元。

然而，自去年受金融危机影响后，皮草效益直线下滑，对于供应皮草的养殖户来说，自然也遭受重大影响。"去年兔皮才30多元每张，不仅价格低，还卖不出去，周围有不少养殖户都亏了本，有的都关门歇业了。"尽管目前皮草行业已有回暖趋势，但是很多养殖户对皮草行情还是心存担忧。

转变思维卖兔肉

就在其他养殖户亏本倒闭的时候，有的养殖户却发了财，并且要扩大养殖规模。原来，有部分养殖户根据市场行情，及时转变以毛为主、以肉为辅这一销售理念，开始从兔肉上下手做文章，找出了一条新的生财之道。

"看到兔皮效益不好了，只能从兔肉身上想办法了。现在很多人时兴吃绿色食品，兔肉就是一种很有营养的绿色食品。"冲着绿色、营养这两大亮点，杨建新通过网络推销兔肉。"一推销就有很多客户找上门，兔肉的价格高得出人意料。"据杨建新称，以前兔肉只能以 3.6 元每 500 克的价格卖给当地的食品加工企业，"现在却能卖上 8.5 元每 500 克，效益非常好。"因此，在去年獭兔养殖效益低迷时期，杨建新迎来了大丰收，"别人都亏了，甚至要关门，我最后进账 18 万元，多亏了这兔肉。"

桐乡市银海兔业养殖示范区的养殖户汤银根也在兔肉身上找到了商机。"在金融危机中，倒下了一部分獭兔养殖户，养兔的人少了，所以兔肉价格也就上涨了，再加上兔肉是绿色环保食品，前景应该是很可观的。"为此，前几天，汤银根在桐乡市区城河路上开了一家经营兔肉的熟食店。"这是桐乡唯——家专门卖兔肉的店。"据汤银根说，尽管小店新开没多久，但每天能卖掉四五十只烤兔。

进一步扩大规模

如今，杨建新家的兔肉已经供不应求，"每天都有杭州、湖州等地方的商户来订兔肉，前不久，还有一家肉松企业想来订 2 吨兔肉，价格也蛮高，可惜我这里的兔肉都已经被订完了，只能拒绝。"看到兔肉销售的生意如此红火，杨建新萌发了扩大兔子养殖规模的想法，"干脆再多养点兔子，今后可能将以销售兔肉为主了。"

看到兔肉良好的市场前景，今年，汤银根还养殖了一批肉兔，"今后还想开个兔肉餐厅，将兔子的全身都利用起来，推出各种系列的'兔宴'。"汤银根认为，一旦有更多的人认可兔肉，爱上兔肉，兔肉销售的效益就会更好。

（浙江在线 2009 年 11 月 18 日）

三、餐饮

饭店、酒楼、烧烤店等，这些餐饮店有很多以兔肉为特色的菜肴，吸引食客，销量比较稳定，对肉兔的需求量比较大。

新闻链接：向登位，一门心思养兔子

"家里来客人了，快回来。""招呼客人坐，我马上就回来。"12月19日，记者来到建始县官店镇小战场村六组养兔大户向登位家，正在地里给兔子拔萝卜菜叶的他听到妻子的呼唤，抱着萝卜菜叶往家里跑。

抖落身上的菜叶，一阵寒暄后，今年42岁的向登位带我们走进了他的标准化兔舍，边给兔子喂菜叶，边向我们介绍他的养兔经历。

去年初，一心想回家乡创业的向登位，放弃浙江温州的工作，在妻子的鼓励下前往武汉一家大型养兔场学技。数月后，学技有成的他带回120只种兔，并拿出多年打工的积蓄11万元，建起标准养殖场，一门心思在家乡搞起兔子养殖来。

在养兔过程中，向登位摸索出一套成功经验。他利用空闲的荒地种草，作为兔子的辅助饲料，既降低了养殖成本，又使养出的兔子肉质更鲜嫩；他学会了兔子疾病防治技术，定期给兔子打预防针，降低兔子的死亡率；将兔子的粪收集起来，通过发酵，制成烟肥。

向登位不断拓展销售路子，养殖的商品兔俏销周边集镇的餐馆，目前供不应求。靠出售2000多只商品兔，去年他收获8万元。今年的3000多只商品兔销售额可突破10万元。当地老百姓对他刮目相看。

在向登位的心里有一个规划，5年内把养兔规模发展到上万只，并带动周边村民一起养兔，达到一定规模后自己开展精加工，让越来越多的村民养兔致富。"他干什么事都脚踏实地，这个目标并不是空想，我相信他一定能成功。"站在他身后的妻子充满信心地说。

（恩施新闻网　2012年12月24日　记者刘波　通讯员张贵锋）

四、供种单位

这也算是养兔行业的一个特色，通常供应种兔的养兔场也回收出栏的肉兔、兔毛、兔皮等兔产品，一般同购买种兔的养殖户签订回收兔毛、兔皮、肉兔等兔产品合同，一方面使养殖户没有后顾之忧，解决产品销路；另一方面也凭借规模优势，生产更多的兔产品，起到中介作用，多了一项收入。

新闻链接：谢明鹏　养殖场发"兔"财　年纯收入4万元

2月10日，来自昆明的刘先生来到贵阳市小河区中院村农民谢明鹏家，一下就购买了他家新出栏的200多只种兔。但这笔生意对于小谢来说，只是"小菜一碟"。

1998年谢明鹏家的土地全部被征用后，他了解到养兔是一个投资少、见效快、市场前景好的投资项目，萌发了"要想富，多养兔"的想法。

刚起步时，他买了几十只肉兔在自己家的屋顶养。由于对兔子的疾病、培育等技术一窍不通，一个月之后兔子相继死亡，最后血本无归。但失败没有击倒他，来年他又到花溪区参加养兔培训，并购买了2000余元的种兔边养殖边学习，仍不时出现死亡现象。但功夫不负有心人。总结几次失败的经验后，谢明鹏逐渐掌握了种兔的生活习性，1998年在区有关部门的支持和帮助下，他在远离村寨的荒山上建立了一个300平方米的养兔基地。第二年兔子就增加到500余只。

如今，谢明鹏一手创办起的明鹏种兔养殖基地目前种兔规模常年保持在3000多只，年纯收入4万元左右。

虽然养兔致了富，但谢明鹏却时刻惦记着乡亲，为了帮助村民发展养兔业，近年来，他每年坚持到邻近的金山、红艳、王宽等7个村举办肉兔养殖培训班，累计已达160多期。同时，他还无偿帮助各村养兔农户进行防疫、疾病治疗，做好技术服务跟踪和解答各种疑难问题，深受养殖户好评。谢明鹏种兔养殖场还在贵阳市建立了肉兔销售网点10多个，并以龙头企业的形式，采取与养殖户签订购销合同的形式，为养殖户提供产销一条龙服务，解除养殖户"养出来，卖不出"的后顾之忧。去年供应贵阳市肉兔5万余只、100多吨。

在谢明鹏的指导、帮助下，许多贫困村民走上了脱贫致富路。龙云间、冯宝江、刘兴义等村民曾经家庭贫困，在小谢的帮助下存栏兔成规模保持在600只左右，获得了良好的经济效益。

（金黔在线　2009年05月11日）

五、养兔合作社或兔业协会

养兔合作社或兔业协会作为联系养殖户与饲料加工企业、兔产品加工企业、交易市场的载体，提高养殖户的组织化程度。养兔合作社或兔业协会实行"统一良种供给、统一饲料供应、统一饲养标准、统一技术规范、统一技术培训、统一产品回收、统一产品加工、统一产品销售"的管理模式。提升养兔产业经营档次、规模和品牌集中度，延伸产业链条，提高了养兔产业化程度，确保广大养殖户无后顾之忧。

　新闻链接1：小农户尝试应对大市场

家庭联产承包责任制形成了广大农村以户为单位的分散经营模式。面对日益复杂的市场经济，缺乏市场经验、专业化、组织化不强的农民何去何从，成为新农村建设中一个亟待破解的难题。

在双坝试点中，双坝人探索出一条发展专业合作社、专业协会的道路，并取得了初步成效。

终结长毛兔"30只极限"历史

20世纪80年代，双坝村很多农户开始养兔。但一直以来，兔农却为"30只极限"所困扰。

所谓"30只极限"，就是农户养殖的长毛兔数量一旦超过30只，疫情就会出现，长毛兔便会成批死亡。"其实，出现'30只极限'的原因很简单，就是因为养殖方式粗放、防疫工作不到位。"双坝村养兔大户秦定荣说，村民一直缺乏技术，只能缩小养殖规模。

据秦定荣介绍，长毛兔产毛量多质好的阶段是饲养的前5年，之后产量、质量都会下降，而以前村民所养长毛兔的兔龄大大超过5年，造成品种老化、兔毛质量低、规模小。2005年前，几次兔毛价格下跌，村里都出现了"毛多烂市"的现象。缺乏技术、不懂市场让双坝村的兔农吃尽了苦头。

试点开始后，双坝长毛兔专业合作社成立了，懂技术的养殖大户秦定荣、懂市场的兔毛经销户邓和荣成为了合作社的骨干。专业合作社通过大户、能人的辐射带动，引导养兔农户实施标准化生产，为农户提供饲料、防疫及饲养技术，将村里粗放、零散的长毛兔产业引上标准化、规模化的发展方向，目前，养兔户的饲养规模普遍超过 30 只，多的达到 800 只，结束了"30 只极限"的历史。

农民"试水"大市场

秦定荣、邓和荣曾在市场上摸爬滚打了很多年，深知要想兔毛有市场，就必须提高质量、形成规模。于是，在他们的带动下，专业合作社制定了严格的章程和工作细则。

他们在专业合作社推行了"五个统一"：统一为社员提供免费春秋防疫；统一每月 10 日为社员开展技术培训，为社员提供麦麸、微量元素、中药材等饲料添加剂；统一为社员提供饲料配方，坚持 80～90 天剪毛一次；统一为本社社员销售兔毛；统一为兔毛收购商初验兔毛质量，承诺为兔毛收购商提供宽松收购环境，保证兔毛质量。

"五个统一"提高了入社村民的养殖技术，双坝村长毛兔养殖规模迅速扩大。目前，双坝村共养殖长毛兔 3.48 万只，比试点前增加了 119%，成功培育了百只大户 100 个。

由于毛质好、信誉高、有规模，今年 1 月，双坝长毛兔专业合作社与一位慕名而来的客商签订了一年的兔毛购销合同，订单价格每千克比市场价高 6 元。

社会事务管理引入市场机制

专业合作社的成功，让村民初次体验到了市场机制带来的好处，也让他们有了尝试运用市场机制的冲动。在成立公路管护协会、水利工程管护协会等 5 个专业协会后，他们开始在农村社会事务管理中运用市场机制。

村公路管护是个"老大难"问题，双坝村曾几次修公路，后来都因无人管护造成新修公路很快报废。村里也曾组织党员进行管护，效果也不好。

试点以来，村里新修、整修公路 12 公里。这次，村民想出了管护公路的新办法由公路管护协会牵头，每人筹集 3 元钱作为公路养护资金，通过竞争上岗招聘了 3 名养路工人，并通过协会与养路工人签订了合同，制定了考核奖惩办法。如今，3 名养路工人尽职尽责，全村公路都得到了良好管护。

除了公路管护外，水利工程管护协会在确定水价时，充分考虑堰塘大小、人口多少、管护成本等因素，最终在村里确定了因堰塘不同而不同的水价标准。由于制定程序公开、理由充分，没有一位村民提出异议。

<h2 style="text-align:center">农民在市场中成熟</h2>

市场锻炼了农民，农民也在适应市场的过程中逐步成熟了起来。

"仔细看专业合作社的名称没有？"采访过程中，长毛兔专业合作社理事长秦定荣微笑着问记者。没等记者回答，他就说："别的协会都叫双坝村某某协会，专业合作社却叫双坝长毛兔专业合作社，少了一个'村'字。"

秦定荣说，去年9月，他到县工商局进行工商登记注册时，之所以这么做，就是为了给合作社向周边辐射"留条后路"。这一想法后来被证明是正确的。由于合作社出售兔毛价格高，大歇乡高阳村、干柏村，附近的南宾镇的兔农都跑来要求加入合作社。如今，除了思考合作社下一步的拓展计划，秦定荣还准备注册"双荣牌"兔毛商标，走品牌化发展道路。

看到双坝农民的这种变化，倡导双坝试点的石柱自治县领导们感慨万千：一家一户分散经营的农民，开始了解市场、学习市场。尽管他们的探索还很初级，尽管这种探索有可能遇到挫折，但只要他们懂得了市场的重要性，有了一种积极应对的态度，那么，"小农户"与"大市场"的成功对接一定会实现，农村也一定会获得更大的发展空间。

（重庆日报　记者张雪峰）

新闻链接2：绍兴新昌一合作社的兔毛成为"H&M"指定原料

"我们已经开始向H&M指定的毛纺公司供应兔毛了。"昨天，新昌县长毛兔研究所原所长高柏绿告诉记者。之前，新昌县兔业专业合作社收到了欧洲海恩斯莫里斯（简称H&M）公司的来函，确认该社生产的"白雪公主"牌兔毛为该公司兔毛纺织品的指定原料。

H&M是瑞典的一个快时尚服装品牌，成立于1947年，在欧美服饰界颇有名气，在全世界有1500多个专卖店销售服装、配饰与化妆品，雇员总数超过5万人。

"其实,在签约之前,合作社已经在零星向 H&M 供应原料了。"高柏绿说,正是基于已有的合作基础,今年,H&M 公司才会派工作人员到新昌来进行实地考察,以确定是否合作。

据新昌县兔业专业合作社工作人员介绍,H&M 公司考察的内容很全面,深入该县兔业专业合作社下属兔场,对种兔选育、饲料种类、饲喂方式、兔舍设施、疾病防控、兔毛采集等环节全程细致考察。

让新昌县兔业专业合作社工作人员印象深刻的是,对方特别关注"动物福利",例如兔子是否能获取营养的食品和干净的水,所居住的兔笼是否干净并且有足够的活动空间,还关心兔子的精神状态,如是否有伴侣以及缩短寿命的压力等。对方甚至出具了一份《安哥拉兔饲养审核表》,目的是为保证安哥拉兔的养殖条件,以保障产品所需的兔毛绒纱品质。

虽然对方的审核要求不少,但高柏绿表示,对此他们倒不担心,因为早在 2001 年,新昌县就制定了长毛兔饲养标准,对兔笼大小、卫生状况等都有明确的要求。

考察结束后,8 月,新昌县兔业专业合作社收到了 H&M 公司的来函,确认该社生产的"白雪公主"牌兔毛为该公司兔毛纺织品的指定原料。

这是新昌兔业专业合作社第一次和国外服装品牌合作。业内人士认为,这次合作对扩大销售、稳步发展新昌兔毛产业、提升知名度有积极意义。"和 H&M 合作的效应,将随着时间的推移逐步显现出来。"高柏绿说。

(天天商报 2011 年 09 月 15 日)

六、集贸市场

农贸市场是指用于销售蔬菜、瓜果、水产品、禽蛋、肉类及其制品、粮油及其制品、豆制品、熟食、调味品、土特产等各类农产品和食品的以零售经营为主的固定场所。也指农村中临时或定期买卖农副业产品和小手工业产品的市场或集市。在城市的农贸市场里主要是销售白条兔,有冷鲜和生鲜的,也有加工成熟食的,如烤兔。以供人们食用为主,很少有活兔。而在农村的集贸市场主要是活兔交易，既有供杀吃肉的兔，也有供买回去饲养的兔。

新闻链接：兔年酒店推兔肉菜　年后市场价格上涨两成

随着兔年的到来，兔子肉也走上了老百姓的饭桌。记者在我市部分酒店、农贸市场发现，兔子肉销售火热，其价格也较往年上涨约两成，更有部分酒店借此商机，大炒兔肉菜。

2月17日，家住团结大街的李女士在逛超市时意外发现居然有兔子肉卖。"过完兔年春节我第一次去超市买菜，第一次看到屠宰好了的兔子肉，以前我还真没注意到。"李女士倍感意外地告诉记者。

随后，记者从东河区站北路的一家超市看到，超市内一张醒目的告示上写着"兔子肉特价10.98元/500克"。该超市工作人员介绍说，今年是兔年，听人说兔年吃兔肉可以走好运，所以超市就借机采购了一些，卖得还不错。

采访中，记者了解到，我市部分酒店也开始大推兔肉菜：红烧兔子、辣味野兔……18日中午，在东河区一家酒店里，不少消费者正在点菜。"兔年要不要尝一尝兔子肉？我们酒店推出了一些新菜。"据该酒店服务员介绍，兔肉菜是今年该店的主打新菜之一，每餐都有顾客点，且每餐都脱销。酒店经理向记者表示：兔肉的营养价值很高，兔年吃兔肉也图个吉利，再配合兔年这一主题，兔肉成为该店的一大特色菜。

随后，记者来到友谊十九农产品批发市场，据这里的批发商介绍，市老城区的主要超市、零售菜场的兔肉都从此处批发。"这些兔子好卖得很，一天就销一二十只，它们大多销往酒店和超市。"姓王的师傅告诉记者。

采访中，长期从事兔肉生意的张师傅说，年后的兔子和兔肉平均1千克涨了2～4元钱，上涨一两成。现在活毛兔24元/千克，屠宰了的毛兔34元/千克，活肉兔20元/千克。

（包头晚报　2011年02月18日　记者全娜）

七、疫苗生产企业

疫苗生产企业收购成年兔或3～5天的乳兔，用来生产动物用疫苗，比如常见的猪瘟脾淋苗就是用接种猪瘟兔化弱毒株的成年家兔，无菌收获含毒量高的兔脾脏和肠系膜淋巴结制备而成的；猪瘟乳兔苗是用猪瘟兔化弱毒株接种乳兔，无菌收获乳兔的肌肉及实质脏器制备的疫苗。用量较大，需要养兔场与疫苗生产企业签订购销合同。

有两种购销方式，一种是疫苗生产企业按合同收购整只兔；另一种是生产疫苗企业只提取兔子的淋巴和脾脏，其他全部退还给养兔户，由养兔户自行处理销售（包括兔皮，兔肉全部退还），并给养兔户一定的补贴。

新闻链接：养就生物制品原料兔　肉兔身价从 50 元升到 400 多元

福州新闻网讯　初秋，深山里的闽侯县江洋农场澎湖村，养殖户林家新守着他的 855 只种兔精心伺候。"这些兔子可是我的命根子，绝对不能有任何闪失。"老林说得一点也不夸张，他的养殖场能不能赚钱就靠这些种兔了，一只母兔一年能生三四十只仔兔，作为生物制品原料兔出售。

林家新下岗后经人介绍养起了兔子，最多时养了 1000 多只。但由于防疫工作不到位，兔子仅存 40 只，濒临破产。2008 年，就在他想放弃养兔时，镇老科协介绍他认识了市老科协常务理事、市农科所畜牧研究室教授级高级畜牧师翁志铿，从此他的兔场发生了翻天覆地的变化。"老翁介绍我买了 100 多只生物制品原料兔种苗，又手把手教我养殖技术。现在我的兔场有肉兔和生物制品原料兔 5580 多只，年产值达 100 多万元。"

生物制品原料兔和普通兔子究竟有何不同？"这种兔子的脾脏和淋巴结可以提取用作猪瘟疫苗，这样一来，一只兔子的身价也从 50 元升到 400 多元，涨了 8 倍。"翁志铿讲起生物制品原料兔深有感触。

"我们早就知道兔子的脾脏和淋巴结有医学用途，但以前老百姓饲养不规范，一窝兔子最多只有两成能作为生物制品原料兔收购，如何提高生物制品原料兔成长率成了我们研究的重点。"2008 年，市老科协出资 5 万元，与市农科所合作开展"生物制品原料兔种苗和养殖新技术开发应用"项目，由农科所承担原料兔试验。

据这一课题组组长、市农科所畜牧研究室主任曾彦钦介绍，生物制品原料兔与一般肉兔的饲养方法不一样，技术性特别强。市农科所开辟了一间 300 多平方米的试验场，饲养种兔 200 多只。曾彦钦和他的同事陈震等人在试验中摸索出培育健康种群、坚持自繁自养、坚持本场牧草种植、运输途中避免中暑等一整套经验，原料兔成活率从 20%～30% 提高到了 80%～85%，生物制品原料兔合格率也从 20% 上升到 90%。

有了好种苗，还得农民懂得养才有效益。紧抓种苗、饲料、技术等环节，翁志铿等老科协专家专门举办了生物制品原料兔饲养管理和疫病防治技术培训班。他们还选取连江县刘氏兔业养殖场和福清市力臣现代农业有限公司作为生物制品原料兔种苗繁殖基地，按照"公司＋农户"模式，带动养殖户奔小康。

老科协还积极帮助养殖户解决销路问题，凡经检测符合标准的生物制品原料兔均由连江县刘氏兔业养殖场和福州大北农生物技术有限公司收购。三年来，两个种苗基地已为我市各县（市）及宁德多个县（市）的 30 多个养殖场提供优质生物制品原料兔种苗 22.5 万只。一般养殖户一年可卖生物制品原料兔 3000 多只，而像老林这样的大户，靠生物制品原料兔一年可赚 30 多万元。

曾彦钦还告诉记者，这一项目经过几年研究已达国内领先水平，生物制品原料兔制成的猪瘟疫苗防疫效果甚至高于欧洲。目前这一项目已获市科技进步奖。

（福州新闻网 2011 年 10 月 06 日 记者李白蕾 廖云岚文/摄）

八、出口贸易

兔产品出口，一直是我国的传统出口项目。但是，我国兔产品出口目前面临的形势也不容乐观。

獭兔皮在 2012 年以前，基本为出口主导产品，受国际经济危机和欧债危机的持续影响，全球经济复苏缓慢、需求疲软，2012 年服装生产企业现在面临的是订单和销售困难，原材料价格下不来、劳动力成本上涨，在一定程度上削弱出口企业的竞争力，也影响了出口数量。

目前我国兔毛生产对出口的依赖性很强，而国外厂商对我国兔毛的需要量有限，出口量不会猛增。今后如果能够比较好地进行出口协调,兔毛价格基本能维持在一个相对理想的水平。

肉兔市场出口潜力大,日本、韩国、东南亚、俄罗斯、欧洲等国家和我国港澳台地区兔肉的需求量激增。同时对兔肉的质量要求越来越严格,要求无污染、无残留、安全、卫生、健康的兔肉产品。由于我国在这方面欠缺,直接影响了我国兔肉的出口数量。所以,必须下大力气解决兔肉质量问题。

新闻链接 1:吉林兔肉走俏国际市场

截至今年 10 月,吉林康大公司共出口兔肉 88 批,重量达 2077.69 吨,货值 747.47 万美元,东北兔肉开始走俏国际市场。

2008 年初,东北兔肉产业还是一片空白。青岛康大集团看中了吉林省农安县丰富的畜牧业资源优势和当地庞大的剩余劳动力资源,投资 2 亿元兴建了一个集肉兔养殖、饲料生产、屠宰加工、销售于一体的现代化企业。

吉林康大公司落户农安,在带动全省养兔业健康发展的同时,也为吉林省带来了广阔的市场资源。公司以研发的无公害标准化养殖技术为支撑,推动肉兔养殖向区域化、基地化、规模化、产业化、外向化发展,带动农民发展科技含量高、营养、安全、无污染的绿色肉兔,提高肉兔生产能力,扩大出口创汇,加快推进吉林地区的农业国际化和可持续发展。

在吉林检验检疫局的帮助下,吉林康大分别于 2009 年 8 月和 9 月通过对美国和欧盟出口兔肉产品的注册备案,填补了近年来吉林省肉类产品出口欧盟、美国的市场空白。截至目前,公司自筹资金,合作发展了标准化养殖小区 58 个,建设了年屠宰加工 1000 万只肉兔的生产线。项目投产后,年可实现销售收入 10 亿元,利税 1.6 亿元,安排就业 1000 余人,将有力地带动当地畜牧业经济的持续健康发展。

(国畜牧兽医报-中国农业新闻网 2012 年 11 月 14 日 作者孙东巍 李忠平)

新闻链接 2:淄博兔肉出口大幅增长

据山东淄博检验检疫局统计,今年前 4 个月,山东淄博地区共出口兔肉产品 23 批 574 吨、货值 190.7 万美元,进口量与金额同比均实现 10 多倍增长,创下近 5 年来该产品最好的出口业绩。

欧盟是淄博辖区出口兔肉产品的传统市场，近年来由于欧债危机持续影响，兔肉对欧盟出口量逐年下降，企业面临较大困境。为此，淄博局积极帮助企业开拓新市场，进一步强化出口兔肉质量安全，对出口兔肉产品实施"源头风险监控、加工卫生控制、产品溯源保证"的质量安全风险控制模式：要求所有出口兔肉产品来源于备案养殖场，实行"五统一"管理（即幼兔统一来自本场和统一防疫消毒、供应饲料、供应药物、屠宰加工），确保源头风险因素受控；要求加工车间持续符合出口肉类屠宰加工相关标准，使影响卫生要求的各环节温度得到有效控制，运用"动态移动窗"对加工环节微生物指标控制程度进行动态监控，确保加工环节符合卫生要求；要求从养殖日志、屠宰加工原料兔接收、分割生产到成品包装、监装运输各环节层层可溯，实现无缝溯源，消费者凭追溯编码即可查到产品来源各环节信息。

　　（中国国门时报　2013 年 05 月 23 日　姜迪来）

九、连锁超市

　　连锁超市的肉品柜台，通常由兔肉加工厂供货，以冷冻白条兔产品为主，也有加工成熟食的熏兔、烤兔等销售。据有关资料介绍，国外大型连锁零售企业销售占兔肉总销售量的 40%，其中兔整胴体和分割各占 59%。可见，连锁超市是兔肉销售的主要渠道之一，这个销售渠道在我国利用的还不够，应引起我们的重视。

　　新闻链接 1：南京一大型超市促销出怪招　胖子买兔肉打折

　　昨天，在南京一家大型超市，一个兔肉销售点张贴出"肥胖者购兔肉打折表"，体重达到一定标准的肥胖者购买兔肉可以打折。

　　记者看到这个打折表上写着：男性体重达 80 千克、女性体重达 67 千克、14 岁以下儿童体重达 50 千克的，购买兔肉可打 7 折；如果体重超过 100 千克，还可打 5 折；当天体重最重者可以免费吃兔肉一个月。现场的市民被这种生动有趣的营销方式所吸引，纷纷排队上秤称量体重，但达标者不多。一位中年女子称了体重是 65 千克，没有达到优惠标准，但她反而高兴地连连说自己"还不算胖"。据供货商南京金兔业公司人士介绍，他们搞这个活动鼓励肥胖者购买兔肉，是因为兔肉低脂、低热、易消化，脂肪含量仅为

8%,不到猪肉、牛肉的三分之一。

(扬子晚报 2005年07月16日 金震寰)

新闻链接 2:兔皮值钱,兔肉难卖。经纪人协会牵线搭桥——市区多家超市将卖高桥卤兔肉

本报讯 昨天,市经纪人协会把市区各大超市的负责人请到了丹徒区高桥镇,为当地农民生产的兔肉等农副产品进入我市各大超市销售牵线搭桥。这也是今年我市举办的首场场地对接活动。

据了解,獭兔养殖一直是高桥镇的支柱产业,目前该镇养兔农户已经有80多户,年产獭兔6万只。长期以来,农民们把兔皮送往皮毛厂加工制作成裘皮,出口到欧美,而由于兔肉难以存放,且利润远低于兔皮,一直是块"鸡肋",处于"冷冻"状态。

高桥镇兔业协会秘书长洪玉林告诉记者,以往他们都把剩下的兔肉进冷库,冷冻后送到超市销售,利润非常低。而现在他们把兔肉拿到镇上的高冠食品厂加工成食品,做成五香茶兔肉、酱兔肉等速食产品,不仅提高了养兔的附加值,也提高了利润。如果产品能及时投放市场,产值也可成倍增长,这样农民的收入高了,也带动了他们养兔的积极性,可以使得养殖规模进一步地扩大。

有了好的产品,下一步就要打开销路。昨天,在活动现场,超市老总们被放在桌上的兔肉卤制品等农副产品吸引住了,纷纷向企业负责人了解产品制作和销售等相关情况,并达成了将农副产品带进超市的意向。

市经纪人协会秘书长尹克伟介绍,自去年下半年以来,他们忙着为超市和农户搭建沟通桥梁,其中最直接、最快捷的就是场地对接活动,即组织各大超市的负责人前往乡镇,让农户直接接触销售终端,让本地更多的农副产品在超市里和市民见面。这样不但减少了农民经营成本,减少了经销环节,使农民收入明显提高,也使市民能方便地尝到乡下的土特产品。

(京江晚报 2008年3月27日 刘长宝 许后鹏 张立华)

十、宠物市场

近些年来随着人们生活水平的大大提高,宠物已经成为了人们家中不可缺少的一员,然而近来小狗、小猫什么的早已过时,取而代之的则是宠物兔，它以超级可爱的面孔、柔软的毛发以及温和的性格霎时间赢得了人们的喜爱。

宠物兔并不同于普通的家兔。①宠物兔因为总是和人类接触，所以变得格外聪明。②宠物兔饮食和家兔不同，臭腺分泌臭液非常少，因此它没有任何的异味。③宠物兔寿命多在 7～10 年，最长的可以达到 18 年，比家兔长很多，可以更长时间的陪伴我们。④宠物兔在很多国家和地区的培育改良下，外形变得格外可爱，而且性格更加温顺黏人。因此，宠物兔广受人们喜爱，尤其是女性和儿童。

全国各地都有规模不等的宠物市场，是销售宠物兔的主要地方，有的宠物商店也销售宠物兔。

新闻链接：开发宠物兔市场大有可为

今年中秋节期间，西安市阎良区盛世金华商场别出心裁，购物赠小兔作为促销办法，规定：凡在本商场购物满 188 元，可以凭购物小票领取一只"嫦娥玉兔"，每天限量 30 只，活动时间为 9 月 2 日至 18 日。这一促销办法效果很好，商场营业额大增。据售货员说：平时商场顾客很少，赠兔这招一出台，商场就热闹非凡，每天 30 只小兔根本不够发，实际每天赠出小兔六七十只，半个月活动期间共赠送小兔达 1000 多只。据了解，对宠物兔感兴趣的多是小孩和恋人，小孩见到可爱的小兔就缠着家长要，家长就不得不买够 188 元的东西以获得小兔一只；年轻人特别是女性很喜欢小兔。

此外，笔者在西安、宝鸡等大城市的宠物市场或农贸市场也看到不少人提着小白兔当宠物出售，一只小兔售价高达 10～20 元，一天能卖出几十只，有时能卖出几百只，生意十分红火。据宝鸡市一位在大超市门前卖小兔的妇女说：用"八点黑"和其他白兔杂交生下来的黑白花兔，她取名叫"熊猫兔"，卖得快，价也较高，她自己家里繁殖的兔子不够卖，还收购村里其他妇女养育的小兔，做起了宠物兔的批发商。看来，随着人民生活水平的提高，用作娱乐观赏的宠物兔市场发展潜力很大。

用兔子作宠物比其他狗、猫、鸟等更具有优势：一是兔子吃草省粮，饲料成本低；二是兔子不叫不闹，性格安静，不干扰邻居；三是养兔设备简单，竹笼、木箱、纸箱都可养兔，大便干燥易清扫,不污染环境;四是养兔投资比狗、猫等要少得多;五是兔子长大后产品都可利用,兔皮是制褥子的好原料,兔肉营养丰富,可以自食或卖给餐馆,有经济收入。

开发宠物兔市场注意事项如下。第一,品种要求"奇、特、新"。"奇"即相貌奇异,例如公羊兔或塞北兔的耳朵下垂又长又大,特别是英国公羊兔耳长的竟达77厘米。"特"即体型特小或特大,世界上现存体型最小的兔是"荷兰矮兔",这种兔的成年体重仅0.5千克,这是用波兰兔选育而成的,具有很高的观赏价值,这种微型兔在国外当做宠物兔,深受消费者欢迎。体型特大的兔有公羊兔和塞北兔,成年体重达10多千克,可谓"大型兔",也十分可观。"新"指色彩新颖,如具有10多种颜色的彩色长毛兔和彩色獭兔,就十分好看,可作宠物兔进行开发利用。此外,原产德国的花巨兔,我国于1976年已有引进,毛色像"熊猫",十分好看;各地产的黄兔与白兔等都可用作宠物兔。第二,年龄要求40~45日龄断奶以后的幼兔才能供应市场。闭眼期的仔兔不能上市供应,因仔兔的胃肠等消化系统还没有发育好,对饲料的消化能力差,仔兔很容易生病死亡。西安市阎良区盛世金华商场在今年中秋节期间所赠送的小兔因年龄过小,生后才十多天,眼睛刚开始睁开就拿来赠送给顾客,结果多数兔拿回家三五天,最多十几天就死了,这是个教训。第三,搞好配套服务,培育宠物市场。出售宠物兔的同时,最好能提供宠物兔必需的生活用品和用具,如出售颗粒饲料及小型兔笼、食槽、饮水器等,最好印发一份小小的养兔说明书,介绍兔的喂法、喂量、饮水、防疫以及日常管理知识。

(陕西杨凌职业技术学院 陈一夫)

附　录

附录 1　无公害食品　畜禽饲养兽药使用准则

无公害食品　畜禽饲养兽药使用准则

NY 5030—2006

代替 NY 5040—2001、NY 5035—2001、NY 5030—2001、

NY 5030—2001、NY 5046—2001、NY 5125—2002、

NY 5148—2002、NY 5130—2002

2006-01-26 发布　2006-04-01 实施

中华人民共和国农业部发布

前　言

本标准代替 NY 5040—2001《无公害食品　蛋鸡饲养兽药使用准则》、NY 5035—2001《无公害食品　肉鸡饲养兽药使用准则》、NY 5030—2001《无公害食品　生猪饲养兽药使用准则》、NY 5046—2001《无公害食品　奶牛饲养兽药使用准则》、NY 5125—2002《无公害食品　肉牛饲养兽药使用准则》、NY 5148—2002《无公害食品　肉羊饲养兽药使用准则》、NY 5130—2002《无公害食品　肉兔饲养兽药使用准则》。

本标准的附录 A 是规范性附录。

本标准由中华人民共和国农业部提出。

本标准起草单位：中国兽医药品监察所。

本标准主要起草人：黄齐颐、郭筱华、汪霞、梁先明。

无公害食品　畜禽饲养兽药使用准则

1　范围

本标准规定了无公害食品畜禽饲养使用要求，使用记录和不良反应报告。

2　规范性引用文件

下列文件中的条款通过本标准的引用而成为本标准的条款。凡

是注日期的引用文件，其随后所有的修改单（不包括勘误的内容）或修订版均不适用于本标准。然而，鼓励根据本标准达成协议的各方研究是否可使用这些文件的最新版本。凡是不注日期的引用文件，其最新版本适用于本标准。

中华人民共和国兽药药典——兽药使用指南

农业部文件农牧发〔2001〕20号《饲料药物添加剂使用规范》

中华人民共和国农业部公告《动物性食品中兽药最高残留限量》

中华人民共和国农业部公告《兽药停药期限规定》

中华人民共和国农业部公告《食品动物禁用的兽药及其他化合物清单》

兽药管理条例

中华人民共和国动物防疫法

3　术语和定义

下列术语和定义适用于本标准。

3.1　兽药

用于预防、治疗、诊断动物疾病或者有目的地调节其生理机能的物质（含药物饲料添加剂），主要包括：血清制品、疫苗、诊断制品、微生态制品、中药材、中成药、化学药品；抗生素、生化药品、放射性药品及外用杀虫剂、消毒剂等。

3.2　兽用处方药

凭兽医处方可购买和使用的兽药。

3.3　兽用非处方药

由国务院兽医行政管理部门公布的、不需要凭兽医处方就可以自行购买并按照说明书使用的兽药。

3.4　休药期（停药期）

食品动物从停止给药到许可屠宰或其产品（肉、乳、蛋）许可上市的间隔时间。

3.5　最高残留限量

对食品动物用药后产生的允许存在于食物表面或内部的该兽药（或代谢产物）残留的最高含量或最高浓度（以鲜重计，表示为 $\mu g/kg$）。

4　兽药使用要求

4.1　临床兽医和畜禽饲养者应遵守《兽药管理条例》的有关规定使用兽药，应凭专业兽药开具的处方使用经国务院兽医行政管理部门规定的兽医处方药。禁止使用国务院兽医行政管理部门规定的禁用药品。

4.2　临床兽医和畜禽饲养者进行预防、治疗和诊断畜禽疾病所用的兽药应是来自具有《兽药生产许可证》，并获得农业部颁发《中华人民共和国兽药 GMP 证书》的兽药生产企业，或农业部批准注册进口的兽药，其质量均应符合相关的兽药国家质量标准。

4.3　临床兽医应严格按《中华人民共和国动物防疫法》的规定对畜禽进行免疫，防止畜禽发病和死亡。

4.4　临床兽医使用拟肾上腺素药、平喘药、抗胆碱药与拟胆碱药、糖肾上腺皮质激素类药和解热镇痛药，应严格按国务院兽医行政管理部门规定的作用用途和用法用量使用。

4.5　畜禽饲养者使用饲料药物添加剂应符合农业部《饲料药物添加剂使用规范》的规定。禁止将原料药直接添加到饲料及动物饮用水中或直接饲喂动物。

4.6　临床兽医应慎用经农业部批准的拟肾上腺素药、平喘药、抗胆碱药与拟胆碱药、糖肾上腺皮质激素类药和解热镇痛药。

4.7　非临床医疗需要，禁止使用麻痛药、镇痛药、镇静药、中枢兴奋药、雄性激素、雌性激素、化学保定药及骨骼肌松弛药。必须使用该类药时，应凭专业兽医开具的处方用药。

5　兽药使用记录

5.1　临床兽医和畜禽饲养者使用兽药，应认真做好用药记录。用药记录至少应包括：用药的名称（商品名和通用名）、剂型、剂量、给药途径、疗程，药物的生产企业、产品的批准文号、生产日期、批号等。使用兽药的单位或个人均应建立用药记录档案，并保存 1 年（含 1 年）以上。

5.2　临床兽医和饲养者应严格执行国务院兽医行政管理部门规定的兽药休药期，并向购买者或屠宰者提供准确、真实的用药记录；应记录生产乳、蛋等畜禽产品的畜禽在休药期内时，其废弃产品的处理方式。

6　兽药不良反应报告

临床兽医和畜禽饲养者使用兽药,应对兽药的治疗效果、不良反应做观察记录;发生动物死亡时,应请专业兽医进行解剖,分析是药物原因或疾病原因。发现可能与兽药使用有关的严重不良反应时,应当立即向所在地人民政府兽医行政管理部门报告。

附录A

(规范性附录) 见附表1-1。

附表1-1　食品动物禁用的兽药及其他化合物清单

序号	兽药及其他化合物名称	禁止用途	禁用动物
1	兴奋剂类:克仑特罗、沙丁胺醇、西马特罗及其盐、酯及制剂	所有用途	所有食品动物
2	性激素类:己烯雌酚及盐、酯及制剂	所有用途	所有食品动物
3	具有雌激素样作用的物质:玉米赤霉醇、去甲雄三烯醇酮、醋酸甲孕酮及制剂	所有用途	所有食品动物
4	氯霉素及其盐、酯(包括琥珀氯霉素)及制剂	所有用途	所有食品动物
5	氨苯砜及制剂	所有用途	所有食品动物
6	硝基呋喃类:呋喃唑酮、呋喃它酮、呋喃苯烯酸钠及制剂	所有用途	所有食品动物
7	硝基化合物:硝基酚钠、硝基烯腙 Nitrovin 及制剂	所有用途	所有食品动物
8	催眠、镇静类:安眠酮及制剂	所有用途	所有食品动物
9	林丹(丙体六六六)	杀虫剂	水生食品动物
10	毒杀芬(氯化烯)	杀虫剂、清塘剂	水生食品动物
11	呋喃丹(克百威)	杀虫剂	水生食品动物
12	杀虫脒(克死螨)	杀虫剂	水生食品动物
13	双甲脒	杀虫剂	水生食品动物
14	酒石酸锑钾	杀虫剂	水生食品动物
15	锥虫胂胺	杀虫剂	水生食品动物
16	孔雀石绿	抗菌、杀虫剂	水生食品动物
17	五氯酚酸钠	杀螺剂	水生食品动物
18	各种汞制剂包括:氯化亚汞(甘汞)、硝酸亚汞、醋酸汞、吡啶基醋酸汞	杀虫剂	动物

续表

序号	兽药及其他化合物名称	禁止用途	禁用动物
19	性激素类：甲基睾丸酮、丙酸睾酮、苯丙酸诺龙、苯甲酸雌二醇及其盐、酯及制剂	促生长	所有食品动物
20	催眠、镇静类：氯丙嗪、地西泮（安定）及盐、酯及制剂	促生长	所有食品动物
21	硝基咪唑类：甲硝唑、地美硝唑及盐、酯及制剂	促生长	所有食品动物

注：食品动物是指各种供人食用或其产品供人食用的动物。

附录2　无公害食品　肉兔饲养兽医防疫准则

无公害食品　肉兔饲养兽医防疫准则

NY 5131—2002

2002-07-25 发布　2002-09-01 实施

中华人民共和国农业部发布

前　言

本标准由中华人民共和国农业部提出。

本标准起草单位：农业部动物及动物产品卫生质量监督检验测试中心、农业部动物检疫所。

本标准主要起草人：王玉东、龚振华、刘俊辉、康达、张衍海、王娟、陆明哲。

1　范围

本标准规定了生产无公害食品的肉兔饲养场在疫病预防、监督、控制、产地检疫及扑灭方面的兽医防疫准则。

本标准适用于无公害食品的肉兔饲养场的兽医防疫。

2　规范性引用文件

下列文件中的条款通过本标准的引用而成为本标准的条款。凡是注日期的引用文件，其随后所有的修改单（不包括勘误的内容）或修订版均不适用于本标准，然而，鼓励根据本标准达成协议的各方研究是否可使用这些文件的最新版本。凡是不注日期的引用文件，其最新版本适用于本标准。

GB 16548 畜禽病害肉尸及其产品无害化处理规程

GB 16549 畜禽产地检疫规范

NY/T 388 畜禽场环境质量标准

NY 5027 无公害食品　畜禽饮用水水质

NY 5030 无公害食品　肉兔饲养兽药使用准则

NY 5131 无公害食品　肉兔饲养兽医防疫准则

NY 5232 无公害食品　肉兔饲养饲料使用准则

NY 5133 无公害食品　肉兔饲养管理准则

中华人民共和国动物防疫法

3　术语和定义

下列术语和定义适用于本标准。

3.1

动物疫病

动物的传染病和寄生虫病。

3.2

病原体

能引起疾病的生的生物体,包括寄生虫和致病微生物。

3.3

动物防疫

动物疫病的预防、控制、扑灭和动物、动物产品的检疫。

4　疫病预防

4.1　环境卫生条件

肉兔饲养场的环境卫生质量应符合 NY/T 388 的要求,污水、污物处理应符合国家环保要求,防止污染环境。

4.1.2　肉兔饲养场的选址、建筑布局、设施及设备应符合 NY/T 5133 的要求。

4.2　饲养管理

4.2.1　饲养管理按 NY/T 5133 的要求执行。

4.2.2　饲料使用按 NY 5132 的要求执行。

4.2.3　具有清洁、无污染的水源,水质应符合 NY 5027 规定的要求。

4.2.4　兽药使用按 NY 5130 的要求执行。

4.2.5　工作人员进入生产区必须消毒,并更换衣鞋。工人服应保持清洁,定期消毒。非生产人员未经批准,不应进入生产区。

特殊情况下，非生产人员经严格消毒，更换防护服后方可入场，并遵守场内的一切防疫制度。

4.3 日常消毒

定期对兔舍、器具及兔场周围环境进行消毒。肉兔出栏后必须对兔舍及用具进行清洗、并彻底消毒。消毒方法和消毒药物的使用等按 NY/T 5133 的规定执行。

4.4 引进兔只

4.4.1 肉兔饲养场坚持自繁自养的原则。

4.4.2 必须引进兔只时，应从健康种兔场引进，在引种时应经产地检疫，并持有动物检疫合格证明。

4.4.3 兔只在起运前，车辆和运兔笼罩具要彻底清洗消毒，并持有动物及动物产品运载工具消毒证明。

4.4.4 引进兔只后，要及时报告动物防疫监督机构进行检疫，并隔离 30 天，确认兔体健康方可合群饲养。自繁自养的兔场，父母代兔要进行定期的检疫。

4.5 免疫接种

畜牧兽医行政管理部门应根据《中华人民共和国动物防疫法》及其配套法规的要求，结合当地实际情况，制定肉兔饲养场疫病的预防接种规划，肉兔饲养场根据规划制定免疫程序，并认真实施。对兔出血病等疫病要进行免疫，要注意选择和使用适宜的疫苗、免疫程序和免疫方法。

5 疫病控制和扑灭

肉兔饲养场发生疫病或怀疑发生疫病时，应依据《中华人民共和国动物防疫法》及时采取以下措施。

5.1 先通过本场兽医或动物防疫监督机构进行临床和实验室诊断。当发生二类疫病兔出血病、兔黏液瘤病、野兔热时要对兔群实行严格的隔离、扑杀及销毁措施；立即采取治疗、紧急免疫；对兔群实施清群和净化措施；全场进行彻底的清洗消毒，病死或淘汰兔的尸体按 GB 16548 规定进行无害化处理。

5.2 消毒及用药按 NY/T 5133 的规定执行。

6 产地检疫

产地检疫按 GB 16549 和国家有关规定执行。

7　疫病监测

7.1　当地畜牧兽医行政管理部门必须依照《中华人民共和国动物防疫法》及其配套法规的要求，结合当地实际情况，制定疫病监测方案，由动物防疫监督机构实施，肉兔饲养场应积极予以配合。

7.2　要求肉兔饲养场和动物防疫监督机构监测的疫病有兔出血病、兔黏液瘤病、野兔热等。监测方法按常规诊断方法中的血清学方法或病原诊断法进行。

7.3　根据当地实际情况，动物防疫监督机构要定期或不定期对肉兔饲养场进行必要的疫病监测监督抽查，并反馈肉兔饲养场。

8　记录

每群肉兔都应有相关的资料记录。其内容包括：兔只来源地，饲料消耗情况，发病率、死亡率及发病死亡原因，消毒情况，无害化处理情况，实验室检查及其结果，用药及免疫接种情况，兔只发往目的地等。所有记录必须妥善保存。

附录3　无公害食品　畜禽饲料和饲料添加剂使用准则

无公害食品　畜禽饲料和饲料添加剂使用准则

NY 5032—2006

代替 NY 5042—2001、NY 5032—2001、NY 5037—2001、

NY 5048—2001、NY 5127—2002、

NY 5132—2002、NY 5150—2002

2006-01-26 发布　2006-04-01 实施

中华人民共和国农业部发布

前　言

本标准颁布实施后，代替 NY 5042—2001《无公害食品　蛋鸡饲养饲料使用准则》、NY 5032—2001《无公害食品　生猪饲养饲料使用准则》、NY 5037—2001《无公害食品　肉鸡饲养饲料使用准则》、NY 5048—2001《无公害食品　奶牛饲养饲料使用准则》、NY 5127—2002《无公害食品　肉牛饲养饲料使用准则》、NY

5132—2002《无公害食品　肉兔饲养饲料使用准则》和 NY 5150—2002《无公害食品　肉羊饲料饲养使用准则》。

本标准由中华人民共和国农业部提出并归口。

本标准起草单位：中国农业科学院饲料研究所、农业部农产品质量安全中心。

本标准主要起草人：刁其玉、屠焰、金发忠、杨曙明、樊红平、张乃锋、刘建华、王吉峰、姜成钢。

无公害食品　畜禽饲料和饲料添加剂使用准则

1　范围

本标准规定了生产无公害畜禽产品所需的各种饲料的使用技术要求，及加工过程、标签、包装、贮存、运输、检验的规则。

本标准适用于生产无公害畜禽产品所需的单一饲料、饲料添加剂、药物饲料添加剂、配合饲料、浓缩饲料和添加剂预混合饲料。

2　规范性引用文件

下列文件中的条款通过本标准的引用而成为本标准的条款。凡是注日期的引用文件，其随后所有的修改单（不包括勘误的内容）或修订版均不适用于本标准，然而，鼓励根据本标准达成协议的各方研究是否可使用这些文件的最新版本。凡是不注日期的引用文件，其最新版本适用于本标准。

GB/T 10647　饲料工业通用术语

GB 10648　饲料标签

GB 13078　饲料卫生标准

GB/T 16764　配合饲料企业卫生规范

饮料添加剂品种目录（中华人民共和国农业部公告 318 号）

饮料药物添加剂使用规范（中华人民共和国农业部公告第 168 号）

饲料和饲料添加剂管理条例（中华人民共和国国务院令 327 号）

3　术语和定义

下列术语和定义以及 GB/T 10647 的规定适用于本标准。

不期望物质　Unwanted substances

污染物和其他出现在用于饲养动物的产品中的外来物质，它们的存在对人类健康，包括与动物性食品安全相关的动物健康构成威胁。包括病原微生物、霉菌毒素、农药及杀虫剂残留、工业和环境污染产生的有害污染物等。

4　要求

4.1　总则

4.1.1　感官要求

4.1.1.1　具有该饲料应有的色泽、嗅、味及组织形态特征，质地均匀。

4.1.1.2　无发霉、变质、结块、虫蛀及异味、异臭、异物。

4.1.2　饲料和饲料添加剂的生产、使用，应是安全、有效、不污染环境的产品。

4.1.3　符合单一饲料、饲料添加剂、配合饲料、浓缩饲料和添加剂预混合产品的饲料质量标准规定。

4.1.4　饲料和饲料添加剂应在稳定的条件下取得或保存，确保饲料和饲料添加剂在生产加工、贮存和运输过程中免受害虫、化学、物理、微生物或其他不期望物质的污染。

4.1.5　所有饲料和饲料添加剂的卫生指标应符合　GB 13078 的规定。

4.2　单一饲料

4.2.1　对单一饲料的监督可包括检查和抽样，及基于合同风险协定规定的污染物和其他不期望物质的分析。

4.2.2　进口的单一饲料应取得国务院农业行政主管部门颁发的有效期内进口产品登记证。

4.2.3　单一饲料中加入饲料添加剂时，应注意饲料添加剂的品种和含量。

4.2.4　制药工业副产品不应用于畜禽饲料中。

4.2.5　除乳制品外，哺乳动物源性饲料不得用作反刍动物饲料。

4.2.6　饲料如经发酵处理，所使用的微生物制剂应是《饲料添加剂品种目录》中所规定的微生物品种和经国务院农业行政主管部门批准的新饲料添加剂品种。

4.3　饲料添加剂

4.3.1　营养性饲料添加剂和一般饲料添加剂产品应是《饲料添加剂品种目录》所规定的品种，或取得国务院农业行政主管部门颁发的有效期内饲料添加剂进口登记证的产品，抑或是国务院农业行政主管部门批准的新饲料添加剂品种。

4.3.2　国产饲料添加剂产品应是由取得饲料添加剂生产许可证的企业生产，并具有产品批准文号或试生产产品批准文号。

4.3.3　饲料添加剂产品的使用应遵照产品标签所规定的用法、用量使用。

4.4　药物饲料添加剂

4.4.1　药物饲料添加剂使用应遵守《饲料药物添加剂使用规范》，并应注明使用的添加剂名称及用量。

4.4.2　接收、处理和贮存应保持安全有序，防止误用和交叉污染。

4.4.3　使用药物饲料添加剂应严格执行休药期规定。

4.5　配合饲料、浓缩饲料和添加剂预混合饲料

4.5.1　产品成分分析保证值应符合所执行标准的规定。

4.5.2　使用药物饲料添加剂时，应符合《饲料药物添加剂使用规范》，并应注明使用的添加剂名称及用量。

4.5.3　使用时，应遵照产品饲料标签所规定的用法、用量使用。

4.6　饲料加工过程

4.6.1　饲料企业的工厂设计与设施卫生、工厂卫生管理和成产过程的卫生应符合 GB/T 16764 的要求。

4.6.2　单一饲料和饲料添加剂的采购和使用

4.6.2.1　应符合 4.1 和 4.2 的要求，否则不得接收和使用。

4.6.2.2　使用的饲料添加剂应符合 4.1 和 4.3、4.4 的规定，否则不得接收和使用。

4.6.3　饲料配方

4.6.3.1　饲料配方遵循安全、有效、不污染环境的原则。

4.6.3.2　饲料配方的营养指标应达到该产品所执行标准中的规定。

4.6.3.3　饲料配方应由饲料企业专职人员负责制定、核查，并标注日期、签字认可，以确保其正确性和有效性。

4.6.3.4　应保存每批饲料生产配方的原件和配料清单。

4.6.4 配料过程

4.6.4.1 饲料加工过程使用的所有计量器具和仪表,应进行定期检验、校准和正常维护,以保证精确度和稳定性,其误差应在规定范围内。

4.6.4.2 微量和极微量组分应进行预稀释,并用专用设备在专门的配料室内进行。应有详实的记录,以备追溯。

4.6.4.3 配料室应有专人管理,保持卫生整洁。

4.6.5 混合

4.6.5.1 混合工序投料应按先投入占比例大的原料、一次投入用量少的原料和添加剂。

4.6.5.2 混合时间,根据混合机性能确定、混合均匀度符合标准的规定。

4.6.5.3 生产含有药物饲料添加剂的饲料时,应根据药物类型,先生产药物含量低的饲料,再依次生产药物含量高的饲料。

4.6.5.4 同一班次应先生产不添加药物饲料添加剂的饲料,然后生产添加药物饲料添加剂的饲料。为防止加入药物饲料添加剂的饲料产品生产过程中的交叉污染,在生产加入不同药物添加剂的饲料产品时,对所用的生产设备、工具、容器等应进行彻底清理。

4.6.5.5 用于清洗生产设备、工具、容器的物料应单独存放和标示,或者报废,或者回放到下一次同品种的饲料中。

4.6.6 制粒

4.6.6.1 制粒过程的温度、蒸汽压力严格控制,应符合要求;充分冷却,以防止水分高而引起饲料发霉变质。

4.6.6.2 更换品种时,应清洗制粒系统。可用少量单一谷物原料清洗,如清洗含有药物饲料添加剂的颗粒饲料,所用谷物的处理同 4.6.5.5。

4.6.7 留样

4.6.7.1 新进厂的单一饲料、饲料添加剂应保留样品,其留样标签应注明准确的名称、来源、产地、形状、接收日期、接收人等有关信息,保持可追溯性。

4.6.7.2 加工生产的各个批次的饲料产品均应留样保存,其留样标签应注明饲料产品品种、生产日期、批次、样品采集人。留样应装入密闭容器内，贮存于阴凉、干燥的样品室，保留至该批产品保质期满后 3 个月。

4.6.8　记录

4.6.8.1　生产企业应建立生产记录制度。

4.6.8.2　生产记录包括单一饲料原料接收、饲料加工过程和产品去向等全部详细信息，便于饲料产品的追溯。

5　检验规则

5.1　感官指标通过感官检验方法鉴定，有的指标可通过显微镜检验方法进行。感官要求应符合本标准 4.1.1 的规定。

5.2　饲料中的卫生指标应按 GB/T 13078 规定的参数和试验方法执行。

5.3　按饲料和饲料添加剂产品质量标准中检验规则规定的感官要求、营养指标及必检的卫生指标为出厂检验项目，由生产企业质监部门进行检验。标准中规定的全部指标为型式检验项目。

6　判定指标

6.1　营养指标、卫生指标、限用药物、禁用药物为判定合格指标。

6.2　饲料中所检的各项指标应符合所执行标准中的要求。

6.3　检验结果中如卫生指标、限用药物、禁用药物指标不符合本标准要求时，则整批产品为不合格，不得复检。营养指标不合格，应自两倍量的包装中重新采样复验。复验结果有一项指标不符合相应标准的要求时，则整批产品为不合格。

7　标签、包装、贮存和运输

7.1　标签

商品饲料应在包装物上附有饲料标签，标签应符合 GB 10648 中的有关规定。

7.2　包装

7.2.1　饲料包装应完整，无漏洞，无污染和异味。

7.2.2　包装材料应符合 GB/T 16764 的要求。

7.2.3　包装印刷油墨无毒，不应向内容物渗漏。

7.2.4　包装物的重复使用应遵守《饲料和饲料添加剂管理条例》的有关规定。

7.3 贮存

7.3.1 饲料的贮存应符合 GB/T 16764 的要求。

7.3.2 不合格和变质饲料应做无害化处理，不应存放在饲料贮存场所内。

7.3.3 饲料贮存场地不应使用化学灭鼠药和杀鸟剂。

7.4 运输

7.4.1 运输工具应符合 GB/T 16764 的要求。

7.4.2 运输作业应防止污染，保持包装的完整性。

7.4.3 不应使用运输畜禽等动物的车辆运输饲料产品。

7.4.4 饲料运输工具和装卸场地应定期清洗和消毒。

附录4 无公害食品 肉兔饲养管理准则

无公害食品 肉兔饲养管理准则

NY 5133—2002

2002-07-25 发布 2002-09-01 实施

中华人民共和国农业部发布

前 言

本标准由中华人民共和国农业部提出。

本标准起草单位：中国农业大学动物科技学院、中国农业科学院畜牧研究所。

本标准主要起草人：秦应和、杜玉川、顾宪红、潘文荣。

1 范围

本标准规定了生产无公害肉兔生产过程中引种、兔场环境、兔舍设施、投入品、饲养管理、卫生消毒、废弃物处理、生产记录应遵循的准则。

本标准适用于无公害肉兔的种兔场和商品兔场的饲养和管理。

2 规范性引用文件

下列文件中的条款通过本标准的引用而成为本标准的条款。凡是注日期的引用文件，其随后所有的修改单（不包括勘误的内容）或修订版均不适用于本标准，然而，鼓励根据本标准达成协议的各方研究是否可使用这些文件的最新版本。凡是不注日期的引用文件，其最新版本适用于本标准。

GB 16548 畜禽病害肉尸及其产品无害化处理规程

NY/T 388 畜禽场环境质量标准

NY 5027 无公害食品　畜禽饮用水水质

NY 5130 无公害食品　肉兔饲养兽药使用准则

NY 5131 无公害食品　肉兔饲养兽医防疫准则

NY 5232 无公害食品　肉兔饲养饲料使用准则

种畜禽管理条例

饲料和饲料添加剂管理条例

3　术语和定义

3.1

肉兔 meat rabbit

在经济或体形结构上用于生产肉兔肉的品种（系）。

3.2

投入品 input

饲养过程中投入的饲料、饲料添加剂、水、疫苗、兽药等物品。

3.3

兔场废弃物 rabbit farm waste

包括兔粪尿，死兔，垫料，产仔污染物，过期兽药、疫苗和污水等。

4　引种

4.1　生产商品肉兔的种兔应来自种兔生产经营许可证的种兔场，种兔应生长发育正常，健康无病。

4.2　引进的种兔应隔离饲养 30～40d，经观察无病后，方可引入生产区进行饲养。

4.3　不应从疫区引进种兔。

5　兔场环境

5.1　兔场应建在干燥，通风良好，采光充足，易于排水的地方。

5.2　兔场周围 1km 无大型化工厂、采矿场、皮矿场、皮革厂、肉品加工厂、屠宰场或其他畜牧场污染源。

5.3 兔场应距离干线公路、铁路、居民区和公共场所 0.5km 以上，兔场周围应有围墙。

5.4 生产区要保持安静并与生活区、管理区分开。

5.5 兔场应设有病兔隔离舍，避免传染健康兔。

5.6 兔场应设有焚尸坑及废弃物储存设施，防止渗漏、溢流、恶臭等污染。

5.7 兔场内不应饲养其他动物。

6 兔舍设施

6.1 兔舍建筑应符合卫生要求，内墙表面光滑平整，地面和墙壁便于清洗，并耐酸、碱等消毒液，兔舍建筑能保温隔热。

6.2 兔舍内通风良好，舍温适宜，舍内空气质量应符合 NY/T 388 的要求。

6.3 按兔体型大小和使用目的配置不同型号的饲养笼。

6.4 兔笼底网设计应防止脚皮炎发生。

7 投入品

7.1 饲料

7.1.1 饲料、饲料原料和饲料添加剂应符合 NY 5132 的要求。

7.1.2 青饲料应清洁、无污染、无毒，晾干表面水分后饲喂。

7.1.3 根据兔的不同生长阶段，按照营养要求配制不同的饲料。

7.1.4 不使用冰冻饲料或被农药、黄曲霉素等污染的饲料。禁用肉骨粉。

7.1.5 使用药物饲料添加剂时，应执行休药期规定。

7.2 兽药使用

7.2.1 饮水或拌料方式添加的兽药应符合 NY 5130 的规定。

7.2.2 育肥后期的商品兔，使用兽药时，应执行休药规定。

7.3 防疫

7.3.1 防疫应符合 NY 5131。

7.3.2 防疫器械在防疫前后应消毒处理。

8 卫生消毒

8.1 消毒剂

应选择对人和兔安全，对设备没有破坏性，没有残留毒性的消毒剂，所用消毒剂应符合 NY 5131 的规定。

8.2 消毒制度

8.2.1 环境消毒

每2~3周对周围环境消毒1次。每月对场内污水池、堆粪坑、下水道出口消毒1次。兔场、兔舍入口处的消毒池使用2%的水碱或煤酚皂等溶液。

8.2.2 人员消毒

工作人员进入生产区，要更衣、换鞋，踩踏消毒池，接受5min紫外光照射。

8.2.3 兔舍消毒

进兔前应将兔舍打扫干净并彻底清洗消毒。

8.2.4 兔笼消毒

用火焰喷灯对兔笼及相关部件依次瞬间喷射。

8.2.5 用具消毒

定期对料槽、产仔箱、喂料器等用具进行消毒。

8.2.6 带兔消毒

用消毒液喷洒兔体本身及周围笼具。

9 饲养管理

9.1 饲养员

应身体健康，无人畜共患病，并定期进行健康检查，有传染病者不得从事养殖工作。

9.2 喂料

9.2.1 青绿饲料不应直接放在笼底网上饲喂。

9.2.2 保持料槽、饮水器、产仔箱等器具的清洁。

9.3 饮水

9.3.1 水质应符合 NY 5027 的要求。

9.3.2 饮水设备应定期维修，保持清洁卫生。

9.4 日常清洁卫生

及时清扫兔笼粪便，保持兔舍卫生。

9.5 防鼠害

兔舍应有防鼠的措施，及时清除死鼠。

10 废弃物处理

10.1 兔场废弃物处理应实行减量化、无害化、资源化原则。

10.2 兔粪及产仔箱垫料应经过堆肥发酵后，方可作为肥料。

10.3 兔舍污水应经发酵、沉淀后才能作为液体使用。

11 病、死兔处理

11.1 传染病致死的兔尸或因病扑杀的死兔应按 GB 16548 要求进行无害化处理。

11.2 兔场不应出售病兔、死兔。

11.3 病兔应隔离饲养，由兽医进行诊治。

12 生产记录

12.1 所有记录应准确、可靠、完整。

12.2 生产记录，包括配种日期、产仔日期、产仔数、断奶日期、断奶数、出栏数等。

12.3 种兔系谱、生产性能记录。

12.4 各阶段使用的饲料配方及添加剂成分记录。

12.5 免疫、用药、发病和治疗记录。

12.6 资料应最少保留 3 年。

附录5 无公害食品 畜禽饮用水水质

无公害食品 畜禽饮用水水质

NY 5027—2008

发布 2008 年 05 月 16 日 实施 2008 年 07 月 01 日

中华人民共和国农业部发布

前 言

本标准代替 NY 5027—2001《无公害食品 畜禽饮用水水质》。

本标准与 NY 5027—2001 相比主要修改如下：

——水质指标检验方法引用 GB/T 5750《生活饮用水标准检验方法》；

——修改了 pH、总大肠菌群和硝酸盐 3 项指标；

——增加了 pH 型式检验内容；

——删除饮用水水质中肉眼可见物和氯化物 2 个检测项；

——删除了农药残留限量。

本标准由中华人民共和国农业部市场与经济信息司提出并归口。

本标准起草单位：农业部农产品质量安全中心、中国农业科学院北京畜牧兽医研究所、徐州师范大学。

本标准主要起草人：侯水生、张春雷、丁保华、廖超子、樊红平、黄苇、王艳红、谢明。

本标准于 2001 年 9 月首次发布，本次为第一次修订。

无公害食品　畜禽饮用水水质

1　范围

本标准规定了生产无公害畜禽产品过程中畜禽饮用水水质的要求、检验方法。

本标准适用于生产无公害食品的畜禽饮用水水质的要求。

2　规范性引用文件

下列文件中的条款通过本标准的引用而成为本标准的条款。凡是注日期的引用文件，其随后所有的修改单（不包括勘误的内容）或修订版均不适用于本标准，然而，鼓励根据本标准达成协议的各方研究是否可使用这些文件的最新版本。凡是不注日期的引用文件，其最新版本适用于本标准。

GB/T 5750.2 生活饮用水标准检验方法　水样的采集与保存

GB/T 5750.4 生活饮用水标准检验方法　感官性状和物理指标

GB/T 5750.5 生活饮用水标准检验方法　无机非金属指标

GB/T 5750.6 生活饮用水标准检验方法　金属指标

GB/T 5750.12 生活饮用水标准检验方法　微生物指标

3　要求

畜禽饮用水水质应符合附表 5-1 的规定

4　检验方法

4.1　色

按 GB/T 5750.4 规定执行。

4.2　浑浊度

按 GB/T 5750.4 规定执行。

附表 5-1　畜禽饮用水水质安全指标

项目		标准值	
		畜	禽
感官性状及一般化学指标	色	≤30°	
	浑浊度	≤20°	
	臭和味	不得有异臭、异味	
	总硬度（以 $CaCO_3$ 计），mg/L	≤1500	
	pH	5.5～9.0	6.5～8.5
	溶解性总固体，mg/L	4000	2000
	硫酸盐（以 SO_4^{2-} 计），mg/L	500	250
细菌学指标	总大肠菌群，MPN/100mL	成年畜 100，　幼畜和禽 10	
毒理学指标	氟化物（以 F^- 计），mg/L	2.0	2.0
	氰化物，mg/L	0.20	0.05
	砷，mg/L	0.20	0.20
	汞，mg/L	0.01	0.001
	铅，mg/L	0.10	0.10
	铬（六价），mg/L	0.10	0.05
	镉，mg/L	0.05	0.01
	硝酸盐（以 N 计），mg/L	10.0	3.0

4.3　臭和味

按 GB/T 5750.4 规定执行。

4.4　总硬度（以 $CaCO_3$ 计）

按 GB/T 5750.4 规定执行。

4.5　溶解性总固体

按 GB/T 5750.4 规定执行。

4.6　硫酸盐（以 SO_4^{2-}）

按 GB/T 5750.5 规定执行。

4.7　总大肠菌群

按 GB/T 5750.12 规定执行。

4.8　pH

按 GB/T 5750.4 规定执行。

4.9　铬（六价）

按 GB/T 5750.6 规定执行。

4.10　汞

按 GB/T 5750.6 规定执行。

4.11　铅

按 GB/T 5750.6 规定执行。

4.12　镉

按 GB/T 5750.6 规定执行。

4.13　硝酸盐

按 GB/T 5750.5 规定执行。

4.14　砷

按 GB/T 5750.6 规定执行。

4.15　氰化物（以 F$^-$ 计）

按 GB/T 5750.5 规定执行。

5　检验规则

5.1　水样的采集与保存

按 GB/T 5750.2 规定执行。

5.2　型式检验

型式检验应检验技术要求中全部项目。在下列情况之一时应进行型式检验：

　　a. 申请无公害农产品认证和进行无公害农产品年度抽查检验；

　　b. 更换设备或长期停产再恢复生产时。

5.3　判定规则

　　5.3.1　全部检验项目均符合本标准时，判为合格；否则，判为不合格。

　　5.3.2　对检验结果有争议时，应对留存样品进行复检。对不合格项复检，以复检结果为准。

参　考　文　献

［1］　熊家军.肉兔安全生产技术指南.北京：中国农业出版社，2012.

［2］　任克良主编.高效养肉兔关键技术.北京：金盾出版社，2012.

［3］　姜文学，杨丽萍主编.肉兔产业先进技术全书.济南：山东科学技术出版社，2011.